Brené Brown

Dare to lead – Führung wagen

Brené Brown

Führung wagen

MUTIG ARBEITEN.

ÜBERZEUGEND KOMMUNIZIEREN.

MIT GANZEM HERZEN DABEI SEIN.

Übersetzung aus dem Englischen
von Petra Pyka

SICH MEHR ZUTRAUEN UND IM BERUF DURCHSTARTEN

Bibliografische Information der Deutschen Nationalbibliothek:
Die Deutsche Nationalbibliothek verzeichnet diese Publikation in der Deutschen Nationalbibliografie; detaillierte bibliografische Daten sind im Internet über https://dnb.de/ abrufbar.

Für Fragen und Anregungen:
info@m-vg.de

Wichtiger Hinweis
Ausschließlich zum Zweck der besseren Lesbarkeit wurde auf eine genderspezifische Schreibweise sowie eine Mehrfachbezeichnung verzichtet. Alle personenbezogenen Bezeichnungen sind somit geschlechtsneutral zu verstehen.

Originalausgabe
3. Auflage 2026

Türkenstraße 89
80799 München
Tel.: 089 651285-0

Die Originalausgabe erschien 2018 bei Random House, einem Imprint von Penguin Random House LLC unter dem Titel *Dare to lead*.

Übersetzung: Petra Pyka
Redaktion: Christiane Otto
Umschlaggestaltung: Marc Fischer
Satz: ZeroSoft, Timisoara
Druck: CPI
Printed in the EU

ISBN Print 978-3-86881-781-2
ISBN E-Book (PDF) 978-3-96267-193-8
ISBN E-Book (EPUB, Mobi) 978-3-96267-194-5

Inhalt

Für meinen Freund Charles Kiley. Wer hätte damals gedacht, dass wir irgendwann einmal zusammenarbeiten und andere führen würden, als wir noch gemeinsam gekellnert haben und später aus deinem Gästezimmer Exemplare meines ersten, im Selbstverlag erschienenen Buches verkauften? Ohne dich hätte ich es nie geschafft.

#OUTRAGEOUS #PINGPONG #PLAYSOMECHEAP

Ein paar persönliche Worte von Brené

Ich werde oft gefragt, ob ich vor öffentlichen Auftritten noch Lampenfieber habe. Allerdings. Ich bin jedes Mal nervös. Mit zunehmender Erfahrung ist die Angst geschwunden, aber die Nerven flattern immer noch. Schließlich opfern mir die Menschen ihr kostbarstes Gut – ihre Zeit. Und Zeit ist zweifellos unsere begehrteste und am wenigsten erneuerbare Ressource. Wer keinen Kloß im Hals und kein Kribbeln im Bauch hat, wenn ihm dieses wertvollste Geschenk des Lebens dargebracht wird, der hat etwas nicht richtig verstanden.

Außerdem ist so ein Vortrag grundsätzlich störanfällig. Ich bete schließlich nichts Auswendiggelerntes herunter und halte mich auch nicht sklavisch an ein vorgefertigtes Konzept. Effektiv zu sprechen, setzt die unberechen- und unbeeinflussbare Kunst voraus, Verbundenheit herzustellen. Selbst wenn ich in einem Kongresszentrum ganz allein auf dem Podium stehe und vor mir an die 10 000 Menschen auf Klappstühlen sitzen, versuche ich deshalb, so vielen wie möglich in die Augen zu sehen. Und ja, ich bin davor grundsätzlich nervös.

Ich habe mir aber in den letzten Jahren ein paar Tricks angeeignet, die mir helfen, mich zu sammeln. Obwohl es die Techniker regelmäßig zur Verzweiflung treibt, bestehe ich darauf, dass die Bühnenbeleuchtung auf 50 Prozent gedimmt wird. Bei 100 Prozent kann ich das Publikum nicht mehr sehen, und ich spreche nicht gern ins

Nichts. Ich muss zumindest so viele Gesichter sehen können, dass ich merke, ob der Funke überspringt. *Erzeugen meine Worte und Bilder Nähe? Oder Distanz? Erkennt sich das Publikum in meinen Geschichten wieder?* Man sieht es den Menschen an, wenn sie glauben, was sie hören. Sie nicken oder lächeln dann, und manche heben die Hände ans Gesicht. Skeptische Zuhörer erkenne ich daran, dass sie den Kopf schief legen. Und sie lachen seltener.

Aber es gibt noch einen Trick, den ich einsetze, wenn ein übereifriger Veranstalter versucht, mich durch Einschüchterung zu Höchstleistungen anzuspornen, indem er mir beschreibt, wer da alles im Publikum sitzt. Das klingt dann etwa so: »Weißt du eigentlich, dass heute Abend jede Menge hochrangige Militärs im Saal sitzen, Brené?« Oder hohe Tiere aus der Wirtschaft, elitäre Mitglieder dieser oder jener ganz besonderen Gruppierung, erfolgreiche Karrierefrauen oder – mein absoluter Favorit: »Heute sind nur Vollblutwissenschaftler da. Die sind bestimmt superkritisch, also halte dich besser an die Daten.« So etwas bekomme ich oft zu hören, wenn das Publikum ein bisschen unwillig wirkt, vielleicht weil die Leute nicht so genau wissen, warum ich eingeladen wurde, oder im schlimmsten Fall, weil sie nicht wissen, warum sie dazu verdonnert wurden, an dieser Veranstaltung teilzunehmen.

In solchen Fällen greife ich auf die klassische Strategie zurück, mir »das Publikum nackt vorzustellen«. Nein, nicht ohne Kleider. Das bringt mir nichts. Einfach ohne den Panzer ihrer Titel, Positionen, Machtstellungen oder Einflusssphären. Fällt mir eine Zuhörerin mit skeptisch geschürzten Lippen und fest verschränkten Armen auf, überlege ich mir, wie sie wohl in der dritten Klasse ausgesehen haben mag. Bleibt mein Blick an einem Mann hängen, der immer wieder den Kopf schüttelt und Kommentare abgibt wie: »Erfolgreiche Menschen zeigen am Arbeitsplatz keine Schwäche«, dann stelle ich mir vor, wie er ein Kind im Arm hält oder bei seiner Therapeutin auf der Couch sitzt. *Okay, bei der Therapeutin, die er meiner Ansicht nach dringend aufsuchen sollte.*

Bevor ich aufs Podium trete, sage ich mir leise drei-, viermal das Wort »Menschen« vor. »Menschen. Menschen, Menschen, Menschen.« Diese Strategie wurde 2008 aus der Verzweiflung geboren, als ich gefühlt zum ersten Mal vor Topmanagern auftreten sollte. Ich hatte zuvor schon in großer Runde in Krankenhäusern referiert und viele verhaltensmedizinische Vorträge gehalten, doch schon als ich damals im Vorraum hinter der Bühne stand, unterschied sich diese Erfahrung spürbar von allem, was ich bis dahin erlebt hatte.

Bereits als ich versuchte, mich in dem Raum mit 20 anderen Referenten einzurichten, die alle bei dieser ganztägigen Veranstaltung auf ihren 20-Minuten-Vortrag im TED-Stil warteten, beschlich mich ein intensives Außenseitergefühl. Ich fühlte mich gründlich fehl am Platz. Instinktiv fragte ich mich, ob es an meinem Geschlecht liegen konnte, denn bis heute bin ich bei solchen Anlässen oft die einzige Frau hinter der Bühne. Doch das war nicht der Grund. Heimweh konnte es ebenfalls nicht sein, denn ich lebte nur 30 Minuten entfernt in Houston.

Als ich hörte, dass die Veranstalter das Publikum begrüßten, zog ich den schweren Samtvorhang ein Stück zur Seite, der uns vom Saal trennte, und spitzte hinaus. Da draußen sah es aus wie bei einem Brooks-Brothers-Kongress – reihenweise fast ausschließlich Männer in weißen Hemden und sehr dunklen Anzügen.

Ich ließ den Vorhang zufallen und bekam Panik. Gleich neben mir stand ein junger Referent, der ganz versessen darauf schien, das Podium zu betreten, und ganz offensichtlich keinerlei Berührungsängste hatte. Ich weiß nicht mehr, was er zu mir sagte, als ich ihm ins Wort fiel: »Du lieber Himmel, das sind ja lauter Geschäftsleute da draußen – lauter Manager. Oder FBI-Agenten.«

Er schmunzelte. »Ja, sicher, Frau Kollegin. Es ist eine C-Level-Konferenz. Hat Ihnen das denn keiner gesagt?«

Ich wurde blass und ließ mich auf den nächsten Stuhl sinken.

Er holte zu einer Erklärung aus: »Sie wissen schon, C wie in CEO, COO, CFO, CMO, CHRO ...«

Ich hatte nur noch einen Gedanken: *Ich kann dem Kerl auf gar keinen Fall die Wahrheit sagen.*

Er kniete sich neben mich und legte mir den Arm um die Schulter. »Sind Sie okay?«

Vielleicht war es sein australischer Akzent oder sein breites Lächeln oder sein Name (er hieß Pete). Aus irgendeinem Grund fasste ich sofort Zutrauen und gestand: »Das hat man mir schon gesagt, aber ich dachte, das stünde für S-E-A wie in ›Salt of the Earth‹ – also für bodenständig und geerdet.«

Er lachte dröhnend. »Das ist genial! Das sollten Sie unbedingt verwenden!«

Ich sah ihn an und meinte: »Das ist nicht komisch. Ich soll hier über Scham sprechen und über das Gefühl der Unzulänglichkeit.«

Zögernd setzte ich hinzu: »Was für eine Ironie.«

Da mischte sich eine Dame aus Washington ein, die 20 Minuten lang über das Ölgeschäft referieren würde: »Sie meinen Scham – im emotionalen Sinn? Wie in *sich schämen*?«

Noch bevor ich bejahen konnte, sagte sie: »Interessant. Na, ich möchte nicht in Ihrer Haut stecken.« Und weg war sie.

Was Pete dann zu mir sagte, werde ich mein Leben lang nicht vergessen. »Schauen Sie sich das Publikum doch an. Das sind Menschen. Bloß Menschen. Denen erzählt keiner etwas über Scham, dabei stecken sie alle bis zum Hals drin. Genau wie wir. Schauen Sie sie an. Es sind Menschen.«

Ob ihm die Wahrheit an die Nieren ging, die in seinem Rat steckte, oder der Gedanke an mein Thema – jedenfalls erhob er sich, klopfte mir auf die Schulter und ließ mich allein. Rasch klappte ich meinen Laptop auf und suchte nach »gängigen MBA- und Wirtschaftsbegriffen«. *Vielleicht konnte ich meinem Thema ja ein paar Konturen verleihen, indem ich ein bisschen Fachjargon einflocht.*

Verflixt. Das erinnerte mich an das Kinderbuch *Old Hat, New Hat* aus der Berenstain-Bears-Reihe, das meine Kinder so geliebt hatten, als sie noch klein waren.[1] Die Geschichte handelt vom Bärenpapa, der in den Hutladen geht und 50 verschiedene Modelle aufprobiert, um seine alte, abgetragene Kopfbedeckung zu ersetzen. Doch natürlich gibt es bei jedem neuen Hut ein Problem: »Zu groß. Zu klein. Zu schwer. Zu leicht.« So geht das Seite um Seite, bis er sich folgerichtig entschließt, den alten, gammligen Hut zu behalten, weil er ihm so gut passt.

Ich flüsterte ein paar Begriffe vor mich hin, um zu prüfen, ob ich damit arbeiten konnte.

Long Pole Item? Zu wuchtig.

Kritischer Pfad? Zu ausgelutscht.

Skip-Level? Zu sprunghaft.

Vielleicht Incentive?

Incentivieren? Moment mal. Was war das? Das ist doch Quatsch. Man kann doch nicht einfach »ivieren« an irgendein Wort anhängen.

Zum Glück rief in diesem Moment mein Mann Steve an und unterbrach meine Berenstain-Bears-Suche nach Managementbegriffen.

»Na, wie geht's? Bist du bereit?«, wollte er wissen.

»*Nein!* Das wird ein totaler Reinfall«, sagte ich und erklärte ihm, was mir bevorstand. Da wurde er ganz still.

In seinem ernstesten Tonfall – der normalerweise für panische Eltern reserviert ist, wenn sie medizinische Beratung brauchen (er ist Kinderarzt), oder für mich, wenn ich kurz vor dem Nervenzusammenbruch stehe – sagte er: »Brené, versprich mir, dass du keinen dieser dämlichen Begriffe verwendest. Tu das auf keinen Fall.«

Ich war inzwischen den Tränen nahe. »Versprochen«, flüsterte ich. »Aber du solltest diese Leute sehen. Es ist wie auf einem Begräbnis. Und keinem wie in meiner Familie, zu dem die Leute flippig in Jeans und mit anständigen Cowboyhüten kommen. Wie auf einem britischen Begräbnis. Oder einer Beisetzungsfeier bei den *Sopranos*.«

Da sagte er: »Hör auf den Australier. Schau dir das Publikum noch einmal an. Das sind nur Menschen wie du und ich. Wie unsere Freunde. Es sind doch auch ein paar Bekannte da, oder? Echte Menschen mit einem wirklichen Leben und richtigen Problemen. Zieh dein Ding durch.«

Dann versicherte er mir noch, dass er mich liebe, und wir beendeten das Gespräch. Ich erhob mich und schob noch einmal den Vorhang zur Seite. Der Saal war jetzt abgedunkelt und auf dem Podium stand ein Redner. Ich hätte gern ein paar Gesichter im Publikum gesehen, aber von der Seite war das schwierig. Da – wie in einer Zeitlupenszene im Film – drehte sich ein großer Glatzkopf zu seinem Sitznachbarn, um ihm etwas zuzuflüstern, und ich sah sein Gesicht.

Ich schnappte nach Luft und zog den Vorhang zu. *Ich kannte den Mann*. Wir wurden damals zur selben Zeit trocken und suchten Mitte der 1990er-Jahre dieselben Treffen der Anonymen Alkoholiker auf. Ich konnte es kaum fassen. Ich fühlte mich, als sei gerade ein Wunder geschehen. Da tauchte mein neuer Freund Pete wieder auf.

»Na, geht's?«, fragte er.

Ich lächelte. »Ja, ich glaube schon. Sind ja nur Menschen, stimmt's?«

Er klopfte mir noch einmal auf die Schulter und meinte, da sei eine Frau an der Tür, die mich sprechen wolle. Ich dankte ihm und ging nachsehen, wer die Besucherin war. Meine Nachbarin! Sie war damals geschäftsführende Gesellschafterin einer Anwaltssozietät und nahm mit mehreren Kollegen und ein paar Mandanten an der Veranstaltung teil. Sie wollte mir nur kurz Hallo sagen und mir alles Gute wünschen. Ich drückte sie kurz, dann ging sie in den Saal zurück. Ich lief durch die Lobby hinaus, um frische Luft zu schnappen.

Sie wird vielleicht nie erfahren, was unsere kurze Begegnung damals für mich bedeutete. Natürlich war es eine nette persönliche Geste, aber für mich machte das damals wirklich einen Unterschied. Natürlich ist sie Partnerin in einer renommierten Anwaltskanzlei, aber sie ist auch Tochter, die erst vor Kurzem ihre Mutter aus dem Betreuten Wohnen ins Hospiz verlegen musste. Und sie ist Mutter und Ehefrau, die gerade eine schwierige Scheidung zu bewältigen hatte.

Menschen. Menschen. Menschen.

Bei meinem Auftritt damals sprang der Funke über. Ich hatte sofort einen guten Draht zum Publikum. Wir lachten, wir weinten, und sie beugten sich so konzentriert vor, um zu hören, was ich über Scham, überzogene Erwartungen und Perfektionismus zu sagen hatte, dass ich befürchtete, sie würden gleich vom Stuhl fallen. Wir hoben gemeinsam ab.

Bevor ich wieder auf die Schulbank zurückkehrte, um Anfang der 90er-Jahre soziale Arbeit zu studieren, war ich in einem Fortune-10-Unternehmen die Karriereleiter hochgeklettert. Ich kündigte, um zu studieren, und hätte nie gedacht, dass ich noch einmal in diese Welt eintauchen würde, die nach meinem Empfinden genau das Gegenteil von dem verkörperte, was mir wichtig war – nämlich Mut, Verbundenheit und Sinn.

In meinen ersten Jahren als Doktorandin konzentrierte ich mich auf Change Management im System und Umfeldbeobachtung in Organisationen. Später veränderte sich meine Forschungsrichtung, und ich promovierte über Verbundenheit und Verletzlichkeit. Ich hätte nie gedacht, dass ich noch einmal auf dem Gebiet der Organisationsentwicklung tätig werden würde, denn das lag mir seinerzeit überhaupt nicht.

Doch der Vortrag, den ich an jenem Tag hielt, sollte sich als wichtiger Wendepunkt in meiner Laufbahn herausstellen. Die innige Erfahrung mit diesem Publikum bewirkte, dass ich mich fragte, ob es nicht ein Fehler gewesen war anzunehmen, dass sich meine beiden Interessensgebiete gegenseitig ausschlossen. *Was, wenn man Mut, Verbundenheit und Sinn auf die Arbeitswelt übertragen würde?*

Das zweite seltsame Ereignis jenes Tages führte zu einer spektakulären Wendung in meiner Karriere als Vortragsrednerin. Damals waren gleich mehrere Agenturen vertreten, die Referenten vermittelten, und nachdem die Referenten und ihre Agenten die Publikumsbewertungen erhalten hatten, riefen mich sämtliche Agenturen an und erkundigten sich nach meinen Karrierezielen. Nach monatelanger Gewissensprüfung beschloss ich, wieder in die Welt der Führungskräfte und der Organisationsentwicklung zurückzukehren. Diesmal allerdings mit einem ganz neuen Schwerpunkt: Menschen, Menschen, Menschen.

Nicht der Kritiker zählt

2010, zwei Jahre nach jenem Schlüsselerlebnis, schrieb ich *Die Gaben der Unvollkommenheit*.[2] In diesem Buch stellte ich meine Forschungsarbeit zu den zehn Wegweisern zu einem Leben aus vollem Herzen vor. Es fand ein sehr breit gefächertes Publikum, darunter Manager, Verwaltungsleiter, hochrangige Vertreter der Kirchen und gemeinnütziger Organisationen.

Zwei Jahre später, 2012, nahm ich mit *Verletzlichkeit macht stark* Verletzlichkeit und Mut in den Blick. Es war das erste Buch, in das meine Erkenntnisse über Führung und meine Beobachtungen aus meiner Arbeit mit Organisationen einflossen. *Verletzlichkeit macht stark* wird von folgendem Zitat von Theodore Roosevelt auf den Punkt gebracht:[3]

> Es ist nicht der Kritiker, der zählt, nicht derjenige, der aufzeigt, wie der Starke gestolpert ist oder wo der, der Taten gesetzt hat, sie hätte besser machen können. Die Anerkennung gehört dem, der wirklich in der Arena ist; dessen Gesicht verschmiert ist von Staub und Schweiß und Blut; der sich tapfer bemüht; der irrt und wieder und wieder scheitert; der die große Begeisterung kennt, die große Hingabe, und sich an einer würdigen Sache verausgabt; der, im besten Fall, am Ende den Triumph der großen Leistung erfährt; und der, im schlechtesten Fall des Scheiterns, zumindest dabei scheitert, dass er etwas Großes gewagt hat.

Auf dieses Zitat stieß ich in einer besonders schwierigen Phase meiner Karriere. Mein TEDxHouston-Talk über Verletzlichkeit[4] verbreitete sich viral. Er stieß zwar auf zunehmende Zustimmung, aber vielfach auch auf brutale, persönliche Kritik. Das bestätigte meine schlimmsten Befürchtungen in Bezug auf solche Auftritte. Dieses Zitat brachte genau zum Ausdruck, wie ich mich fühlte, und auch meine wachsende Entschlossenheit, ganz auf Tom Petty zu machen und nicht nachzugeben.

Bei dem Mut zur Verletzlichkeit geht es nicht darum, zu gewinnen oder zu verlieren. Es geht darum, sich Situationen auszusetzen, die man nicht vorhersehen und deren Folgen man nicht beeinflussen kann. Dieses Zitat entsprach nicht nur meinem Wunsch, trotz des zunehmenden Zynismus und der Angstmacherei auf der Welt mutig zu leben, sondern fand auch bei Führungskräften Widerhall. Viele kannten das Zitat nur aus *Verletzlichkeit macht stark*, doch bei manchen hing es schon seit Jahren im Büro oder zu Hause an der Wand, weil sie sich ebenfalls darin wiederfanden. Kürzlich sah ich ein Bild von LeBron James' Basketballschuhen. Darauf stand seitlich: »Der Mann in der Arena«.

Auf *Verletzlichkeit macht stark* folgte schnell *Laufen lernt man nur durch Hinfallen* – ein Buch, das sich mit dem Prozess befasst, den die widerstandsfähigsten meiner Probanden anwenden, um sich nach einem Sturz wieder aufzurappeln.[5] Ich fühlte mich förmlich gezwungen, dieses Buch zu schreiben, denn wenn ich aus all meiner Forschungsarbeit etwas gelernt habe, dann das: Wer viel wagt, der kriegt unweigerlich irgendwann einen Knüppel zwischen die Beine geworfen. Wer sich für Mut entscheidet, der weiß auch, was Misserfolge, Enttäuschungen, Rückschläge oder gar ein gebrochenes Herz bedeuten. Deshalb nennen wir es ja Mut. Und deshalb ist Mut so selten.

2016 führte ich die Forschungsergebnisse aus *Verletzlichkeit macht stark* und *Laufen lernt man nur durch Hinfallen* zusammen und entwickelte daraus ein Programm, das gezielt Mut aufbauen sollte. Wir lancierten Brave Leaders Inc. und boten Online- und Präsenzschulungen an. Innerhalb eines Jahres arbeiteten wir mit 50 Unternehmen und beinahe 10 000 Führungskräften zusammen. Im Jahr darauf erschien *Entdecke deine innere Stärke* – ein Buch über den Mut, seine Heimat in sich selbst zu finden als Voraussetzung für echte Verbundenheit, und über die Gefahren, die es birgt, wenn wir unser Leben damit zubringen, uns anzupassen und um Akzeptanz zu buhlen.[6] Zu diesem Thema zu forschen und zu schreiben, drängte sich mir förmlich auf angesichts der zunehmenden Polarisierung, der um sich greifenden Entmenschlichung von Personen, die anders sind als wir, und unseres wachsenden Unvermögens, aus Echokammern auszubrechen, um wirklich kritisch zu denken.

In den vergangenen zwei Jahren hat unser Team mehr geforscht, ausgewertet, nicht geschafft, erneut versucht, gehört, beobachtet, verfolgt, hinzugewonnen und gelernt, als wir uns je hätten vorstellen können. Doch damit nicht genug. Ich hatte die Gelegenheit, manche der bedeutendsten Leitfiguren der Welt kennenzulernen und von ihnen zu lernen. Ich brenne förmlich darauf weiterzugeben, was ich gelernt habe und wie das unser Auftreten komplett verändern kann, warum es funktioniert, wieso es mitunter wirklich schwerfällt und wo es mir persönlich immer wieder misslingt *(um die Wahrheit zu sagen).*

Führung wagen

Wer mutig werden will, muss sich mit Verletzlichkeit auseinander-setzen.

FINDEN SIE SICH MIT DEM MIST AB.

Einleitung

MUTIGE FÜHRUNGSKRÄFTE UND MUTKULTUR

Mit diesem Buch verfolge ich ein täuschend einfaches und ein bisschen egoistisches Ziel: Ich möchte unbedingt weitergeben, was ich alles gelernt habe. Ich möchte die Forschungsergebnisse und Erfahrungen der letzten 20 Jahre hernehmen und sie Hunderten von Organisationen vermitteln – ihnen einen praxistauglichen, vernünftigen, umsetzbaren Ratgeber in die Hand drücken, der verrät, wie man eine mutige Führungskraft wird.

»Täuschend einfach« deshalb, weil die Daten, auf denen dieses Buch beruht, die Quintessenz sind aus:

- über die letzten 20 Jahre gesammelten Daten aus Befragungen,
- neuer Forschungsarbeit einschließlich Interviews mit 150 C-Level-Führungskräften über die Zukunft der Führung,
- Programmauswertungen aus unserer Arbeit bei Brave Leaders Inc. zum Aufbau von Mut,
- den im Rahmen einer dreijährigen Studie zur Entwicklung von Instrumenten für mutige Führung erfassten Daten.

Die Codierung und sinnvolle Interpretation von 400 000 Daten ist an sich bereits ein komplexes Unterfangen, doch je engagierter ich die

Daten in realisierbare, forschungsgestützte Verfahrensweisen übersetzen möchte, desto akribischer muss ich damit umgehen und desto mehr Tests muss ich durchführen.

Egoistisch ist mein Ziel insofern, als ich meine eigenen Führungsqualitäten gern verbessern möchte. In den letzten fünf Jahren habe ich mich von der forschenden Professorin zur forschenden Professorin *und* Gründerin mit CEO-Posten entwickelt. Meine erste und demütigendste Erkenntnis? Ganz gleich, wie komplex die Konzepte sind, sich wissenschaftlich mit Führung auseinanderzusetzen, ist viel einfacher, als selbst zu führen.

Wenn ich meine persönlichen Erfahrungen als Führungskraft aus den letzten Jahren Revue passieren lasse, dann sind die einzigen anderen Unterfangen, die ähnlich viel Selbsterkenntnis und Kommunikationsplanung erfordern, 24 Jahre Ehe und die Elternschaft. Und das will schon etwas heißen. Wie das die komplette Bandbreite meiner Emotionen strapazieren würde, wie viel Entschlossenheit es erfordern würde, unter Druck gelassen zu bleiben, und wie belastend es sein würde, ständig Probleme lösen und Entscheidungen treffen zu müssen, habe ich komplett unterschätzt. Von den schlaflosen Nächten ganz zu schweigen.

Mein anderes mehr oder minder eigennütziges Ziel ist: Ich möchte gern in einer Welt mit mutigeren, couragierteren Leitfiguren leben und ich möchte meinen Kindern eine solche Welt hinterlassen. **Für mich ist eine Führungspersönlichkeit jemand, der es auf sich nimmt, in Menschen und Prozessen Potenzial aufzuspüren, und sich traut, dieses Potenzial zu entwickeln.** Ob in Unternehmen, gemeinnützigen Organisationen, Schulen oder Glaubensgemeinschaften – wir brauchen dringend mehr Führungspersönlichkeiten, die sich einer mutigen, aufrichtigen Führung verschrieben haben und sich ihrer selbst bewusst sind, um aus ihrem Herzen heraus führen zu können. Unausgereifte Führungskräfte, die aus verletzten Gefühlen und Angst heraus führen, braucht kein Mensch.

Das ist ein großes Thema, und ich habe zu Steve gesagt, ich wolle ein Buch schreiben, das die Einstellung seiner Leserinnen und Leser zu Führung verändert, zumindest in einem maßgeblichen Bereich zu Verhaltensänderungen führt und im Flieger durchgelesen werden kann. Lachend fragte er: »Auf einem Flug von Houston nach Singapur?«

Wie er weiß, war das bisher mein längster Flug (Moskau liegt erst auf halber Strecke). Ich lächelte und meinte: »Aber nein. Von New York nach Los Angeles. Mit kurzer Verspätung.«

Mutige Leitfiguren und Mutkultur

Immer wieder bekomme ich gesagt: »Wenn etwas lesenswert ist, dann schreib es auf.« Was ich als Führungskraft brauche – und worum jede Führungskraft, mit der ich in den letzten Jahren zusammengearbeitet habe, gebeten hat –, sind praktische Spielregeln zur Umsetzung der Lehren aus *Verletzlichkeit macht stark* und *Laufen lernt man nur durch Hinfallen.* Auch *Entdecke deine innere Stärke* liefert ein paar Erkenntnisse, die uns helfen können, am Arbeitsplatz eine Kultur der Verbundenheit entstehen zu lassen. Wer diese Bücher kennt, darf mit ein paar vertrauten Lektionen in neuem Kontext und mit Geschichten, Werkzeugen und Beispielen rechnen, die einen Bezug zu unserem Arbeitsleben haben. Sie haben sie noch nicht gelesen? Auch kein Problem. Ich gehe auf alles ein, was Sie wissen müssen.

Die in den Folgekapiteln verwendete Sprache und die erwähnten Werkzeuge und Kompetenzen erfordern Mut und die ernsthafte Bereitschaft, zu üben. Sie sind aber nicht kompliziert und meiner Ansicht nach für jeden zugänglich und praktizierbar, der dieses Buch in Händen hält. Die Hindernisse und Widerstände, auf die mutige Führung trifft, sind allerdings ausgesprochen real und mitunter hartnäckig. Doch aus meiner Forschungsarbeit und aus persönlicher Erfahrung weiß ich: Solange wir sie ansprechen, neugierig bleiben und nicht nachgeben, können sie uns nicht davon abhalten, mutig zu handeln.

Wir haben auf brenebrown.com einen *Dare-to-Lead*-Hub eingerichtet. Dort finden Sie verschiedene Ressourcen, darunter auch ein herunterladbares Handbuch für alle, die das Gelesene schon während der Lektüre dieses Buches in die Praxis umsetzen möchten. Ich kann es Ihnen nur empfehlen. Im Zuge unserer Recherchen für *Laufen lernt man nur durch Hinfallen* haben wir erkannt: **Wir wissen, dass der Weg der Informationen vom Kopf ins Herz über die Hände führt.**

Sie finden dort aber auch Empfehlungen für Bücher zum Thema Führung und Videos mit Rollenspielen, die Sie sich beim Aufbau ihrer eigenen Mutkompetenz anschauen können. Diese Videos ersparen Ihnen zwar nicht die praktische Umsetzung der Inhalte, vermitteln Ihnen aber eine Vorstellung davon, wie diese aussehen könnte, wo es schwierig wird und wie man die Kurve kriegt, wenn man – und das passiert unweigerlich – fehlgegangen ist.

Außerdem können Sie sich ein Glossar zu den Begriffen, Werkzeugen und Kompetenzen herunterladen, die ich in diesem Buch erörtere. (Die im Glossar enthaltenen Begriffe sind im Buch durchgängig fett gedruckt.)

DAS HINDERNIS IST DER WEG

Am Anfang unserer Gespräche mit Topmanagern stand die Frage: *Was, wenn überhaupt, muss sich daran ändern, wie Menschen heute führen, damit Führungskräfte in einem komplexen, im raschen Wandel begriffenen Umfeld erfolgreich sind, in dem sie vor scheinbar unlösbaren Problemen stehen und mit unersättlichen Forderungen nach Innovation konfrontiert sind?*

Die Antwort war jedes Mal dieselbe: **Wir brauchen mutigere Führungskräfte und eine mutigere Kultur.**

Als wir nachgehakt haben, um herauszufinden, warum mutigere Führung gefordert wurde, war das ein entscheidender Wendepunkt für unsere Forschungsarbeit. Auf diese Frage gab es nämlich nicht nur eine Antwort, sondern an die 50 verschiedene, von denen viele intuitiv gar nichts mit Mut zu tun hatten. Die Befragten sprachen über alles Mögliche, von kritischem Denken und der Fähigkeit, Informationen zu synthetisieren und zu analysieren, über neue Konzepte für das Bildungssystem, Innovationsimpulse, die Suche nach gemeinsamen politischen Grundlagen angesichts einer um sich greifenden Polarisierung und schwierigen Entscheidungen bis hin zur Bedeutung von Empathie und dem Aufbau von Verbundenheit im Kontext des maschinellen Lernens und der künstlichen Intelligenz.

Wir schälten die metaphorische Zwiebel weiter und fragten: *Können Sie die konkreten Kompetenzen benennen, die mutiger Führung Ihrer Ansicht nach zugrunde liegen?*

Überrascht stellte ich fest, wie schwer es den Studienteilnehmern fiel, diese Frage zu beantworten. Knapp die Hälfte der von uns befragten Führungskräfte bezeichnete Mut zunächst als Charakterzug, nicht als Kompetenz. Auf die Frage nach bestimmten Kompetenzen kam gewöhnlich die Antwort: »Mut hat man eben, oder man hat ihn nicht.« Wir blieben neugierig und forschten nach beobachtbaren Verhaltensweisen: *Worin manifestiert sich Mut denn eigentlich?*

Etwas mehr als 80 Prozent der Probanden – darunter auch solche, für die Mut zum Verhalten gehörte – konnten keine spezifische Kompetenz angeben. Problematische Verhaltensweisen und kulturelle Normen, die Vertrauen und Mut unterwandern, konnten sie dagegen auf Anhieb benennen und hatten dazu eine dezidierte Meinung. Zum Glück ist das Konzept vom »Abholen« anderer ein Grundsatz fundierter wissenschaftlicher Forschung und sozialer Arbeit, und genau das versuche ich. Soviel meiner Zeit ich auch dem Streben widme, zu verstehen, *wo* es hingehen soll – um zu ergründen, *was uns dabei im Weg steht,* brauche ich grundsätzlich zehnmal so lange.

So wollte ich beispielsweise ursprünglich gar nicht über Scham forschen. Eigentlich wollte ich Verbundenheit und Empathie verstehen. Doch wer nicht weiß, wie Scham eine Verbindung im Bruchteil einer Sekunde kappen kann, hat keine Ahnung, was Verbundenheit bedeutet. Ich wollte mich anfänglich auch nicht mit Verletzlichkeit befassen. Sie ist nur zufällig der allergrößte Hemmschuh für alles, was wir im Leben erreichen möchten – vor allem für Mut. Wie uns Mark Aurel schon lehrte: »Das Hindernis ist der Weg.«[7]

Hier nun die zehn Verhaltensweisen und kulturellen Aspekte, die Führungskräfte weltweit als hinderlich für die Organisationen bezeichnen:

1. Wir drücken uns vor unangenehmen Gesprächen wie ehrlichem, produktivem Feedback. Das schrieben manche Probanden mangelndem Mut zu, andere mangelnder Kompetenz. Schockierend ist, dass über die Hälfte von der kulturellen Norm, »nett und höflich« zu sein, sprachen, die als Ausrede benutzt wird, um heiklen Gesprächen aus dem Weg zu gehen. Doch gleich aus welchem Grund: Datenübergreifend herrschte große Einigkeit, dass solches Verhalten mangelnde Klarheit, schwindendes Vertrauen und Engagement und eine Zunahme problematischer Verhaltensweisen zur Folge hatte wie passiv-aggressives Verhalten, Unaufrichtigkeit, häufige Kommunikation über inoffizielle Kanäle (oder »das Meeting nach dem Meeting«) sowie Gerüchte und Verlogenheit (wenn ich Ihnen ins Gesicht etwas ganz anderes sage als hinter Ihrem Rücken).
2. Statt die Ängste und Gefühle, die sich im Wandel und im Umbruch einstellen, mit verhältnismäßig geringem Zeitaufwand proaktiv zur Kenntnis zu nehmen und zu bewältigen, wenden wir lieber unverhältnismäßig viel Zeit dafür auf, Verhaltensprobleme in den Griff zu bekommen.
3. Vertrauen schwindet durch mangelnde Verbundenheit und Empathie.
4. Zu wenige gehen durchdacht Risiken ein oder entwickeln und teilen kühne Ideen, um auf Veränderungen der Nachfrage und

die unersättliche Gier nach Innovation zu reagieren. Wenn jeder, der etwas ausprobiert und scheitert oder auch nur eine radikale neue Idee äußert, Angst haben muss, zurückgewiesen oder der Lächerlichkeit preisgegeben zu werden, dann können Sie bestenfalls erwarten, dass der Status quo erhalten bleibt und Gruppendenken herrscht.

5. Rückschläge, Enttäuschungen und Misserfolge bremsen und prägen uns. Doch statt die nötigen Ressourcen in die Bereinigung dieser Situation zu stecken, um Verbrauchern, Interessengruppen oder internen Prozessen wirklich gerecht zu werden, verschwenden wir zu viel Zeit und Kraft darauf, Teammitgliedern Rückhalt zu geben, die ihren Beitrag und ihren Wert infrage stellen.
6. Zu viel Scham und Schuldzuweisungen, zu wenig Verantwortungsgefühle und Lernprozesse.
7. Manche entziehen sich den so wichtigen Gesprächen über Diversität und Inklusivität, weil sie befürchten, einen falschen Eindruck zu erwecken, etwas Verkehrtes zu sagen oder unrecht zu haben. Wenn die eigene Komfortzone wichtiger wird als heikle Gespräche, so ist das der Inbegriff der Privilegiertheit. Dadurch bröckelt das Vertrauen und echte, bleibende Veränderungen werden unwahrscheinlicher.
8. Geht etwas schief, greifen Einzelne und Teams in aller Eile zu ineffektiven, wenig nachhaltigen Lösungen, statt dem Problem diszipliniert auf den Grund zu gehen und es zu lösen. Doch die falschen Lösungen aus den falschen Gründen führen dazu, dass dieselben Probleme immer wieder auftauchen. Das kostet Geld und torpediert die Moral.
9. Organisationen formulieren ihre Werte vage und bewerten sie anhand von angestrebtem anstelle von tatsächlichem Verhalten, das sich schulen, messen und evaluieren lässt.
10. Perfektionismus und Angst halten die Menschen davon ab, zu lernen und sich weiterzuentwickeln.

Sicherlich erkennen die meisten von uns auf dieser Liste nicht nur unschwer die Probleme ihrer eigenen Organisationen wieder, sondern auch unsere eigenen inneren Kämpfe, Flagge zu zeigen und zu führen, auch wenn wir dazu unsere Komfortzone verlassen müssen. Ob es sich dabei um Verhaltensweisen am Arbeitsplatz oder Bedenken in Bezug auf die Kultur einer Organisation handelt, in allen Fällen liegen zutiefst menschliche Probleme zugrunde.

Nachdem wir die Blockaden ermittelt hatten, mussten wir die spezifischen Kompetenzen zur Entwicklung von Mut ermitteln, an denen wir arbeiten müssen, um solche Probleme zu bewältigen. Wir führten also weitere Gespräche, entwickelten Instrumente und testeten sie so lange an den MBA- und EMBA-Studenten der Jones Graduate School of Business der Rice University, der Kellogg School of Management der Northwestern University und der Wharton School der University of Pennsylvania aus, bis wir die Antworten gefunden hatten. Dann stellten wir diese auf den Prüfstand, optimierten sie und unterzogen sie weiteren Tests. Auf den folgenden Seiten erfahren Sie, was wir daraus gelernt haben.

Das Herzstück mutiger Führung

1. Wer mutig werden will, muss sich mit Verletzlichkeit auseinandersetzen. Finden Sie sich mit dem Mist ab.

Im Kern mutiger Führung steckt eine zutiefst menschliche Wahrheit, die wir, vor allem am Arbeitsplatz, nur selten an uns heranlassen: Mut und Angst schließen einander nicht aus. Die meisten Menschen fühlen sich gleichzeitig mutig und angstvoll. Wir kommen uns verletzlich vor. Manchmal den ganzen Tag. In den Momenten »in der Arena«, von denen Roosevelt sprach, sind wir hin- und hergerissen zwischen unserer Angst und dem Aufruf, Mut zu zeigen. Um in dieser Auseinandersetzung zu bestehen, brauchen wir eine gemeinsame Sprache, Fertigkeiten, Werkzeuge und tägliche Übung.

Der Begriff »Auseinandersetzung« (englisch: rumble) wird dabei in einer viel weiter gefassten Bedeutung verwendet als seinerzeit für das *»Bandenduell«* aus der *West Side Story*: »Lasst uns ernsthaft miteinander reden, auch wenn es schwer ist.« Er steht für eine ehrliche Absicht und für einen Anstoß oder Wink, sich richtig zu verhalten.

So eine Auseinandersetzung kann eine Diskussion sein, ein Gespräch oder ein Meeting, das sich durch konsequentes Zulassen von Verletzlichkeit auszeichnet, durch Neugier und Großmut, durch unbeirrte Problemerkennung und -lösung, auch wenn es zwischendurch schwierig wird. Dadurch, dass Pausen eingelegt oder Kreise gedreht werden, wenn es nötig ist. Indem wir furchtlos zu unseren Aufgaben stehen und, wie die Psychologin Harriet Lerner lehrt, mit derselben Leidenschaft zuhören, mit der wir selbst gehört werden möchten.[8] So eine Aufforderung zur »Auseinandersetzung« veranlasst mich vor allem anderen, mit aufgeschlossenem Herzen und Kopf anzutreten, um unsere Arbeit und einander voranzubringen – nicht unser Ego.

Unsere Studien führten zu einem ausgesprochen eindeutigen und zuversichtlich stimmenden Ergebnis: Mut ist das Zusammentreffen von vier Kompetenzen, die vermittelt, beobachtet und gemessen werden können – nämlich folgende:

Sich mit Verletzlichkeit auseinandersetzen
Die eigenen Werte leben
Vertrauen wagen
Aufstehen lernen

Die grundlegende Kompetenz zur Entwicklung von Mut ist die Bereitschaft und Fähigkeit, sich mit Verletzlichkeit auseinanderzusetzen. Ohne diese Kernkompetenz lassen sich die übrigen drei Kompetenzen nicht umsetzen. Denken Sie das gründlich durch: Unsere Fähigkeit, Führung zu wagen, wird nie größer sein als unsere Kapazität zur Verletzlichkeit. Haben wir diese Kompetenz erst aufgebaut, können wir uns auch die übrigen aneignen. Dieses Buch soll Ihnen die Sprache und die Besonderheiten der Werkzeuge, Praktiken und Verhaltensmuster vermitteln, die entscheidend sind, damit uns diese Konzepte im täglichen Leben in Fleisch und Blut übergehen.

Wir haben diesen Ansatz mittlerweile in über 50 Organisationen an rund 10 000 Personen erprobt, die diese Kompetenzen für sich oder im Team erwerben. Von der Gates-Stiftung bis zu Shell, vom kleinen Familienbetrieb bis zum Fortune-50-Unternehmen und zu vielen Teilbereichen des US-amerikanischen Militärs – wir haben überall deutliche positive Auswirkungen dieses Prozesses festgestellt, und zwar nicht nur im Umgang von Führungskräften mit ihren Teams, sondern auch bei deren Leistung.

2. Selbstwahrnehmung und Selbstliebe sind wichtig. Wer wir sind, bestimmt, wie wir führen.

Allzu oft sehen wir Mut als angeborenen Wesenszug an. Dabei geht es gar nicht so sehr darum, *wer* einer ist, als vielmehr darum, *wie* er sich benimmt und in schwierigen Situationen auftritt. Angst ist das Gefühl, das ganz oben auf der Liste problematischer Verhaltensweisen und Kulturaspekte steht – und genau diese grundlegende Barriere steht dem Mut erwartungsgemäß im Weg. Doch all die couragierten Führungskräfte, mit denen wir gesprochen haben, erzählten uns, dass sie regelmäßig viele verschiedene Arten von Angst empfinden. *Angstgefühle* als solche sind daher offenbar nicht das Hindernis.

Mutige Führung scheitert in Wahrheit höchstens daran, *wie wir* auf unsere Angst *reagieren*. Was uns in Wirklichkeit davon abhält, Führung zu wagen, ist unser Panzer, sind also die Gedanken, Gefühle und Verhaltensweisen, die wir einsetzen, um uns zu schützen, wenn wir nicht willens oder nicht in der Lage sind, uns mit Verletzlichkeit auseinanderzusetzen. In den folgenden Kapiteln werden wir Hilfen erhalten und Kompetenzen aufbauen, aber auch auswerten, was uns bei der Entwicklung von Mut im Weg steht – umso mehr, als wir damit rechnen müssen, dass unser Panzer zutage treten und neuen Methoden und Daseinsmöglichkeiten im Weg stehen wird. In diesem Prozess müssen wir uns unbedingt auch in Mitgefühl und Geduld mit uns selbst üben.

3. Mut ist ansteckend. Um mutige Führung hoch zu skalieren und mutige Teams und Organisationen aufzubauen, müssen wir eine Kultur pflegen, in der von allen erwartet wird, mutig zu agieren, sich unbequemen Gesprächen zu stellen und mit vollem Herzen bei der Sache zu sein – eine Kultur, in der es nicht nötig ist und auch nicht honoriert wird, einen Panzer anzulegen. Wollen wir, dass sich jeder voll mit ganzem, ungepanzertem Herzen einbringt, damit wir innovativ sein, Probleme lösen und die Menschen voranbringen können, müssen wir darauf achten, eine Kultur zu schaffen, in der sich die Menschen sicher, wahrgenommen, gehört und respektiert fühlen.

Mutige Führungskräfte müssen sich um die Menschen kümmern, die sie führen, und eine Verbindung zu ihnen herstellen.

Die Daten belegen unmissverständlich, dass Fürsorge und Verbundenheit irreduzible Voraussetzungen für engagierte, produktive Beziehungen zwischen Führungskräften und Teammitgliedern sind. Empfinden wir für die Menschen, die wir führen, keine Fürsorglichkeit und/oder fühlen uns ihnen nicht verbunden, gibt es zwei Möglichkeiten: Wir entwickeln die nötige Fürsorglichkeit und Bindung, oder wir suchen uns eine Führungskraft, die das besser kann. Das ist keine Schande. Wir alle haben schon erlebt, dass wir einfach keinen Draht zu jemandem finden, sosehr wir uns auch bemühen. Ist uns klar, dass die Verpflichtung zu Fürsorge und Verbundenheit den Mindeststandard darstellt, brauchen wir echten Mut, um uns einzugestehen, wenn wir den Menschen, die uns unterstellt sind, keine guten Dienste leisten können.

Angesichts der Realität der Welt, in der wir leben, heißt das: Führungskräfte – also Sie und ich – müssen Räume schaffen und wahren, in denen höhere Verhaltensstandards gelten, als wir sie aus den Nachrichten, aus dem Fernsehen und von der Straße kennen. Für manche heißt das, dass die Kultur am Arbeitsplatz womöglich sogar einen höheren Standard haben muss als das, was sie in ihrem häuslichen Umfeld erleben. Manchmal färbt das ab, sodass Führungsstrategien aus uns sogar bessere Ehepartner und Eltern machen können.

Lehrern, die zu unseren wichtigsten Leitfiguren gehören, sage ich oft: Wir können von unseren Schülern nicht ständig verlangen, zu Hause oder auf dem Schulweg ihre Panzer abzulegen, weil ihre emotionale und physische Sicherheit unter Umständen Selbstschutz erfordert. Was wir aber tun können und wozu wir aus ethischen Gründen aufgefordert sind: Wir können in unseren Schulen und Klassenzimmern einen Raum schaffen, in dem alle Schüler für den Tag oder die Stunde die erdrückende Last ihres Panzers abwerfen, ihn an der Garderobe abgeben und ihr Herz öffnen können, damit sie wirklich wahrgenommen werden.

Wir sind die Wächter dieses Raums, der es Schülern ermöglicht, frei zu atmen, neugierig zu sein, die Welt zu erforschen und sie selbst zu sein, ohne daran zu ersticken. Sie verdienen einen Ort, an dem sie sich mit Verletzlichkeit auseinandersetzen und ihren Herzen Luft machen können. Wie ich aus den Forschungsergebnissen weiß, sollten wir nie unterschätzen, wie gut es einem Kind tut, einen Ort zu haben, an den es hingehört – wenn es auch nur einer ist – und an dem es seinen Panzer ablegen kann. Das kann seinem Leben eine ganz neue Richtung geben – und oft genug trifft das auch ein.

Müssen wir einen Panzer tragen, weil es die Kultur in unserer Schule, Organisation, Glaubensgemeinschaft oder gar Familie aufgrund von Problemen wie Rassismus, Klassenbewusstsein, Sexismus oder einer Manifestation angstgeleiteter Führung erfordert, dann dürfen wir nicht mit Engagement rechnen, das aus vollem Herzen kommt. Ebenso gilt: Belohnt unsere Organisation Verhaltensweisen, die der Panzerung Vorschub leisten, wie Schuldzuweisungen, Anprangerungen, Zynismus, Perfektionismus und emotionalen Stoizismus, dann dürfen wir keine innovative Arbeit erwarten. Unter einem Panzer kann sich niemand richtig entfalten und seinen vollen Beitrag leisten. Es kostet eine Menge Kraft, einen Panzer mit sich herumzutragen – manchmal sogar unsere *ganze* Kraft.

Was uns an diesem Prozess am meisten beeindruckt hat: Es kristallisierte sich eine Liste von Verhaltensweisen heraus, die keinesfalls »fest verdrahtet« sind und folglich vermittelbar, beobachtbar und messbar, ob mit 14 oder mit 40. Bei den Studienteilnehmern, die eingangs überzeugt waren, dass Mut genetisch verankert ist, löste schon allein der Befragungsprozess Veränderungen aus.

Ein Proband erzählte mir: »Ich bin jetzt Ende 50, und mir ist erst heute klar geworden, dass mir jede einzelne dieser Verhaltensweisen in meiner Jugend beigebracht wurde – von meinen Eltern oder meinen Trainern. Ich kann mich sogar detailliert an fast jede einzelne Lektion erinnern – also wie und wann ich das gelernt habe. Das könnten und sollen wir allen Menschen beibringen.« Dieses Gespräch war für mich wichtig, weil es mir vor Augen führte, dass unsere Erinnerungen an schmerzhafte Lektionen mit der Zeit verblassen können – so sehr, dass aus einer einst so schwierigen Lernerfahrung ein lapidares »So bin ich eben« wird.

Die Kompetenzen, aus denen Mut entsteht, sind nicht neu. Es sind Führungskompetenzen, die schon angestrebt werden, seit es Führungsstrukturen gibt. Doch bei der gezielten Entwicklung dieser Kompetenzen in Führungskräften haben wir keine großen Fortschritte gemacht, weil wir uns dabei nicht in die menschlichen Aspekte vertiefen, die uns zu chaotisch sind. Es ist so viel einfacher, darüber zu sprechen, was wir wollen und brauchen, als über Ängste, Gefühle und **Defizite** (also die Überzeugung, dass ein Mangel vorliegt), die unserem Erfolg auf ganzer Linie im Weg stehen. Im Grunde fehlt uns – vielleicht paradoxerweise – der Mut, ungeniert über Mut zu sprechen. Doch es ist höchste Zeit dafür. Und wenn Sie diese Kompetenzen auch noch als »Soft Skills« bezeichnen möchten, nachdem Sie versucht haben, sie in der Praxis umzusetzen, dann bitte. *Ich fordere Sie heraus*. Suchen Sie sich bis dahin einen Platz für Ihren Panzer. Wir sehen uns dann in der Arena.

Erster Teil:

AUSEINANDERSETZUNG MIT VERLETZLICHKEIT

Mut ist ansteckend.

Erster Abschnitt:

DER MOMENT UND DIE MYTHEN

Als mir das Universum das Roosevelt-Zitat vor die Nase hielt, traten dadurch drei Lektionen in aller Klarheit zutage. Die erste bezeichne ich als »Physik der Verletzlichkeit«. Sie ist ganz einfach: Sind wir oft genug mutig genug, werden wir irgendwann zu Fall kommen. Mut bedeutet nicht, zu sagen: »Ich bin bereit, einen Fehlschlag zu riskieren.« Mut bedeutet, zu sagen: »Ich weiß, dass ich früher oder später scheitern werde, aber ich bin trotzdem mit vollem Einsatz dabei.« Ich kenne keinen mutigen Menschen, der nicht schon Enttäuschungen oder Misserfolge erlebt hätte oder sogar ein gebrochenes Herz.

Zweitens spricht aus Roosevelts Worten alles, was ich über Verletzlichkeit weiß. **Verletzlichkeit lässt sich als das definieren, was wir in ungewissen, gefährlichen Zeiten empfinden, wenn die Gefühle blank liegen.** Das ergab meine Forschungsarbeit schon vor 20 Jahren, und es hat sich durch jede Studie, die ich seither durchgeführt habe, bestätigt – die vorliegende Forschungsarbeit über Führung eingeschlossen. Verletzlichkeit bedeutet nicht, zu gewinnen oder zu verlieren. Es geht dabei um den Mut, überhaupt anzutreten, wenn man keinen Einfluss auf das Ergebnis hat.

Im Laufe der Jahre haben wir mehrere Tausend Probanden gebeten, uns zu schildern, was sie unter Verletzlichkeit verstehen. Hier ein paar der treffendsten Antworten: das erste Date nach meiner Scheidung; mit meiner Mannschaft über Rassismus zu sprechen; der Versuch, nach meiner zweiten Fehlgeburt wieder schwanger zu werden; mein eigenes Unternehmen zu gründen, als mein Kind ausgezogen ist, um auswärts zu studieren; mich bei einem Kollegen dafür zu entschuldigen, dass ich mich in einem Meeting im Ton vergriffen hatte; meinen Sohn in dem Wissen in die Orchesterprobe zu schicken, wie gern er die erste Geige spielen würde, obwohl er vermutlich nicht einmal die Aufnahmeprüfung schaffen würde; auf den Rückruf des Arztes zu warten; Feedback zu geben; Feedback zu bekommen; entlassen zu werden; andere zu entlassen.

Dabei liefert unser gesamter Datenbestand nicht den Hauch eines empirischen Belegs dafür, dass Verletzlichkeit Schwäche ist.

Fällt es uns leicht, Verletzlichkeit zu erleben? Nein.

Ängstigen und verunsichern uns solche Erfahrungen? Ja.

Lösen Sie einen Selbstschutzreflex aus? Immer.

Erfordert es Mut, sich solchen Erfahrungen aus vollem Herzen und ohne Panzer zu stellen? Auf jeden Fall.

Meine dritte Erkenntnis schließlich ist mir zum Lebensauftrag geworden: Wenn Sie nicht gelegentlich selbst in der Arena stehen und Prügel einstecken, dann bin ich auch nicht offen für Ihr Feedback. Was Sie mir zu sagen haben, interessiert mich nicht. Millionen Menschen weltweit »sitzen auf den billigen Plätzen«. Sie werden im Leben nie Mut beweisen, verwenden aber ihre ganze Energie darauf, anderen, die sich das trauen, Ratschläge zu geben und ihnen ihre Meinung zu sagen. Ihr Beitrag beschränkt sich auf Kritik, Zynismus und Panikmache. Wer mich kritisiert, ohne sich je selbst aus dem Fenster zu lehnen, kann sagen, was er will – es interessiert mich nicht.

Wir müssen uns dem Feedback von den billigen Plätzen entziehen *und* dürfen uns trotzdem nicht hinter unseren Panzer zurückziehen. Die Probanden, die in beiden Disziplinen gut abschneiden, haben eine Gemeinsamkeit: Sie wissen genau, auf wessen Urteil sie Wert legen.

Solche Menschen sind es, von denen wir uns Feedback einholen sollten. Auch wenn wir nicht gern hören, was sie uns zu sagen haben, wir müssen es zur Kenntnis nehmen und darüber nachdenken, bis wir daraus gelernt haben. Mir hat meine Forschungsarbeit eines ganz klar vor Augen geführt:

> Lassen Sie verletzende Äußerungen nicht näher an sich heran, indem Sie sie immer wieder lesen und darüber nachgrübeln. Spielen Sie nicht im Kopf durch, wie cool Sie nächstes Mal darauf reagieren werden. Und verbittern Sie nicht.
>
> Werfen Sie Ihrem ungepanzerten Ich alles vor die Füße, was unproduktiv oder schmerzhaft ist. Ganz gleich, wie sehr Ihre Selbstzweifel Sie drängen, die Kritik an sich heranzulassen und sich in Ihrer Negativität zu baden, damit sich Ihre schlimmsten Befürchtungen bestätigen können, ganz gleich, wie erpicht die Schamkobolde darauf aus sind, solche Verletzungen zu nutzen, um Ihren Panzer zu verstärken: Atmen Sie tief durch und bringen Sie die Kraft auf, alles Kleinliche einfach links liegen zu lassen. Sie müssen nicht einmal darauf herumtrampeln oder es wegtreten. Gemein zu sein, ist billig, leicht und feige. Ein solches Verhalten verdient nicht, dass Sie Ihre Energie oder Ihr Engagement darauf verschwenden. Gehen Sie einfach über solche Aussagen hinweg und bleiben Sie mutig. Vergessen Sie nie: Ein Panzer kommt Sie zu teuer zu stehen. Lassen Sie sich daher gar nicht erst auf Feedback von den billigen Plätzen ein.

Noch einmal zum Mitschreiben: Schotten wir uns gegen jedes Feedback ab, entwickeln wir uns nicht weiter. Setzen wir uns aber mit jedem Feedback auseinander, ungeachtet seiner Qualität und Absicht, schmerzt das zu sehr, und wir legen uns früher oder später einen Panzer zu, indem wir so tun, als ob es uns nichts ausmacht – oder, schlimmer noch, indem wir uns so hermetisch gegen Verletzlichkeit und Gefühle abschirmen, dass wir uns gar nicht mehr verletzt fühlen.

Ist der Panzer erst einmal so dick, dass wir gar nichts mehr spüren, sterben wir innerlich ab. Wir zahlen dann für den Selbstschutz, indem wir unser Herz vor allem und jedem verschließen – nicht nur vor Verletzungen, sondern auch vor der Liebe.

Was es für Folgen hat, wenn der Selbstschutz wichtiger wird als die Liebe, hat niemand so treffend formuliert wie C. S. Lewis:[9]

> Lieben heißt verletzlich sein. Liebe irgend etwas, und es wird dir bestimmt zu Herzen gehen oder gar das Herz brechen. Wenn du ganz sicher sein willst, daß deinem Herzen nichts zustößt, dann darfst du es nie verschenken, nicht einmal an ein Tier. Umgib es sorgfältig mit Hobbys und kleinen Genüssen; meide alle Verwicklungen; verschließ es sicher im Schrein oder Sarg deiner Selbstsucht. Aber in diesem Schrein – sicher, dunkel, reglos, luftlos – verändert es sich. Es bricht nicht; es wird unzerbrechlich, undurchdringlich, unerlösbar.[10]

Lieben heißt verletzlich sein.

Schützenhilfe in der Auseinandersetzung: Das Zettelkommando

Wer sich nach der Meinung aller anderen definiert, kann nur schwerlich mutig sein. Wenn uns aber vollkommen gleichgültig ist, was andere denken, ist unser Panzer zu dick, um echte Verbundenheit herzustellen. Doch woher wissen wir, wessen Meinung für uns zählen sollte?

Die Lösung kennen Sie aus *Verletzlichkeit macht stark*. Nehmen Sie einen Zettel und notieren Sie darauf die Namen der Menschen, auf deren Meinung Sie Wert legen. Der Zettel darf nicht zu groß sein, damit Sie Prioritäten setzen. Falten Sie ihn zusammen und stecken Sie ihn in Ihr Portemonnaie. Nehmen Sie sich dann zehn Minuten

Zeit, um diese Menschen – Ihr **Zettelkommando** – zu kontaktieren und sie wissen zu lassen, wie froh Sie sind, sie zu haben. Das geht ganz einfach: *Ich überlege mir gerade, wessen Meinung für mich zählt. Danke, dass du dazugehörst. Wie schön, dass ich dir so viel bedeute, dass du ehrlich und aufrichtig zu mir bist.*

Brauchen Sie ein Raster für die Auswahl, taugt Folgendes meiner Ansicht nach am besten: Die Menschen auf Ihrer Liste sollten Sie nicht *trotz*, sondern *wegen* Ihrer Verletzlichkeit und Unvollkommenheit schätzen.

Auf Ihrer Liste sollten keine Jasager stehen. Es soll ja kein Schleimerkommando werden. Es sollten Menschen sein, die Ihnen so viel Respekt entgegenbringen, dass sie, obwohl sie das verletzlich machen könnte, riskieren, Ihnen zu sagen: »Es passt gar nicht zu dir, wie du dich da verhalten hast. Du musst das in Ordnung bringen und dich entschuldigen. Ich helfe dir dabei.« Oder: »Stimmt, das war ein gewaltiger Schlag ins Kontor. Aber du warst mutig, und ich klopfe dir den Staub ab und feuere dich an, wenn du zur nächsten Runde antrittst.«

Die sechs Mythen zur Verletzlichkeit

In *Verletzlichkeit macht stark* habe ich über die vier Mythen zur Verletzlichkeit geschrieben. Doch seither habe ich das Projekt, Mut zu entwickeln, in Organisationen hineingetragen und mit Führungskräften daran gearbeitet. Die Daten haben gesprochen, und es sind eindeutig *sechs* irreführende Mythen, die sich über viele Variablen hinweg halten wie Geschlecht, Alter, Ethnie, Land, Fähigkeit und Kultur.

MYTHOS 1: VERLETZLICHKEIT IST SCHWÄCHE

Ich habe lange gebraucht, um mit den Mythen zur Verletzlichkeit aufzuräumen, allen voran mit dem Mythos, dass Verletzlichkeit Schwäche ist. 2014 stand ich auf einem Militärstützpunkt im Mittleren Westen der Vereinigten Staaten vor mehreren Hundert Angehörigen militärischer Spezialeinheiten. Ich beschloss, nicht länger drum herumzureden, und brachte meine Ausführungen mit einer Frage auf den Punkt.

Ich schaute die tapferen Soldaten an und meinte: »Verletzlichkeit empfinden wir in ungewissen, gefährlichen Zeiten, wenn die Gefühle blank liegen. Können Sie mir ein an einem Kameraden oder an sich selbst beobachtetes Beispiel für Mut nennen, das nicht die Erfahrung der Verletzlichkeit voraussetzt?«

Absolute Stille. Man hörte nur die Grillen zirpen.

Endlich meldete sich ein junger Mann zu Wort: »Nein, Ma'am. Drei Einsätze. Und ich kann mich an keine einzige mutige Handlung erinnern, die nicht erfordert hätte, sich mit gewaltiger Verletzlichkeit auseinanderzusetzen.«

Ich habe dieselbe Frage inzwischen weltweit hundertfach in Konferenzräumen gestellt. Ich habe Kampfpiloten und Softwareentwickler, Lehrer und Wirtschaftsprüfer, CIA-Agenten und CEOs, Geistliche und Profisportler, Künstler und Aktivisten befragt, und nicht einer konnte mir ein Beispiel für Mut ohne Verletzlichkeit liefern. Der Mythos von der Schwäche zerbröselt unter dem Gewicht der Daten und der persönlichen Muterfahrungen der Menschen.

MYTHOS 2: VERLETZLICHKEIT IST MIR FREMD

Im Alltag erleben wir ständig Ungewissheit und Gefahr, und unsere Gefühle liegen blank. Wir können uns dem nicht entziehen, haben aber zwei Möglichkeiten: Entweder wir stehen zu unserer Verletzlichkeit oder nicht. Sich zu seiner Verletzlichkeit zu bekennen und sie *bewusst* zuzulassen bedeutet, dass wir uns mit diesem Gefühl auseinandersetzen und begreifen, wie es unser Denken und Verhalten beeinflusst, damit wir unseren Werten treu bleiben und Integrität leben können. Tun wir so, als *seien wir nicht verletzlich*, lassen wir unser Denken und Verhalten von der Angst bestimmen, ohne selbst darauf einzuwirken oder uns dessen überhaupt bewusst zu sein. Das führt fast immer dazu, dass wir anderen etwas vorspielen oder einfach ganz dicht machen.

Wenn Sie die Daten nicht überzeugen, fragen Sie doch jemanden aus Ihrem Zettelkommando: *Wie verhalte ich mich, wenn ich mich verletzlich fühle?* Setzen Sie sich bewusst mit Verletzlichkeit auseinander, dann werden Sie nichts zu hören bekommen, was Sie nicht schon wissen und woran Sie nicht bereits aktiv arbeiten. Sind Sie aber ein Anhänger der Vorstellung von absoluter Einzigartigkeit (nach dem Motto »Für alle anderen auf der Welt mag das gelten, nur für Sie nicht«), dann stellen Sie sich besser auf ein hartes Feedback ein.

So gern wir auch glauben möchten, dass Wissen und Erfahrung es überflüssig machen, sich verletzlich zu zeigen – es stimmt leider nicht. Wenn überhaupt, dann bestätigen Wissen und Erfahrung, wie wichtig es ist, sich mit Verletzlichkeit auseinanderzusetzen. Ich finde, Madeleine L'Engle hat das in folgendem Satz mustergültig auf den Punkt gebracht: »Als Kinder dachten wir, wenn wir erst erwachsen wären, wären wir nicht mehr verletzlich. Doch Erwachsenwerden heißt, Verletzlichkeit zu akzeptieren.«[11]

MYTHOS 3: DAS SCHAFFE ICH ALLEIN

Der dritte Mythos zur Verletzlichkeit lautet: »Das schaffe ich allein.« Eine Ausrede, die mir häufig begegnet: »Ich muss gar nicht verletzlich sein, denn ich bin mir selbst genug.« Ich kann diesen Gedanken durchaus nachvollziehen. An manchen Tagen wünschte ich mir sogar, er wäre wahr. Das Problem ist nur: *Keinen Menschen zu brauchen* widerspricht allem, was wir über die menschliche Neurobiologie wissen. Wir sind auf Verbundenheit gepolt. Von unseren Spiegelneuronen bis zur Sprache sind wir soziale Wesen. Ganz ohne echte Bindungen verkümmern wir. Und mit echt meine ich Bindungen, die nicht von uns verlangen, um Anerkennung zu buhlen oder uns grundlegend zu verändern, um uns anzupassen.

Als ich *Entdecke deine innere Stärke* schrieb, vertiefte ich mich in die Arbeit des Neurowissenschaftlers John Cacioppo. Er machte es sich zur Aufgabe, Einsamkeit, Zugehörigkeit und Verbundenheit zu erforschen, und behauptet, dass es nicht unser rauer Individualismus ist, der uns stark macht, sondern vielmehr unsere kollektive Fähigkeit, zu planen, zu kommunizieren und zusammenzuarbeiten. Wir sind neuronal, hormonell und genetisch eher zu wechselseitiger Abhängigkeit prädisponiert als zu Unabhängigkeit. Dazu Cacioppo: »Für soziale Wesen, den Menschen eingeschlossen, gilt: erwachsen werden heißt nicht, sich zum autonomen Eigenbrötler zu entwickeln, sondern zu einem Menschen, auf den sich die anderen verlassen können. Ob uns das bewusst ist oder nicht, unser Gehirn und unsere Biologie sind auf dieses Ergebnis zugeschnitten.«[12] Sosehr ich Whitesnake mag – und ich bin ein großer Fan, wie viele von Ihnen wissen –, wir sind eben doch nicht dazu geboren, es alleine zu schaffen.*

MYTHOS 4: MAN KANN DER VERLETZLICHKEIT DIE UNSICHERHEIT UND DAS UNBEHAGEN NEHMEN

Ich arbeite sehr gern mit Techunternehmen und Technikern zusammen. Sie schlagen fast immer vor, dass wir es uns leichter machen sollten, mit Verletzlichkeit zu leben, indem wir einfach Unsicherheit und Emotionen auf technischem Wege aus der Gleichung herauskürzen. Diese Leute haben mir schon alles Mögliche empfohlen, von einer Text-App für heikle Gespräche bis hin zu einem Algorithmus, der prognostizieren soll, wann man sich einem anderen gegenüber bedenkenlos verletzlich zeigen kann.

Wie in der Einleitung angesprochen, steckt hinter diesem Bedürfnis manchmal, wie wir über Verletzlichkeit denken und wie wir diesen Begriff verwenden. Manche Menschen gehen jeden Tag mit

---

* Diese Bemerkung bezieht sich auf die englische Textzeile »Born to Walk Alone« aus dem Whitesnake-Song »Here I Go Again«

einem konkreten Anliegen zur Arbeit: auf technischem Wege die Verletzlichkeit und Unsicherheit aus dem System herauszunehmen und/oder Risiken zu minimieren. Das gilt für alle Berufsgruppen, vom Anwalt, der Verletzlichkeit häufig mit Schlupflöchern und Verbindlichkeiten gleichsetzt, über Ingenieure und andere, die im operativen, sicherheitsbezogenen oder technischen Bereich tätig sind und Verletzlichkeit als potenzielles Systemversagen betrachten, bis hin zum Soldaten oder Chirurgen, für die Verletzlichkeit buchstäblich tödlich ist.

Spreche ich davon, sich mit Verletzlichkeit zu arrangieren oder sie gar zu begrüßen, stoße ich mitunter auf echten Widerstand, bis ich klargemacht habe, dass es mir um zwischenmenschliche Verletzlichkeit geht, nicht um die Anfälligkeit von Systemen. Vor ein paar Jahren hatte ich mit einer Gruppe von Raketenwissenschaftlern zu tun. In der Pause kam ein Ingenieur auf mich zu und sagte: »Ich lasse Verletzlichkeit nicht zu. Ich kann das nicht. Und das ist auch gut so. Sonst fällt buchstäblich noch alles Mögliche vom Himmel.«

Lächelnd entgegnete ich: »Was ist denn für Sie das Schwierigste an Ihrem Job? Zu verhindern, dass Dinge vom Himmel fallen?«

Seine Antwort lautete: »Nein. Wir haben ausgeklügelte Systeme entwickelt, die uns vor menschlichem Versagen schützen. Das ist zwar nicht einfach, doch für mich sicher nicht das Schwierigste.«

Nur Geduld.

Er dachte kurz nach und sagte dann: »Es ist die Teamführung und das ganze Zwischenmenschliche. Ich habe da einen im Team, der einfach nicht hineinpasst. Seine Leistung stimmt schon seit einem Jahr nicht. Ich habe alles versucht. Letztes Mal bin ich sehr deutlich geworden. Da wäre er mir fast in Tränen ausgebrochen. Also habe ich das Gespräch schnell beendet. Es war mir einfach unangenehm. Doch jetzt kriege ich bald Ärger, weil ich gar keine Beurteilungsbögen mehr über ihn abliefere.«

Darauf ich: »Das hört sich allerdings schwierig an. Wie fühlen Sie sich denn dabei?«

Da fiel bei ihm der Groschen: »Alles klar. Ich setze mich wohl besser wieder hin.«

Gerade auf Gebieten, auf denen die Verletzlichkeit von Systemen mit Fehlschlägen (oder Schlimmerem) gleichgesetzt wird, haben die Betroffenen nach meiner Erfahrung die größten Probleme mit Kompetenzen zur mutigen Führung. Das Interessante daran: Haben sie erst begriffen, worum es geht, sind sie oft bereit, wirklich in die Tiefe zu gehen, und scheuen keine noch so harte Auseinandersetzung. Sie können sich sicher vorstellen, wie schwer es sein kann, zu verstehen, wie wichtig Verletzlichkeit in der Führung ist, wenn man täglich dafür belohnt wird, Verletzlichkeit auszumerzen.

Ein anderes Beispiel dafür stammt aus dem Londoner Finanzdistrikt Canary Wharf. Dort verbrachte ich einen Nachmittag mit ein paar typischen Bankern, die sich fragten, was ich dort zu suchen hatte, sich aber nicht trauten, das offen zu sagen. Sie erklärten mir, im Bankgeschäft ging es vor allem anderen um Compliance, Verletzlichkeit habe da keinen Platz. Meine Antwort kam für die frustrierten Banker und das tolle, vorausschauende Lern- und Entwicklungsteam, das mich eingeladen hatte, gleichermaßen überraschend.

Ich sagte ehrlich: »Morgen ist mein letzter Tag in London, und ich möchte wirklich noch gern zu James Smith & Sons [das berühmte Regenschirmgeschäft, das es schon seit Anfang des 19. Jahrhunderts gibt]. Lassen Sie uns also versuchen, zu klären, warum ich hier bin. Schaffen wir das nicht, machen wir Schluss.«

Sie wirkten ein bisschen konsterniert, fanden mein Angebot aber interessant. Also stellte ich ihnen eine Frage: »Was ist für Sie hier und in Ihrer Branche das größte Problem?«

Sie diskutierten kurz untereinander, bis ein selbst ernannter Sprecher laut sagte: »Ethische Entscheidungen.«

Mist. Den Regenschirm kann ich vergessen.

Ich holte tief Atem und fragte: »Wer von Ihnen hat sich schon einmal vor ein Team oder eine Gruppe gestellt und gesagt: ›Das entspricht nicht unseren Werten‹, oder: ›Das verstößt gegen unsere ethischen Grundsätze‹?«

Die meisten der Anwesenden hoben die Hand.

»Und wie fühlt sich das an?«

Es wurde ganz still im Raum. Ich gab mir die Antwort selber: »Es gibt wohl kaum eine Arbeitssituation, die mehr Verletzlichkeit erfordert, als andere für Ethik und Werte in die Verantwortung zu nehmen, vor allem, wenn Sie damit auf einsamem Posten stehen oder viel Geld, Macht oder Einfluss auf dem Spiel stehen. Um sich selbst zu schützen, werden die Betroffenen Sie angreifen, Ihnen böse Absichten unterstellen, Sie ablehnen und vielleicht sogar versuchen, Sie zu diskreditieren. Wenn Sie also Verletzlichkeit nicht zulassen und/oder diese in Ihrer Kultur als Schwäche gilt, ist es kein Wunder, dass Sie Probleme haben, ethische Entscheidungen zu treffen.«

Da zückten alle wortlos ihre Stifte und Notizblöcke und lehnten sich zurück. Schließlich sagte eine Dame aus der ersten Reihe: »Aus dem Regenschirm wird wohl nichts. Sie müssen eben noch mal wiederkommen. Im Frühling ist London wirklich schön.«

Ganz gleich, wie wir das Thema der systemischen Verletzlichkeit auch angehen, sobald wir versuchen, Unsicherheit, Risiko und Gefühle aus der Beziehungserfahrung herauszukürzen, ist das per definitionem eine Bankrotterklärung für den Mut. Wir wissen ja: Mut setzt sich aus vier Kompetenzen zusammen, doch im Mittelpunkt steht dabei die Verletzlichkeit. Die schlechte Nachricht ist folglich: Es gibt dafür keine App. Was Sie auch tun und wo Sie auch arbeiten, Sie sind aufgefordert, verletzlich und mutig zu sein – selbst wenn Ihre Aufgabe darin besteht, Verletzlichkeit im System auf technischem Wege auszumerzen.

Die gute Nachricht: Gelingt es uns, uns die vier Kompetenzen zur Entwicklung von Mut anzueignen, angefangen bei der Auseinandersetzung mit Verletzlichkeit, machen wir damit etwas zutiefst Menschliches möglich – eine unschätzbare Führungsqualität, die eine Maschine nie erreichen wird.

MYTHOS 5: VERTRAUEN KOMMT VOR VERLETZLICHKEIT

Manchmal führen wir in Gruppen eine Übung durch, bei der wir den Teilnehmern Satzanfänge vorlegen, die sie dann auf einem Klebezettel vervollständigen müssen. Ein Beispiel:

> Ich bin in der Überzeugung aufgewachsen, dass Verletzlichkeit:
> ____.

Ist die Gruppe so groß, dass die Anonymität der Äußerungen gewährleistet ist, kleben wir die Antworten auf eine Tafel, damit sie jeder lesen kann. Das verfehlt nie seine Wirkung, denn die Teilnehmer sind jedes Mal bass erstaunt darüber, wie ähnlich sie sich äußern. Wir leben einfach viel zu oft in dem Glauben, wir seien die Einzigen, die sich mit solchen Fragen quälen.

Ich werde nie vergessen, was ein Kursteilnehmer vor ein paar Jahren auf einen solchen Klebezettel geschrieben hat: »Ich bin in der Überzeugung aufgewachsen, dass Verletzlichkeit *der erste Schritt zum Verrat ist.*«

Mit einer Gruppe von kommunalen Führungskräften und Aktivisten sprach ich einmal eine Stunde lang darüber, dass so vielen von uns beigebracht wurde, Verletzlichkeit sei etwas für Schwächlinge. Manchen von uns wurde das explizit eingebläut, andere lernten es als stille Beobachter, doch die Botschaft war immer dieselbe: Bist du dumm genug, anderen zu offenbaren, wo du empfindlich bist oder was dir am meisten bedeutet, ist es nur eine Frage der Zeit, bis das irgendjemand ausnutzt, um dich zu verletzen.

In solchen Gesprächen kommt unweigerlich die Henne-Ei-Frage aufs Tapet: Was kommt zuerst – Vertrauen oder Verletzlichkeit?

- **Woher weiß ich, ob ich jemandem so sehr vertrauen kann, dass ich mich verletzlich zeigen darf?**
- **Kann ich Vertrauen aufbauen, ohne zu riskieren, mich verletzlich zu zeigen?**

Die Wissenschaft liefert darauf eine eindeutige Antwort, die all jene allerdings nicht so gern hören werden, die gern ein Punktesystem oder einen hundertprozentig zuverlässigen Vertrauenstest hätten. Oder eben die besagte App.

Wir müssen vertrauen, um uns verletzlich zu zeigen, und wir müssen verletzlich sein, um Vertrauen aufzubauen.

Die Studienteilnehmer beschrieben Vertrauen als einen langsamen, vielschichtigen, iterativen Prozess, der über längere Zeit abläuft. Weder der Aufbau von Vertrauen noch die Auseinandersetzung mit Verletzlichkeit sind ohne Risiken. Deshalb ist es so schwer, mutig zu sein. Und deshalb ist Mut so eine seltene Eigenschaft. Wir verwenden dafür in unserer Arbeit das Bild vom **Murmelglas**. Darüber habe ich bereits in *Verletzlichkeit macht stark* geschrieben, doch ich will die Geschichte an dieser Stelle noch einmal erzählen.

Als meine Tochter Ellen in der dritten Klasse war, kam sie eines Tages aus der Schule, schloss die Türe hinter sich, schaute mich an und sank zu Boden. Sie vergrub ihr Gesicht in den Händen und brach in Tränen aus.

Ich reagierte wie jede Mutter: »Mein Gott, Ellen, bis du okay? Was ist denn los?«

»In der Schule ist mir heute etwas total Peinliches passiert. Ich habe es meinen Freundinnen erzählt. Sie haben versprochen, es nicht weiterzusagen, aber als wir wieder im Klassenzimmer saßen, wussten alle Bescheid.«

Ich fühlte, wie in mir die Bärenmutter erwachte. Ellen schluchzte, es sei so schlimm gewesen, dass ihre Lehrerin Ms Baucum die Hälfte der Murmeln aus dem Murmelglas genommen hätte. In ihrem Klassenzimmer gab es ein großes Glas, in das die Schüler Murmeln legen durfte, wenn die Klasse gemeinsam eine gute Entscheidung traf. Entschieden sich die Schüler falsch, wurden Murmeln herausgenommen. Ms Baucum nahm so viele Murmeln heraus, weil alle lachten – offensichtlich über Ellen. Ich erklärte meiner Tochter, dass mir das alles sehr leidtäte. Da schaute sie mich an und sagte: »Ich werde in meinem ganzen Leben nie wieder jemandem vertrauen.«

Mit ihrem Herzen brach auch meins. Mein erster Gedanke war: *Dann ist ja alles klar – du vertraust nur noch deiner Mama. Und wenn du mal aufs College gehst, dann such ich mir eine kleine Wohnung ganz in der Nähe und bin jederzeit für dich da.* Für mich war das damals ein tröstlicher Gedanke. Doch ich schob meine persönlichen Gefühle beiseite und versuchte, mit ihr über Vertrauen und Verbundenheit zu sprechen. Auf der Suche nach den richtigen Worten, um ihr meine Erfahrungen mit Vertrauen und meine Erkenntnisse aus der Forschungsarbeit zu vermitteln, fiel mir *das Murmelglas* ein. *Perfekt.*

Ich sagte zu Ellen: »Im Leben vertrauen wir den Menschen, die sich über längere Zeit Murmeln verdient haben. Hilft dir jemand, ist nett zu dir und steht für dich ein oder behält für sich, was du ihm erzählst, dann legst du Murmeln in sein Glas. Ist jemand gemein oder respektlos oder missbraucht dein Vertrauen, nimmst du Murmeln aus seinem Glas. Wir suchen Menschen, bei denen sich mit der Zeit immer mehr Murmeln ansammeln, bis wir eines Tages hinschauen und sehen: Das Glas ist voll. Das sind dann die Menschen, denen du Geheimnisse anvertrauen kannst. Menschen, denen du vertrauensvoll alles erzählen kannst, was dir wichtig ist.«

Dann fragte ich sie, ob sie denn eine Freundin mit einem vollen Murmelglas habe. »Ja, ich habe solche Murmelglasfreundinnen: Hanna und Lorna.« Ich bat sie, mir zu erzählen, wie sich Hanna und Lorna ihre Murmeln verdient hätten. Ich war wirklich gespannt und rechnete mit dramatischen Geschichten über die Heldentaten, die die Mädchen für sie vollbracht hatten. Doch was sie dann sagte, verblüffte mich noch mehr: »Na ja, letztes Wochenende beim Fußballspiel schaute sich Hanna um und sagte, sie habe Oma und Opa gesehen.« Oma und Opa sind meine Mutter und mein Stiefvater.

Ich wollte mehr wissen. »Und dann?«

»Das war alles. Dafür habe ich ihr eine Murmel gegeben.«

»Warum denn?«

»Na ja, es hat ja nicht jeder acht Großelternteile.« Meine Eltern waren geschieden und hatten wieder geheiratet. Steves Eltern ebenfalls. »Ich finde es total cool, dass sich Hanna alle ihre Namen gemerkt hat. Und Lorna ist meine Murmelglasfreundin, weil sie mit mir den Eine-Backe-Sitz macht.«

Da musste ich selbstverständlich nachfragen: »Was in aller Welt ist das denn?«

»Wenn ich zu spät in die Cafeteria komme und der Tisch voll besetzt ist, dann rutscht sie rüber und macht den halben Sitz frei, damit ich bei meinen Freundinnen sitzen kann.« Ich musste zugeben: Der Eine-Backe-Sitz war schon was und sicherlich eine Murmel wert. Ellens Stimmung hob sich sichtlich, und sie fragte mich, ob ich Murmelglasfreunde hätte und wie sich diese ihre Murmeln verdient hätten.

»Na ja, bei Erwachsenen ist das ein bisschen anders, glaube ich.« Doch dann dachte ich an das Fußballspiel, über das Ellen gesprochen hatte. Als meine Eltern damals bei dem Spiel angekommen waren, hatte meine Freundin Eileen sie mit Namen begrüßt – und ich weiß noch, wie mich das beeindruckt hatte.

Ich erzähle Ihnen das alles, weil ich immer davon ausgegangen war, dass Vertrauen in besonderen Momenten entsteht, durch große Gesten und nicht durch Bagatellen wie dass sich eine Freundin Details aus meinem Leben merkt. Noch am selben Abend rief ich die Doktoranden in meinem Team an, und wir durchforsteten fünf Tage lang alle unseren Studien zum Thema Vertrauen. Besonders achteten wir dabei auf vertrauenstiftendes Verhalten, und es bestätigte sich, was ich damals nach der Schule von Ellen gelernt hatte. Wie sich herausstellte, bildet sich Vertrauen tatsächlich durch Bagatellen. Man verdient es sich nicht durch Heldentaten oder spektakuläre Aktionen, sondern durch Aufmerksamkeit, durch Zuhören und durch Gesten, aus denen echte Anteilnahme und Verbundenheit spricht.

Als Wissenschaftlerin, die den Ansatz der Grounded Theory verfolgt, ist es meine Aufgabe herauszufinden, was die Daten aussagen, und die Ergebnisse dann mit der Literatur abzugleichen, um festzustellen, inwieweit sie den Erkenntnissen anderer Wissenschaftler entsprechen. Die aufgestellte Theorie verändert sich dadurch nicht, doch wenn es Widersprüche gibt – und das ist häufig der Fall –, muss der betreffende Forscher darauf eingehen. Die meisten quantitativen Forscher gehen umgekehrt vor. Sie untersuchen zunächst, was die bisherige Forschung besagt, und versuchen dann, die Ergebnisse zu bestätigen. Mit meinem Ansatz entwickle ich Theorien auf der Grundlage von Lebenserfahrungen, nicht aus bereits bestehenden Theorien. Ich erfasse die Erfahrungen der Probanden zunächst, und erst dann versuche ich, meine Theorien in bereits vorliegende Erkenntnisse einzuordnen. Die Grounded Theory geht in dieser Reihenfolge vor, damit die Schlussfolgerungen aus den Daten nicht durch vorhandene Theorien verzerrt werden, aus denen nicht unbedingt die realen Erfahrungen verschiedener Bevölkerungsgruppen sprechen.

Die erste Anlaufstelle, an die ich mich wandte, um zu sehen, was in der vorhandenen Literatur zu finden ist, war die Forschung von John Gottman, die auf 40 Jahren der Untersuchung von intimen Beziehungen beruht. Für alle, die mit Gottmans Arbeit zum Thema Ehe nicht vertraut sind: Er konnte anhand der Antworten auf bestimmte Fragen mit 90-prozentiger Treffsicherheit prognostizieren, ob sich ein Paar scheiden lassen würde. Die Kriterien, die sein Team dabei anlegte, bezeichnete er als die vier apokalyptischen Reiter – Kritik, Rechtfertigung, Mauern und Verachtung, wobei Verachtung der verhängnisvollste Faktor für eine Liebesbeziehung ist.

In einem Artikel auf einer der von mir am häufigsten konsultierten Websites, »Greater Good« der University of California in Berkeley (greatergood.berkeley.edu), beschreibt Gottman die Vertrauensbildung in einer Partnerschaft genau so, wie ich das in meinen Studien bestätigt gefunden habe. Gottman schreibt:[13]

Ich habe durch Studien festgestellt, dass Vertrauen in ganz kleinen Momenten entsteht, die ich als »Schiebetürmomente« bezeichne – nach dem Film *Sliding Doors* (deutscher Titel: *Sie liebt ihn – sie liebt ihn nicht*). Jede Interaktion bietet die Möglichkeit, Verbundenheit zum Partner herzustellen oder sich von ihm abzuwenden.

Ich darf Ihnen dazu ein Beispiel aus meiner eigenen Beziehung geben. Eines Abends hätte ich gern einen Krimi zu Ende gelesen. Ich hatte einen bestimmten Verdacht, wer der Mörder war, und wollte unbedingt wissen, wie die Geschichte ausging. Nach einer Weile legte ich das Buch auf den Nachttisch und ging ins Bad.

Als ich am Spiegel vorbeikam, sah ich darin das Gesicht meiner Frau. Sie kämmte sich die Haare und wirkte bedrückt. Das war ein solcher Schiebetürmoment.

Ich hatte die Wahl. Ich hätte mich schnell zurückziehen und denken können: Ich habe heute keine Lust, mich mit ihrer Gemütslage auseinanderzusetzen, ich möchte mein Buch zu Ende lesen. Doch als sensibler Beziehungsforscher entschloss ich mich, das Badezimmer zu betreten. Ich nahm ihr die Bürste aus der Hand und fragte: »Was ist denn los, mein Schatz?« Und sie erzählte mir, was sie auf dem Herzen hatte.

Damals baute ich Vertrauen auf. Ich war für sie da. Ich stellte Verbundenheit her, statt nur an mich und meine Bedürfnisse zu denken. Solche Momente sind es, die nach unseren Erkenntnissen Vertrauen entstehen lassen.

Für sich genommen hat ein solcher Moment keine so große Bedeutung, doch wer sich stets fürs Abwenden entscheidet, der höhlt eine Beziehung nach und nach aus.

Vertrauen besteht daraus, im Laufe der Zeit immer mehr kleine Momente und wechselseitige Verletzlichkeiten aneinanderzureihen. Vertrauen und Verletzlichkeit werden gemeinsam größer, und wer das eine verrät, zerstört beides.

MYTHOS 6: VERLETZLICHKEIT IST, PRIVATES ZUR SCHAU ZU STELLEN

In manchen Kreisen kursiert offenbar die Fehlauffassung, ich würde befürworten, dass Führungskräfte grundsätzlich persönliche Erfahrungen preisgeben und offen über ihre Gefühle sprechen sollen. Ich vermute, sie stammt von Menschen, die die Kernthemen meines TEDxHouston-Talks über Verletzlichkeit und des Buches *Verletzlichkeit macht stark* nicht richtig verstanden haben. Hinzu kommt natürlich, dass sich meine Arbeit inzwischen zu 80 Prozent um Verletzlichkeit und Führung dreht. Das ist ein Extrembeispiel für den »2 + 2 = 57-Wahns«, der heutzutage zu beobachten ist. Wir alle kennen Menschen, die ein paar Dinge zusammenzählen, die sie zu verstehen *glauben*, und dann zu einem eindeutigen, nicht uninteressanten, aber vollkommen falschen Schluss gelangen. Das kann jedem mal passieren. Lassen Sie uns deshalb mit diesem Mythos gleich von vornherein aufräumen – durch zwei scheinbar widersprüchliche Aussagen:

1. Ich bin keine Verfechterin der exhibitionistischen, wahllosen Zurschaustellung als Führungsinstrument und ebenso wenig von Verletzlichkeit um ihrer selbst willen.
2. Mutige Führung ohne Verletzlichkeit ist nicht möglich.

Beides stimmt.

Werde ich gefragt: »Wie viel sollten Führungskräfte vor Kollegen oder Mitarbeitern denn von sich preisgeben?«, dann weiß ich, dass es ein Problem gibt. Ein paar der mutigsten Führungspersönlichkeiten, die ich kenne, gehen unglaublich kompetent mit Verletzlichkeit um, ohne dabei viel von sich zu offenbaren. Ebenso habe ich schon mit Führungskräften gearbeitet, die weit mehr von sich preisgeben, als sie sollten, und dabei wenig Kompetenz in der Auseinandersetzung mit Verletzlichkeit beweisen.

In heiklen Zeiten des Wandels und der Unsicherheit setzt sich eine mutige Führungskraft vielleicht mit ihrem Team zusammen und sagt:

> Die anstehenden Veränderungen sind schmerzhaft, und das geht alles sehr schnell. Ich weiß, dass viele verunsichert sind – ich auch, und es ist nicht leicht, das zu verkraften. Es ist schwer, das nicht mit nach Hause zu nehmen, und natürlich machen sich alle Sorgen. Verständlich, dass man gern einen Sündenbock finden möchte. Ich werde Sie, soweit es irgend geht, über alle Veränderungen auf dem Laufenden halten – so bald wie möglich.
>
> Ich möchte, dass wir uns jetzt 45 Minuten lang damit auseinandersetzen, wie wir all diese Veränderungen bewältigen können. Vor allem möchte ich wissen: *Was kann ich tun, um Sie zu unterstützen? Welche Fragen soll ich beantworten? Haben Sie Geschichten gehört und möchten von mir wissen, ob etwas dran ist? Gibt es sonst noch irgendwelche Fragen?*
>
> Ich bitte Sie alle, zusammenzuhalten und einander in diesen turbulenten Zeiten zu unterstützen, damit wir effektiv mit allem umgehen können, was ansteht. Dabei müssen wir auch weiterhin Ergebnisse abliefern, auf die wir stolz sein können. Und jetzt soll jeder von uns eine Voraussetzung aufschreiben, die diese Gruppe erfüllen muss, damit er sich vorbehaltlos mitteilen und Fragen stellen kann – und einen Aspekt, der das Gegenteil bewirkt.

Das ist ein großartiges Beispiel für den Umgang mit Verletzlichkeit. Der Chef nennt ein paar der unausgesprochenen Emotionen beim Namen und schafft einen von uns sogenannten **sicheren Raum**, indem er das Team fragt, was es braucht, um sich im Austausch zu öffnen und sicher zu fühlen. Diese Praxis ist ganz leicht umzusetzen, und die investierte Zeit zahlt sich enorm aus: in Form von Vertrauensbildung und Verbesserung der Feedback- und Gesprächsqualität. Dennoch erlebe ich nur selten, dass sich Team-, Projekt- oder Gruppenleiter die Zeit dafür nehmen.

Die von Google über fünf Jahre durchgeführte Studie über hochproduktive Teams, das sogenannte Aristoteles-Projekt, ergab, dass psychologische Sicherheit – wenn sich Teammitglieder trauen, voreinander Risiken einzugehen und sich verletzlich zu zeigen – »mit großem Abstand die wichtigste der fünf Kräfte« waren, »durch die sich erfolgreiche Teams auszeichnen«.[14] Die Professorin Amy Edmondson von der Harvard Business School prägte den Terminus *psychologische Sicherheit*. In ihrem Buch *Teaming* schreibt sie:[15]

> Schlicht gesagt ermöglicht psychologische Sicherheit, unangenehmes Feedback zu geben und heikle Gespräche zu führen, ohne dabei um die Wahrheit herumzuschleichen wie die Katze um den heißen Brei. In einem psychologisch sicheren Umfeld weiß jeder: Macht er einen Fehler, strafen ihn die anderen dafür weder noch denken sie deshalb schlechter von ihm. Und es weiß auch jeder, dass ihn die anderen nicht zurückweisen oder demütigen, wenn er um Hilfe oder um Informationen bittet. Diese Überzeugung entsteht, wenn sich die Menschen gegenseitig vertrauen und respektieren, und vermittelt Zuversicht, dass in der Gruppe niemand lächerlich gemacht, abgelehnt oder bestraft wird, weil er seine Meinung sagt. Psychologische Sicherheit ist also, wenn man selbstverständlich voraussetzen kann, wie andere reagieren, wenn man eine Frage stellt, um Feedback bittet, einen Fehler einräumt oder einen Vorschlag macht, der verrückt klingt. Die meisten Menschen haben den Drang, ihre zwischenmenschlichen Risiken aktiv zu steuern, um sich ein gutes Image zu sichern – vor allem am Arbeitsplatz und ganz besonders in Gegenwart von Vorgesetzten, die sie offiziell beurteilen. Dieser Drang ist sowohl instrumentaler Natur (nach dem Eindruck, den der Chef und andere gewinnen, können sich Beförderungschancen und Belohnungen richten) als auch sozioemotionaler (weil wir lieber gelobt werden als gerügt).
>
> Psychologische Sicherheit ist aber nicht gleichbedeutend mit einer Komfortzone, in der alle gute Freunde sein müssen, und sie bedeutet auch nicht, dass es keinen Druck oder keine Probleme gibt.

Um einen sicheren Raum zu schaffen, sollte das Team alle angegebenen Aspekte durchgehen und sie dann so zusammenführen und zuordnen, dass sich daraus gewisse Grundregeln ergeben.

Häufig als Hindernisse für psychologische Sicherheit in Teams und Gruppen genannte Aspekte sind unter anderem Verurteilungen, unaufgeforderte Ratschläge, Unterbrechungen und der Austausch außerhalb der Teamsitzungen. Zu den Verhaltensweisen, die sich die Einzelnen von ihrem Team oder ihrer Gruppe erhoffen, zählen fast immer aufmerksames Zuhören, Neugier, Ehrlichkeit und Vertrauenswürdigkeit. Zeigen Sie Mut zur Führung, indem Sie sich 20 Minuten Zeit nehmen, um vor einer anstehenden Auseinandersetzung für psychologische Sicherheit zu sorgen. Machen Sie unmissverständlich deutlich, dass Ihnen an Sicherheit gelegen ist, und lassen Sie sich von Ihrem Team effektiv dabei unterstützen.

An diesem Beispiel gefällt mir auch gut, wie ehrlich die betreffende Führungskraft damit umgeht, dass alle zu kämpfen haben. Sie bleibt ruhig, wenn sie Ängste und alle ihre Erscheinungsformen anspricht, und sie gibt ihren Leuten Gelegenheit, Fragen zu stellen und Gerüchte auf ihren Wahrheitsgehalt abzuklopfen. Besonders schätze ich an diesem Ansatz aber, dass dabei eines meiner bevorzugten Werkzeuge zur Auseinandersetzung zum Einsatz kommt, nämlich die Frage »**Was kann ich tun, um Sie zu unterstützen?**«. Das bietet nicht nur Gelegenheit für klare Worte und nordet das Team auf den Erfolg ein. Wer gefragt wird, wie Unterstützung konkret aussehen könnte (und wie nicht), wird damit in die Pflicht genommen, einzufordern, was er braucht.

Wenn Sie diese Frage in der Praxis stellen, müssen Sie damit rechnen, dass Ihre Leute nicht so ohne Weiteres Beispiele für unterstützende Maßnahmen finden. Wir sind eher daran gewöhnt, eben nicht konkret zu fordern, was wir wirklich brauchen, sondern verärgert oder enttäuscht zu reagieren, wenn wir es nicht bekommen. Außerdem wissen die meisten Menschen viel besser, wie Unterstützung *nicht* aussieht. Auf längere Sicht ist dieses Verfahren aber ein gewaltiger, solider Vertrauensbildungsfaktor (ein Konzept, über das Sie an anderer Stelle noch mehr lesen werden).

Bei diesem Beispiel für Auseinandersetzung teilt die Führungskraft nicht zu viel von sich mit oder exponiert sich unangemessen als Mechanismus zum Kurzschließen für Verbundenheit und Vertrauen. Sie spielt Verletzlichkeit nicht vor. Vorgespielte Verletzlichkeit kann sich beispielsweise darin äußern, dass uns der Chef zwar Fragen stellen lässt, sich aber nicht die Zeit nimmt, für die nötige psychologische Sicherheit zu sorgen, oder andere gar nicht erst zu Wort kommen lässt.

Die Führungskraft aus unserem Beispiel drückt sich auch nicht vor der Verantwortung, auf die Ängste und Gefühle des Teams einzugehen, indem sie zu viel mitteilt und selbst um Verständnis bittet durch Äußerungen wie: »Ich weiß auch nicht, wo mir der Kopf steht. Keine Ahnung, was jetzt zu tun ist, aber ich stehe auf eurer Seite.« Im Klartext heißt das: *Bitte habt Mitleid mit mir und verlangt nicht von mir, dass ich euch durch diese heikle Phase führe, denn ich habe selber Angst.* Das braucht kein Mensch.

Vorgespielte Verletzlichkeit ist nicht nur ineffektiv, sondern sät Misstrauen. Nichts stößt Ihre Leute so schnell vor den Kopf wie der Versuch, sie durch Verletzlichkeit zu manipulieren. Verletzlichkeit ist kein Instrument, um sich selbst zu vermarkten. Sie ist keine Strategie, um sich zu offenherzig zu zeigen. Sich mit Verletzlichkeit auseinanderzusetzen bedeutet, sich Situationen anzunähern, die uns verunsichern, Angst einjagen oder emotional angreifbar machen – nicht, sich ihnen zu entziehen.

Wir sollten dabei stets unsere Absichten klarmachen und uns der Grenzen der Verletzlichkeit im Kontext von Funktionen und Beziehungen bewusst sein und selbst Grenzen setzen. **Grenzen** ist ein schwammiges Wort, doch meiner Freundin Kelly Rae Roberts ist es in meinen Augen großartig gelungen, ihm Klarheit und Kraft zu verleihen. Sie ist Künstlerin und schrieb vor Jahren einen Blogbeitrag dazu, wie andere ihre urheberrechtlich geschützten Arbeiten verwenden können und wie nicht.[16] Der Beitrag enthielt eine Positiv- und eine Negativliste. Das war absolut unmissverständlich und entsprach ganz und gar dem, was sich aus den Daten ergab, die wir zum effektiven Setzen von Grenzen zusammengetragen hatten. Heute vermitteln wir in unseren Seminaren, dass **Grenzen setzen bedeutet, klarzumachen, was geht und was nicht – und warum.**

Verletzlichkeit ohne Grenzen ist keine Verletzlichkeit, sondern Bekenntnis, Manipulation, Verzweiflung oder Schockstarre. Verletzlichkeit ist es nicht.

Als Beispiel dafür, was Verletzlichkeit nicht ist, erzähle ich manchmal die Geschichte von dem jungen CEO, der gerade die ersten sechs Monate seiner ersten Investitionsfinanzierungsrunde hinter sich hatte. Nach meinem Vortrag kam er zu mir und sagte: »Ich hab's kapiert. Ich bin dabei. Ich vertraue Ihnen blind *und werde meinen Leuten jetzt mal zeigen, was Verletzlichkeit ist.*«

Mein erster Gedanke war: *Oh Mann. Da haben wir den Salat.* Erstens werde ich grundsätzlich misstrauisch, wenn jemand von blindem Vertrauen spricht. Das weckt bei mir negative Assoziationen. Muss jemand sein kritisches Denken abschalten oder braucht gar Gruppenzwang, um eine Idee umzusetzen oder einem Plan zuzustimmen, bereitet mir das Magengrummeln. Ganz abgesehen davon, dass einer, der aufgeregt angelaufen kommt und sich darauf freut, mehr Verletzlichkeit zuzulassen, ganz offensichtlich nicht verstanden hat, worum es geht. Wer dagegen zu mir kommt und sagt: »Okay, ich glaube, ich habe kapiert und will versuchen, mich mit Verletzlichkeit anzufreunden«, der hat es mit ziemlicher Sicherheit begriffen.

Unser Gespräch begann also gleich mit mehreren Warnwimpeln – nicht genug für eine Parade, aber immerhin.

Ich lächelte nervös und meinte: »**Erzählen Sie mir mehr.**« *Ein weiteres beliebtes Auseinandersetzungswerkzeug.* Diese Aufforderung führt häufig zu einer weit tiefgründigeren und produktiveren Auseinandersetzung. Dabei kommt es auf den Kontext und auf die Einzelheiten an. Es ist wie beim Zwiebelschälen. Stephen Coveys weiser Ratschlag hat nach wie vor Gültigkeit: »Erst verstehen, dann verstanden werden.«[17]

Der aufgeregte CEO erklärte: »Ich sage den Investoren und meinem Team einfach die Wahrheit: ›Ich bin der Sache nicht gewachsen, wir bluten finanziell aus und ich weiß nicht, was ich dagegen tun soll.‹«

Er hielt inne und sah mich an. »Was halten Sie davon?«

Ich nahm ihn bei der Hand, führte ihn zur Seite und setzte mich mit ihm hin. Ich schaute ihn an und wiederholte, was ich bereits in meinem Vortrag gesagt hatte, was ihm aber offenbar entgangen war: »Was ich davon halte? Ich meine, damit holen Sie keinen Cent mehr herein und jagen dem einen oder anderen eine Höllenangst ein. Verletzlichkeit ohne Grenzen ist keine Verletzlichkeit. Es könnte Angst sein oder Nervosität. Wir müssen uns gut überlegen, warum wir anderen etwas mitteilen, und vor allem, wem. *Welche Funktion erfüllen die Betreffenden? Welche Funktion haben wir selbst? Ist es produktiv und angemessen, ihnen so viel zu offenbaren?*«

Lassen Sie mich an dieser Stelle einschieben: Wenn ich diese Geschichte vor einer Gruppe erzähle, stelle ich den Teilnehmern stets die folgende Frage: *Wir sind uns vermutlich alle einig: sich vor Mitarbeiter und Investoren hinzustellen und eine solche Beichte abzulegen, ist unklug. Beantworten Sie mir dazu bitte folgende Frage: Wenn jeder von Ihnen ein Jahresgehalt in das Unternehmen des betreffenden Herrn investiert hätte, wie viele von Ihnen würden sich dann wünschen, dass er* irgendjemandem *sagt: »Ich bin der Sache nicht gewachsen, wir bluten finanziell aus und ich weiß nicht, was ich dagegen tun soll«?*

Von 1000 Anwesenden heben dann vielleicht zwei oder drei zaghaft die Hand und merken schnell, dass sie einer winzigen Minderheit angehören. Das war nur ein einziges Mal anders. Damals waren 50 Wagniskapitalgeber anwesend, die ausnahmslos alle die Hand hoben.

Ich nehme dann die Spannung heraus, indem ich meine Hand hebe und erkläre, wie ich das meine: »Wenn ich Geld in diesem Unternehmen stecken hätte, würde ich beten, dass er sich mit einem Mentor oder einem Berater oder einem Verwaltungsratsmitglied zusammensetzt und ehrlich zugibt, was los ist. Warum? Wir alle wissen doch, was sonst passiert: Er würde so tun als ob, Hektik verbreiten und weiter dieselben ineffektiven Veränderungen durchführen, bis alles verloren ist.«

An seiner Stelle würde ich mich aber nicht vor alle meine Investoren und die Freunde und Kollegen in meinem Team hinstellen und ihnen mein Herz ausschütten – das zeugt von mangelndem Urteilsvermögen. Als ich fragte, warum er sich dort Luft machen wolle und nicht lieber bei einem Berater oder Mentor, der ihm vielleicht helfen könne, ohne selbst in Panik zu verfallen, offenbarte er, was ich als **heimliche Intention** oder **heimliche Erwartung** bezeichne.

Die heimliche Intention ist ein Selbstschutzbedürfnis, das in uns lauert und uns häufig zu einem Verhalten treibt, das nicht unseren Werten entspricht. Eng damit verwandt ist die heimliche Erwartung – Wünsche oder Erwartungen, die unbewusst vorliegen und üblicherweise einhergehen mit einer gefährlichen Kombination aus Angst und Aberglauben. Heimliche Erwartungen führen fast immer zu Enttäuschung, Verbitterung und noch mehr Angst.

Er entgegnete: »Ich weiß nicht genau. Ich denke, ich möchte ihnen begreiflich machen, dass ich alles versuche. Sie sollen wissen, dass ich mein Bestes gebe und kein schlechter Kerl bin, auch wenn ich trotzdem scheitere. Wenn ich ihnen die Wahrheit sage und mich wirklich verletzlich mache, dann werden sie schon nicht über mich herfallen oder mich hassen. Bestimmt werden sie mich verstehen.«

Heimliche Intention: Ich kann mich vor Zurückweisung, Blamage und dem Urteil anderer schützen – davor, dass sich andere von mir abwenden und schlecht von mir denken.

Heimliche Erwartung: Sie werden sich nicht von mir abwenden und nicht schlecht von mir denken.

Sie dürfen mir glauben: Ich schlage mich selbst oft genug mit solchen heimlichen Absichten und Erwartungen herum, manchmal sogar täglich. Ich wollte meinem Team aus genau denselben Gründen auch schon genau dasselbe sagen, habe aber inzwischen genug Übung, um zu wissen, dass Verletzlichkeit kein Mittel ist, Mitleid zu heischen. Als Führungskraft muss ein CEO seinem Team und seinen Investoren gegenüber ehrlich bleiben. Dieses heikle Gespräch muss er jedoch mit jemandem führen, der ihm helfen kann, in seiner Situation Führungsqualität zu beweisen. Etwas nur loszuwerden, ohne dabei die eigene Funktion zu bedenken, die Grenzen der Professionalität zu respektieren und konkrete Absichten und Erwartungen zu äußern (vor allem die nicht offensichtlichen), dient lediglich dazu, sich Luft zu machen, Dampf abzulassen oder Klatsch und Tratsch zu erzeugen – oder Millionen anderer Zwecke, hinter denen oft latente Bedürfnisse stecken.

Ich stelle gar nicht so selten fest, dass Menschen, die meine Forschungsarbeit zu Verletzlichkeit falsch darstellen und mit Zurschaustellung oder emotionaler Reinigung in Verbindung bringen, diese entweder nicht verstanden haben oder der Vorstellung von ihrer eigenen Verletzlichkeit so viel Widerstand entgegensetzen, dass sie das Konzept bis zur Lächerlichkeit strecken, um es dann leichter von der Hand weisen zu können. So oder so gilt: Kommt Ihnen eine Erklärung von Verletzlichkeit unter, die ohne das Setzen von Grenzen oder ohne konkrete Absichtserklärung auskommt, sollten Sie diese mit Vorsicht genießen. Verletzlichkeit zum Selbstzweck ist weder effektiv noch nützlich. Und klug ist sie auch nicht.

Wer fühlt, ist verletzlich

Wer mit einer gesunden (oder auch nicht so gesunden) Dosis der »Beiß die Zähne zusammen und halte durch«-Mentalität groß geworden ist, findet die Auseinandersetzung mit Verletzlichkeit oft schwierig. Im Zusammenspiel machen uns die angesprochenen Mythen glauben, Verletzlichkeit sei der rührselige Kern der unangenehmen

Gefühle, die wir fortlaufend aktiv wegdrücken und über die wir schon gar nicht sprechen wollen (auch wenn das für uns und unsere Angehörigen leidvoll ist). Dabei handelt es sich um Gefühle wie Angst, Scham, Kummer, Enttäuschung und Traurigkeit. Dabei ist Verletzlichkeit das Herzstück aller Gefühle, nicht nur der unwillkommenen. **Wer fühlt, ist verletzlich. Wer Verletzlichkeit für Schwäche hält, hält Gefühle für Schwäche.** Und ob uns das gefällt oder nicht, wir Menschen haben nun einmal Gefühle.

Was nur die wenigsten verstehen und was ich erst nach zehnjähriger Forschungsarbeit begriffen habe: Verletzlichkeit ist die Wiege der Gefühle und Erfahrungen, nach denen wir uns sehnen. Aus Verletzlichkeit entstehen Liebe, Verbundenheit und Freude.

Dass Verletzlichkeit die Grundlage dafür ist, Mut zu entwickeln, wissen wir. Doch wir übersehen oft, dass es ohne Verletzlichkeit auch keine Kreativität oder Innovation gibt. Warum? Weil nichts unsicherer ist als der kreative Prozess, und weil Innovation ohne Fehlschläge absolut undenkbar ist. Zeigen Sie mir eine Kultur, in der Verletzlichkeit als Schwäche gilt, und ich zeige Ihnen eine, die Probleme hat, neue Ideen und Blickwinkel zu finden. Was Amy Poehler in ihrer Webserie *Amy Poehler's Smart Girls* zu sagen hatte, hat mir gut gefallen:[18]

> Es ist ausgesprochen schwer, auf Ideen zu kommen. Es ist furchtbar hart, sich dem zu stellen und sich verletzlich zu zeigen, doch die Menschen, die das tun, sind die Träumer, die Denker und die Kreativen. Die Menschen, die Magie in die Welt bringen.

Anpassungsfähigkeit, schwierige Gespräche, Feedback, Problemlösung, ethische Entscheidungen, Anerkennung, Resilienz und all die anderen Kompetenzen, die mutiger Führung zugrunde liegen, entstammen der Verletzlichkeit. Sich von der Verletzlichkeit und unserem Gefühlsleben loszusagen aus Angst, sie könnten uns zu teuer zu stehen kommen – das ist eine Absage an alles, was unserem Leben

Sinn und Bedeutung verleiht. Wie uns der Neurowissenschaftler António Damásio vor Augen hält: »Wir sind nicht unbedingt denkende Maschinen. Wir sind eher fühlende Maschinen, die denken.«[19]

Im nächsten Abschnitt analysieren wir eine meiner persönlichen Führungserfahrungen, um genauer zu beleuchten, wie Ängste und Gefühle große Probleme verursachen können, wenn ihnen zu wenig Aufmerksamkeit geschenkt wird. Wir gehen dabei auch näher auf weitere Begriffe, Kompetenzen, Werkzeuge und Praktiken zur Auseinandersetzung ein.

Klarheit ist fair.

UNKLARHEIT
IST UNFAIR.

Zweiter Abschnitt:

AUFRUF ZUM MUT

In der ersten Zeit nach der Gründung unseres Unternehmens fand ich mich einmal mit meinem Team am Besprechungstisch wieder, weil mich meine Leute gebeten hatten, eine Stunde für ein Gespräch einzuplanen. Als ich merkte, dass es keine Tagesordnung gab, beschlich mich ein ungutes Gefühl. *Was ist denn nun wieder?* Unser CFO Charles schaute mich an und sagte: »Wir möchten uns mit dir auseinandersetzen, weil uns unsere Zusammenarbeit zunehmend Sorgen bereitet.«

Viele Jahre lang hätte ich in einer solchen Situation unwillkürlich gedacht: *Ach du meine Güte, eine Intervention. Und zwar bei mir.* Doch ich vertraue meinem Team und dem Prozess der Auseinandersetzung.

Chaz, wie ich ihn seit 25 Jahren nannte, kam gleich zur Sache: »Wir setzen uns immer wieder unrealistische Termine, arbeiten wie die Verrückten, um sie einzuhalten, schaffen es nicht, setzen neue Fristen und können diese wieder nicht halten. Das sorgt ständig für Unruhe, und unsere Leute gehen daran kaputt. Wenn du uns einen Zeitplan vorgibst, und wir wehren uns, weil wir wissen, dass er nicht zu halten ist, bleibst du so hart, dass wir nachgeben. Das klappt aber nicht. Du hast viele Stärken. Zeitplanung gehört nicht dazu. Wir brauchen einen neuen Prozess, der für uns alle funktioniert.«

Als ich mein Team so dasitzen und ängstlich darauf warten sah, wie ich wohl reagieren würde – erleichtert, dass das Problem ausgesprochen war, ganz gleich, was ich dazu sagen würde –, musste ich unwillkürlich daran denken, wie mich das erste Mal jemand darauf hingewiesen hatte, dass meine Zeitplanung zu wünschen übrig ließ. Ich erinnerte mich an einen Beinahestreit mit Steve zehn Jahre vor der besagten Besprechung.

Steve und ich hatten uns mit unseren nächsten Nachbarn dazu bereitgefunden, eine sogenannte Wanderparty zu veranstalten, um Geld für den Elternbeirat der Schule unserer Tochter zu sammeln. Steve und ich waren für die Vorspeisen und Salate verantwortlich, die bei uns eingenommen werden sollten. Zum Hauptgang würden die Gäste dann nach nebenan umziehen, und Dessert und Kaffee sollten wieder bei uns serviert werden. Sehr retro. Und sehr spaßig.

So etwas klingt total unkompliziert, wenn man noch monatelang Zeit hat.

Ich weiß noch genau, wo ich stand, als ich zu Steve sagte: »Das wird ganz toll. Ich bin gespannt, wie die neuen Rezepte ankommen. Wir müssen nur noch schnell das Haus auf Vordermann bringen. Ich übernehme die paar Pinselstriche im Esszimmer, du müsstest bitte draußen vor dem Eingang ein paar Farbakzente setzen. Ich möchte, dass unser Vorgarten signalisiert: *Herzlich willkommen! Schön, dass ihr da seid. An den Blumen könnt ihr sehen, dass wir großartige Nachbarn sind, die alles im Griff haben.*«

Steve schaute mich wortlos an.

»Was ist? Warum schaust du so?«, fragte ich angriffslustig.

Darauf Steve: »Die Party beginnt in zwei Stunden.«

»Weiß ich doch. Ich habe mir das alles gut überlegt. Du brauchst 15 Minuten zum Baumarkt, 30 Minuten, um passende Blumen auszusuchen, 15 Minuten für die Rückfahrt, und dann hast du noch 45 Minuten, um sie zu pflanzen, und 15 Minuten zum Duschen.«

Steve war sprachlos. Er stand nur da und schüttelte den Kopf, bis ich fragte: »Was denn? Was passt dir daran nicht?«

Und da sagte Steve: »Zeitplanung ist nicht deine Stärke, Brené.«

Ohne nachzudenken, schoss ich zurück: »Vielleicht bin ich einfach nur schneller als andere.«

Ich holte tief Luft und bereute die Spitze sofort, denn schließlich wollte ich ja, dass er sich sputete und zum Baumarkt fuhr. Bevor er reagieren konnte, schob ich schnell nach: »Wirklich? Wie kommst du auf den Gedanken?«

»Na ja, zunächst hast du die Stunde nicht einkalkuliert, die wir für den Streit brauchen, der gleich vom Zaun bricht, wenn ich sage: ›Vergiss es. Ich werde nicht den Vorgarten neu anlegen, wenn wir in zwei Stunden Gäste erwarten‹, und du mir dann vorwirfst, dass ich mich nie um Details kümmere und dass mir die kleinen Dinge egal sind. Dann wirst du sagen, dass meine mangelnde Liebe zum Detail der Grund ist, warum du ständig so gestresst bist. Und ›dass es schön sein muss, sich nicht mit den vielen Kleinigkeiten belasten zu müssen, die am Ende den großen Unterschied machen‹. Oder so ähnlich.«

Ich stand nur da.

Dass er all das sehr freundlich sagte, ganz ohne mich anzuzicken, machte es nur schlimmer.

Doch er war noch nicht fertig: »›Dass es schön sein muss‹ wird sich nach Schuldzuweisung und Kritik anhören, und ich werde mich darüber ärgern. Der Stress mit der Party wird das Seine dazu tun. Du wirst versuchen, nicht zu heulen, weil du nicht mit verquollenen Augen dastehen willst, aber am Ende werden wir beide fix und fertig sein. Und uns den ganzen Abend wünschen, er wäre schnell vorbei. Es gibt also keine Blumen, und ich meine, wir sollten uns den Streit sparen, denn wir haben nicht die Zeit dafür.«

Seine Prophezeiungen entlockten mir ein gequältes Lachen. »Also gut. Das war hart. Aber witzig.«

Da meinte Steve: »Am besten, du läufst jetzt eine kleine Runde und gehst dann duschen. Auf die große Show verzichten wir.«

Das alles schoss mir durch den Kopf, als ich damals mit meinem Team am Tisch saß, und ich war Chaz unendlich dankbar für seine klare Ansage. Aus unseren jahrelangen Studien und unserer Zusammenarbeit haben wir etwas über Klarheit gelernt, das alles verändert hat: von der Art und Weise, wie wir miteinander sprechen, bis zu den Verhandlungen mit externen Partnern. Es ist ganz einfach, macht aber einen gewaltigen Unterschied: **Klarheit ist Fairness. Wer unklar bleibt, ist unfair.** Das habe ich vor 20 Jahren zum ersten Mal gehört – in einer 12-Schritte-Sitzung. Doch damals war ich derart übersättigt von solchen Sprüchen, dass ich erst wieder daran dachte, als mir Daten darüber vorlagen, wie wir meist um den heißen Brei herumreden, weil wir das für fair halten. Dabei ist es in Wirklichkeit unhöflich und unfair.

Anderen Halbwahrheiten oder gar Bockmist zu erzählen, damit sie sich besser fühlen (dabei sind es fast immer wir selbst, die sich gern besser fühlen möchten), ist unfair. Einem Kollegen nicht klar zu sagen, was Sie von ihm erwarten, weil Ihnen das so hart vorkommt, ihn aber dann zur Verantwortung zu ziehen oder zu rügen, wenn er die Erwartungen nicht erfüllt – das ist unfair. *Über* andere zu reden, statt *mit* ihnen, ist unfair. Diese Erkenntnis hat mein Leben so gewaltig verändert, dass wir uns heute auch in der Familie danach richten. Wenn Ellen wissen will, wie sie ein Problem mit einer Mitbewohnerin im Studentenwohnheim lösen soll, oder Charlie etwas mit einem Freund zu besprechen hat ... klar ist fair. Unklar ist unfair.

Also sagte ich zu meinem Team: »Ich danke euch, dass ihr das Vertrauen habt, mir das zu sagen. Ich habe nicht erst einmal, sondern schon 100-mal gehört, dass Zeitplanung nicht meine Stärke ist. Ich werde daran arbeiten. Ich gelobe Besserung.«

Ich spürte, dass sie von meiner Reaktion ein bisschen enttäuscht waren. »Alles klar, ich hab's kapiert und werde daran arbeiten« ist schließlich eine gängige Methode abzublocken. Ich holte tief Luft und bediente mich der Mutter aller Werkzeuge zur Auseinandersetzung – der Neugier: »Erzählt mir mehr darüber, wie das für euch ist. Ich möchte das besser verstehen.«

Gut, dass ich gefragt habe. Für mich war wichtig zu hören, was sie zu sagen hatten, und für sie war wichtig, mir zu erklären, wie frustrierend, demoralisierend und unproduktiv es war, wenn ich immer wieder Vorstellungen und Termine ins Spiel brachte, die absolut unrealistisch waren, um sie dann vorwurfsvoll anzuschauen, als würden sie meine Träume torpedieren, obwohl sie doch nur ihre Aufgabe erfüllten und mir ehrlich sagten: »Das dauert mindestens zwölf Monate, nicht zwei, und dafür müssen wir richtig Geld in die Hand nehmen.«

Das war schmerzhaft und unangenehm. Aus diesem Grund versuchen wir ja auch, solche Gespräche möglichst abzukürzen und uns der Situation zu entziehen. Es ist eben so viel einfacher zu sagen: »Alles klar, ich arbeite dran«, und dann das Weite zu suchen.

Als ich mir alles angehört hatte, dankte ich ihnen für ihren Mut und ihre Ehrlichkeit und versprach noch einmal, mir das alles zu Herzen zu nehmen. Ich fragte, ob wir am nächsten Tag noch einmal darauf **zurückkommen** könnten. Meiner Erfahrung nach – aus meiner Forschungsarbeit und meinem Leben – bringt es absolut keinen Vorteil, ein schwieriges Gespräch schnell durchzupeitschen, es sei denn, es geht um ein dringliches, zeitkritisches Problem. Ich habe es nie bereut, eine Pause einzulegen, ein paar Stunden nachzudenken und ein Gespräch dann fortzusetzen. Dagegen hat es mir hinterher schon oft leidgetan, wenn ich darauf bestanden habe, etwas durchzuziehen, damit es vom Tisch ist. Solche eigennützigen Instinkte kosten am Ende viel mehr Zeit als eine Denkpause.

Als ich am Abend nach Hause kam, lud ich mir ein paar Bücher über Projektmanagement herunter, und aus irgendeinem Grund – vermutlich hatte ich dazu etwas auf LinkedIn gelesen – gelangte ich zu der Überzeugung, dass ich einen schwarzen »Six Sigma«-Gürtel brauchte. Dabei wusste ich gar nicht genau, was das war. Ich googelte es, und nachdem ich ein paar Minuten gelesen hatte, hätte ich mich bei dem Gedanken daran am liebsten mit meinem Laptop k. o. geschlagen.

Ich merkte schnell: Mein Plan würde nicht aufgehen. Ich bin einfach nicht gut, wenn es um Termine oder klare Linien geht wie bei Tetris oder Blokus. Das entspricht nicht meiner Denkweise und meiner Weltsicht. Projekte sind für mich Konstellationen, keine Linien. Und Pläne sehe ich wie Daten – in Relation zueinander, mit runden Ecken und Millionen Schnittstellen. Soviel ich auch las und ausprobierte, es fühlte sich für mich alles wie eine fremde, furchterregende Welt der Tabellen an.

Sie wollen wissen, wie ich denke? *Dann machen Sie sich auf etwas gefasst.*

Als mir klar wurde, dass ich nicht vor mein Team treten und es mit einem schicken neuen schwarzen Gürtel und messerscharfen Zeitkalkulationen beeindrucken konnte, dachte ich unwillkürlich an Luke Skywalker in *Das Imperium schlägt zurück* und seinen Kampf, ein Jedi-Ritter zu werden.[20] Dass ich diese Story mag, wissen viele schon aus *Laufen lernt man nur durch Hinfallen*. Ich erzähle sie hier noch einmal, denn *Star Wars* geht immer.

Yoda versucht, Luke beizubringen, die Macht zu nutzen, und ihm zu erklären, wie ihn die dunkle Seite der Macht – nämlich Wut, Angst und Aggression – zurückhält. Luke und Yoda trainieren in einem Sumpf, als Luke auf eine dunkle Höhle am Fuße eines riesigen Baumes zeigt und zu Yoda sagt: »Irgendetwas stimmt nicht ..., ich spüre Kälte, tödliche Kälte.«

Yoda erklärte Luke, die Höhle sei gefährlich, und die dunkle Seite der Macht sei dort stark. Luke wirkt verwirrt und angstvoll, doch Yoda sagt nur: »Dorthin musst du.«

Als Luke wissen will, was ihn in der Höhle erwartet, sagt ihm Yoda: »Nur, was du mit dir nimmst.«

Als Luke seine Waffen anlegt, rät ihm Yoda eindringlich: »Deine Waffen wirst du nicht brauchen.« Doch Luke greift unbeirrt nach seinem Lichtschwert.

In der Höhle ist es dunkel und unheimlich. Luke dringt langsam weiter vor und stößt auf seinen Erzfeind, Darth Vader. Beide ziehen ihr Lichtschwert, und Luke schlägt Vader den behelmten Kopf ab. Der Kopf rollt zu Boden und das Visier bricht ab. Das Gesicht, das dahinter zum Vorschein kommt, gehört aber nicht Darth Vader, sondern Luke. Luke sieht seinen eigenen Kopf rollen.

Dieses Gleichnis machte mir bewusst, dass es womöglich gar nicht meine Zeitkalkulations- und Projektmanagementkompetenzen waren, die im Argen lagen. Vielleicht war das Problem ja meine Angst. Also nahm ich ein paar der Termine unter die Lupe, die ich meinem Team aufgezwungen hatte, und stellte prompt fest: Mein größter Feind war gar nicht meine unzulängliche Zeitplanung, sondern mein mangelndes Selbstbewusstsein. Schlug ich mir etwa selber den Kopf mit einem Lichtschwert ab?

Ich merkte, dass meine unzumutbaren Fristen selten auf Begeisterung oder Ehrgeiz beruhten. Vielmehr setze ich solche Termine aus zwei anderen Gründen. Erstens: Ich verspüre Angst, fühle mich unzulänglich und werde nervös (will heißen: *Wir tun nicht genug, bestimmt schnappt uns ein anderer diese Idee vor der Nase weg, schaut doch hin, was die anderen machen*). Oder zweitens: Ich habe neben unserer gemeinsamen täglichen Arbeit auch noch längerfristige Verpflichtungen an der Universität, Buchverträge und ein Dutzend potenzielle Gespräche über Kooperationen im Hinterkopf. Deshalb setze ich manchmal enge Termine, weil ich versuche, die Zeitplanung mit Projekten und Fristen in Einklang zu bringen, von denen mein Team gar nichts weiß, weil ich es nicht darüber informiert habe.

Es brachte mir enorm viel, die Ursache für das Problem zu erkennen. Das übersetzte sich bei mir jedoch nicht in den Wunsch, mit diesen **wichtigen Erkenntnissen** wieder auf mein Team zuzugehen. Ich wollte mich nicht hinstellen und sagen: »Zeitkalkulation ist einfach nicht mein Ding, und je mehr ich über diese Kompetenz erfahre, desto stärker bezweifle ich, dass ich das je wirklich besser beherrschen werde.«

Ich wollte nicht die Wahrheit über meine Angst gestehen. *Was, wenn ich mir unzulänglich vorkomme und nervös bin, weil ich nicht zur Chefin tauge?* Ich scheute mich sogar zuzugeben, dass ich die übergeordnete Strategie nicht richtig kommuniziert hatte. *Was, wenn die misslungene Kommunikation nur ein Symptom dafür ist, dass ich schlicht nicht dafür gemacht bin, ein Unternehmen zu leiten?* Vor allem aber flüsterten mir die Schamkobolde immer wieder zu: *Du gehörst nicht hierher. Du forschst über Führung, aber führen kannst du nicht. Du bist eine Witzfigur!*

Haben wir Angst oder löst ein anderes Gefühl Selbstschutzreflexe aus, dann legen wir nach einem recht vorhersehbaren Muster Stück für Stück unseren Panzer an:

1. Ich bin nicht gut genug.
2. Gebe ich den anderen gegenüber offen zu, was los ist, sinke ich in ihrer Achtung oder sie verwenden es gegen mich.
3. Das kann ich auf keinen Fall zugeben. Das macht keiner. Wieso sollte ich mich dem aussetzen?
4. Genau. Vergiss doch die anderen. Die sagen ja auch nicht ehrlich, was ihnen Angst macht. Dabei haben sie selber genug Probleme.
5. Eigentlich sind es sowieso ihre Probleme und Defizite, die mich so handeln lassen. Es ist ihre Schuld, und jetzt wollen sie mir den Schwarzen Peter zuschieben.
6. Je länger ich darüber nachdenke – in Wirklichkeit bin ich besser als sie.

Nun könnte man meinen, von »Ich bin nicht gut genug« bis »Ich bin besser als sie« sei es ein weiter Weg. In Wirklichkeit muss man nur stehen bleiben. Am selben Fleck. Dort, wo die Angst herrscht. Und den Panzer anlegen.

Ich will aber nicht in Angst leben oder aus Angst heraus führen, und den Panzer habe ich gründlich satt. Meine zentralen Werte sind Mut und Vertrauen, und wenn ich Angst habe, deckt sich mein Verhalten nicht mit diesen Werten. Dann bin ich nicht ich selbst. An diesem Punkt fällt mir das Zitat von Joseph Campbell ein. Deutlicher als er kann man Führungskräfte gar nicht zu mehr Mut aufrufen: **»Die Höhle, vor der du dich fürchtest, birgt den Schatz, den du suchst.«**[21]

Campbell beriet George Lucas bei *Star Wars*, und ich habe keinen Zweifel, dass diese Weisheit in meine Lieblingsszene eingeflossen ist.

So denke ich. Ganz ohne schwarzen Gürtel. Aber ich muss daran glauben, dass die Macht mit mir ist.

Auf Schatzsuche

Was für einen Schatz suche ich eigentlich? Ich möchte weniger Angst haben, mich nicht mehr unzulänglich fühlen und nicht nervös sein. Ich möchte mich nicht allein fühlen. Ich möchte gern stärker gemeinsam auf die Ziele hinarbeiten, für die wir uns alle begeistern.

Und was ist das für eine Höhle, die ich nicht zu betreten wage? Ich habe Angst zuzugeben, dass ich mich mit verschiedenen Dingen nicht auskenne, die ein »richtiger Unternehmenschef« meiner Ansicht nach beherrschen müsste. Ich will nicht vor anderen eingestehen, dass ich falsche Entscheidungen treffe, wenn ich Angst habe, und dass ich mich in letzter Zeit oft festgefahren und ängstlich, müde und einsam fühle.

Als ich mich das nächste Mal mit meinem Team traf, begannen wir die Sitzung mit einem unserer Rituale: den **Persilscheinen.** Darauf notiert jeder ein Verhalten oder Gefühl, das er sich in der anstehenden Besprechung zugestehen will. Manchmal verwenden wir dazu Klebezettel, doch ich schreibe lieber in mein Notizbuch, damit ich – neben dem Gesprächsprotokoll – noch eine Erinnerung daran habe, wie ich mich an dem betreffenden Tag fühlte.

An jenem Nachmittag erteilte ich mir die Erlaubnis, meinem Team ehrlich von meinen Erfahrungen und von den Geschichten zu erzählen, die ich mir zum Offenbaren von Gefühlen ausdenke. Ich weiß noch, dass auf den Persilscheinen von zwei anderen Teammitgliedern stand: »engagiert zuhören« und »wenn nötig, um eine Pause bitten«.

Solche Persilscheine sind äußerst effektiv. Ich habe schon erlebt, wie manche – fest entschlossen, ihre eigene Idee oder ihren Plan durchzusetzen – sich selbst erlaubt haben, aufgeschlossen zu bleiben oder mehr zuzuhören, als zu sprechen. Ich habe auch schon solche Scheine gesehen, auf denen stand: »Ich gebe mir die Erlaubnis, um Bedenkzeit zu bitten, bevor ich meine Ansicht äußere«, oder: »Ich gebe mir die Erlaubnis, heute hier wirklich präsent zu sein, obwohl ich eigentlich andere Dinge im Kopf habe.«

Wir finden Persilscheine toll. Vielleicht, weil es sich damit genauso verhält wie mit den Erlaubniszetteln, die Ellen oder Charlie aus der Schule mitbrachten, damit sie mit der Klasse in den Zoo gehen durften: Sie mussten sie ja erst noch dem Lehrer aushändigen und sie mussten in den Bus steigen. Nur weil man hinschreibt: »Ich erteile mir die Erlaubnis, das Wort zu ergreifen, obwohl ich hier die einzige Fachfremde bin«, muss man es ja noch lange nicht tun. Persilscheine lösen keine Bringschuld aus. Sie sind lediglich Absichtserklärungen. Es hat kein Nachspiel, wenn man sie nicht in Anspruch nimmt. Sie sorgen jedoch für mehr Verantwortungsgefühl, und sie können Unterstützung bieten und Aufschluss darüber geben, wo die anderen stehen.

Nachdem wir unsere Persilscheine eingesehen hatten, erzählte ich von meinem erfolglosen Versuch mit den Wirtschaftsbüchern. Ich erklärte, wie ich festgestellt hatte, dass es Angst, Nervosität und Unzulänglichkeit waren, die mich zu meinen unrealistischen Zeitvorgaben veranlassten, und dass ich noch mehr Angst bekam, wenn sie mit Realitäten konterten wie »Eventualitäten und kritischen Pfaden«.

Ich setzte ihnen in allen Einzelheiten auseinander, wie es sich für mich anfühlte, wenn ich bei ihnen auf Widerstand gegen Termine stieß, die ich auf der Grundlage einer Million beweglicher Teile berechnet hatte – Teile, die sie zum Teil gar nicht auf dem Schirm hatten. Weil wir eine eingeschworene Gemeinschaft sind, in der alle ungeheuer hart arbeiten, fiel es mir schwer, meinem Team zu sagen, wie allein ich mich manchmal fühlte bei dem Versuch, mit allen Bällen gleichzeitig zu jonglieren. Im Grunde gestand ich, dass der Zeitdruck, den ich ihnen machte, aus der Angst geboren war, und dass ich diese Gefühle, statt sie offen zuzugeben und dazu zu stehen, **auf sie projizierte** in Form meines Ärgers und der wirklich indiskutablen Marotte, sie vorwurfsvoll anzuschauen, als würden sie meine Träume zerstören.

Ich erzählte den anderen, dass ich es mit Büchern über Projektmanagement und Zeitkalkulation versucht hatte und zu der Überzeugung gekommen sei, dass meinem Gehirn womöglich das dafür zuständige Areal fehlte. Sie widersprachen nicht. Sie pflichteten mir sogar bei. Mein Manager Murdoch sagte freundlich: »Könnte schon sein. Doch das hat auch sein Gutes: Dadurch ist in deinem Gehirn mehr Platz für die ganze Kreativität.« Und über die Geschichte vom schwarzen Gürtel lachten wir alle zusammen herzlich.

Aus unserer Auseinandersetzung gewannen wir vier **wesentliche Erkenntnisse:** Erstens mussten wir als Führungsteam ausnahmslos alle über sämtliche beweglichen Teile informiert sein, damit nicht einer allein zum »Bindeglied« wurde. Dieses Problem lösten wir durch neue Kommunikationsprozesse. Unter anderem trifft sich das Team – und zwar bereichsübergreifend – auch dann weiter, wenn ich schreibe, forsche oder unterwegs und dadurch abwesend bin. Darüber hinaus haben wir einen neuen Prozess für die Sitzungsprotokolle eingeführt. Es machen sich zwar alle Teilnehmenden nach wie vor weiter eigene Notizen, doch ein Freiwilliger erstellt ein Protokoll.

Das wird herunterdestilliert auf:

Datum:
Intention:
Teilnehmer:
Wesentliche Entscheidungen:
Aufgaben und Zuständigkeiten:

Das Tolle an unserem neuen Verfahren: Jeder Einzelne ist dafür verantwortlich, explizit darauf hinzuweisen, wenn etwas ins Protokoll aufgenommen werden soll – nicht nur der Protokollführer. Wir beenden solche Sitzungen seither fünf Minuten früher, um das Protokoll noch durchzulesen und abzunicken, bevor wir gehen. Noch bevor wir die Sitzung beenden, leitet der Protokollführer das Protokoll an uns alle weiter und stellt es auf allen sonstigen maßgeblichen Kanälen ein, damit nachträglich nichts mehr bereinigt oder konkretisiert wird.

Der Protokollprozess löste gleich mehrere weitere laufende Probleme wie subjektive Protokollführung (die eintritt, wenn jemand Stunden nach der Sitzung das Protokoll aus dem Gedächtnis schreibt). Auch bleiben unsere versprengten Teams dadurch auf dem Laufenden über die häufigen Schwenks, die für ein Start-up-Umfeld so typisch sind. In Verbindung mit meiner Zusicherung, meinem Team Kopien aller Planungs-E-Mails mit potenziellen Kooperationspartnern und meinem Verleger zukommen zu lassen, sorgte dieser neue Prozess zur Dokumentierung von Sitzungen dafür, dass hinfort alle Beteiligten aus allen Arbeitsbereichen genauer mitbekommen, was vor sich geht.

Wir vereinbarten außerdem, Zeitkalkulation und Abgabetermine gemeinsam festzulegen und uns darüber so lange auseinanderzusetzen, bis wir als Team komplett dahinterstanden. Heute verwenden wir für Projekte eine Methode zur Zeitkalkulation und Prioritätseinstufung, die einfach erscheint, aber effektiv und ausgesprochen zielführend ist. Wir nennen das: **Turn & Learn.** Jeder von uns schreibt auf einen Klebezettel, wie viel Zeit ein Projekt seiner Ansicht nach in Anspruch nehmen wird. Geht es um mehrere Projekte, die nach Priorität geordnet werden müssen, listen wir sie in der richtigen Reihenfolge auf. Hat jeder für sich eine Zeitschätzung oder eine Prioritätseinstufung vorgenommen, zählen wir bis drei und zeigen, was wir geschrieben haben.

Diese Praxis wirkte dem »**Halo-Effekt**« entgegen, der entsteht, wenn alle wissen, was der einflussreichste Teilnehmer im Raum gern möchte, und sich daran orientieren. Außerdem schließt sie den »**Nachahmungseffekt**« aus – diesen zutiefst menschlichen Instinkt, mitzumachen, obwohl man eigentlich anderer Meinung ist. Es ist schwer, aus der Reihe zu tanzen, wenn alle anderen bereits überzeugt sind und sich zunehmend für eine Idee begeistern.

Turn & Learn heißt dieses Vorgehen deshalb, weil es nicht darum geht, richtig- oder falschzuliegen, sondern Raum dafür zu schaffen, unterschiedliche Perspektiven zu verstehen, von allen am Tisch zu lernen und Bereiche zu ermitteln, in denen wir unsere Erwartungen noch klarer äußern müssen. Meist fällt uns dabei auf, dass jeder von anderen Daten und Annahmen ausgeht, dass wir die Auftriebskraft nicht richtig einschätzen oder nicht mitbekommen, wie stark manche bereits unter Druck stehen. Es ist ein großartiges Instrument, um Verbundenheit herzustellen.

Eines stand fest: Ich würde da intensiv an mir arbeiten müssen. Außerdem kamen wir einem gefährlichen Muster auf die Spur, das wir benennen und dekonstruieren mussten – ein Muster, das mir entgangen war, obwohl ich es in anderen Organisationen ständig wahrnahm. Dabei handelt es sich um die Einteilung in operatives Geschäft und Marketing. In Finanzen und Kreatives. In Geldausgeber und Sparer. In Herz und Verstand. In Träumer und Bremser. Dieses binäre Denken ist ausgesprochen gefährlich, weil wir dadurch nicht das volle Potenzial aller Beteiligten ausschöpfen. Rollen werden zu Karikaturen und Stereotypen: *Juan ist mit seiner Umsatzkalkulation immer so optimistisch, aber das macht nichts, denn Kari bringt ihn mit ihren Zahlen zu Worst-Case-Szenarios schon wieder auf den Teppich.* Dabei sollte jeder selbst für die eigene – optimistische *ebenso wie* realistische – Sicht auf die Dinge verantwortlich sein. Wer als Idealist gilt, verliert Glaubwürdigkeit und Vertrauen. Wer gezwungenermaßen den Realitätscheck durchführen muss, bekommt nie Gelegenheit, Chancen wahrzunehmen und Risiken einzugehen.

Diese Erkenntnis brachte uns direkt zu Jim Collins, Klassiker *Der Weg zu den Besten.*[22] Alle in unserem Unternehmen hatten das Buch gelesen, und das Stockdale-Paradox war uns auch damals präsent. Wie Collins erläuterte, ist das Stockdale-Paradox nach Admiral Jim Stockdale benannt, der acht Jahre in vietnamesischer Kriegsgefangenschaft verbrachte, von 1965 bis 1973. In dieser Zeit wurde er über 20-mal gefoltert. Neben dem Kampf ums eigene Überleben setzte er sich täglich dafür ein, Mitgefangenen zu helfen, die körperliche und emotionale Tortur zu überstehen.

Collins interviewte Stockdale und fragte ihn: »Wer hat's nicht geschafft?«

»Das kann ich Ihnen sagen«, antwortete er. »Die Optimisten.«

Die Optimisten sagten sich, an Weihnachten sind wir hier raus. Als Weihnachten vorbei war, sagten sie sich: An Ostern sind wir hier raus. Aber auch Ostern verstrich. So vergingen die Jahre. Stockdale erklärte Collins: »Sie starben an einem gebrochenen Herzen.«

Er fuhr fort: »Das ist eine ganz wichtige Lektion: Über dem Glauben an ein gutes Ende – an dem man immer festhalten muss – darf man nicht vergessen, sich mit den brutalen Tatsachen der momentanen Situationen auseinanderzusetzen, wie schlimm diese auch sein mögen.«[23] Wir bezeichneten diese dritte wichtige Erkenntnis als **wesentlichen Glauben und wesentliche Fakten** und übernehmen heute alle ganz bewusst die Verantwortung fürs Träumen, aber auch dafür, unsere Träume mit den Fakten abzugleichen.

Unter Stress fallen wir aber dennoch ab und zu in manche dieser Muster zurück, vor allem bei der Kommunikation aller Teile und der Aufrechterhaltung des »Bindegewebes«. Doch worauf es dabei ankommt: Wir merken das sehr schnell und wissen dann genau, was los ist. Passiert das, wissen wir, welche Auseinandersetzungen stattfinden müssen und warum.

Am Ende der Sitzung entschuldigte ich mich dafür, dass ich meine Emotionen bei ihnen abgeladen hatte. Vor allem aber versicherte ich, wie ernst es mir damit war und dass ich deshalb künftig über meine Ängste sprechen würde, wenn sie aufkamen, und bewusst darauf achten würde, welches Verhalten sie bei mir auslösten. Ich vergewisserte mich überdies bei meinem Team, dass wir uns da einig waren: Wenn es mir gelang, dieses Verhalten zu ändern, würde sich das auf die wesentlichen Erkenntnisse erstrecken, über die wir gesprochen hatten. Sich zu entschuldigen und daraufhin das eigene Verhalten zu ändern, ist in unserer Organisation vom ersten Tag an Normalität. Manche Führungskräfte halten es für ein Zeichen von Schwäche, sich zu entschuldigen. Bei uns gilt es als Kompetenz – und die Bereitschaft dazu (und dazu, sich zu ändern) als mutige Führung.

Bei der Reflexion der wesentlichen Erkenntnisse übernahm jeder seinen Teil der Verantwortung und wir besprachen, wie wir diese Erkenntnisse künftig einbeziehen würden. Die Analyse dieses »persönlichen Beitrags« ist ebenfalls ein entscheidendes Element unseres Prozesses der Auseinandersetzung. Ich habe bisher noch keine Auseinandersetzung oder schwierige Diskussion erlebt – selbst dann nicht, wenn ich mir zu 99 Prozent sicher war, dass ich mir persönlich nichts vorzuwerfen hatte –, zu der ich bei genauerem Hinsehen nicht doch etwas beizutragen hatte, selbst wenn es nur darin bestand, meinen Mund zu halten oder neugierig zu bleiben. Für uns wird die Frage nach dem eigenen Beitrag ganz groß geschrieben.

Anderen zu helfen, bedeutet Macht und Weisheit

Was uns Joseph Campbell sagen wollte: Wer den Mut aufbringt, die Höhle zu betreten, tut das nie, um seinen persönlichen Schatz zu finden oder sich zu bereichern. Man stellt sich seinen Ängsten, um zu der nötigen Macht und Weisheit zu gelangen, anderen zu helfen.

In diesem Geiste möchte ich Sie mit Oberst DeDe Halfhill bekannt machen. Sie leitet derzeit die Innovations-, Analyse- und Führungsentwicklungsabteilung beim US-amerikanischen Air Force Global Strike Command, dem 33 000 Offiziere, Mannschaften und Zivilisten angehören. Bevor sie diesen Posten übernahm, hatte sie das

Kommando über die 2nd Mission Support Group auf dem Luftwaffenstützpunkt Barksdale in Louisiana, wo sie für 1800 Flieger und den laufenden Versorgungsbetrieb der Barksdale Air Force Base zuständig war. DeDe Halfhill ist für mich der Inbegriff einer knallharten heroischen Führungskraft. Was sich unter ihrer Führung auf dem Luftwaffenstützpunkt zutrug, dient mir immer dann zur Inspiration, wenn ich mich zwischen Mut und Bequemlichkeit entscheiden muss, um anderen zu helfen.

DeDe selbst schreibt:

> Eine der nützlichsten Erkenntnisse, die ich aus Brenés Arbeit gezogen habe: Es ist ganz wichtig, für unangenehme Mitteilungen und schwierige Themen die richtigen Worte zu finden. Als Führungskräfte kennen wir meiner Ansicht nach das Konzept der Verletzlichkeit und sind auch persönlich bereit, uns verletzlich zu machen. Was uns mitunter fehlt, ist die richtige Sprache oder Praxis zur Anwendung dieser Konzepte. Zu sagen, ich zeige mich in dieser Situation verletzlich, bringt uns nicht wirklich weiter.
>
> Im ersten Jahr, nachdem ich mein Kommando übernommen hatte, sollte ich einem Flieger vor der versammelten Staffel eine Auszeichnung überreichen. Am Ende der Zeremonie wollte ich wissen, ob es noch Fragen gebe. Da meldete sich ein junger Soldat: »Ma'am, wann geht es denn hier wieder ruhiger zu? Wir sind allmählich am Ende unserer Kräfte.«
>
> »Es war allerdings viel los in letzter Zeit, und Ihnen wurde einiges zugemutet«, entgegnete ich. »Das ist aber nicht nur hier in Barksdale so. Ich komme gerade von einer anderen Einheit, aus der mir dasselbe berichtet wurde. Allen Offizieren der Air Force ist bewusst, dass wir Ihnen viel abverlangen, und wir wissen auch, wie sehr Sie das fordert.«
>
> »Ja, Ma'am. Wir sind wirklich erschöpft.«
>
> Bei der Zeremonie war nicht die gesamte Staffel anwesend, aber wohl ungefähr 40 Flieger. Ich bat alle, die sich erschöpft fühl-

ten, die Hand zu heben, und mit wenigen Ausnahmen blieb keine Hand unten.

Da dachte ich an Brenés Arbeit und an die Kraft, die sie mir verliehen hatte, unangenehme Dinge anzusprechen.

Und ich fuhr fort: »Ich würde Ihnen gern etwas weitergeben, was ich vor Kurzem gelesen habe und was mich wirklich zum Nachdenken gebracht hat. Vor drei Tagen las ich im *Harvard Business Review* einen Artikel über eine Organisation, die Unternehmen analysiert, aus denen ein hohes Erschöpfungsniveau gemeldet wurde. Das Team ging in diese Unternehmen, um nach den Gründen dafür zu forschen. Dabei stellte es fest, dass die Mitarbeiter tatsächlich erschöpft waren, aber nicht nur wegen des Arbeitstempos. Die Erschöpfung rührte vielmehr daher, dass sich die Menschen einsam fühlten. Die Mitarbeiter hatten den Eindruck, sie seien auf sich allein gestellt, und dieses Gefühl manifestierte sich in einem Zustand der Erschöpfung.«

Ich unterbrach mich und ließ meinen Blick über die Anwesenden wandern. Dann sprach ich weiter: »Denn so ist es doch, oder?

Wer einsam ist, verspürt Lethargie. Wir möchten am liebsten gar nichts tun. Wir fühlen uns müde und haben das Bedürfnis, zu schlafen. Wenn ich jetzt nicht fragen würde, wer erschöpft ist, sondern wer einsam ist – wie viele von Ihnen würden dann die Hand heben?«

Mindestens 15 Hände gingen in die Höhe.

Vielen Menschen fällt es ungeheuer schwer zuzugeben, dass sie einsam sind. Ich hatte erwartet, dass sich höchstens einer melden würde. Als tatsächlich 15 Hände gehoben wurden, war ich fassungslos. Außer »Ach, du Scheiße« fiel mir dazu nichts mehr ein. Ich wusste wirklich nicht weiter.

Wie gelähmt stand ich vor versammelter Mannschaft und dachte: Ich bin doch keine Therapeutin. Das überfordert mich. Ich war nicht darauf vorbereitet gewesen, dass mir fast ein Viertel der Anwesenden so offen seine Gefühle offenbaren würde. Und um die

Wahrheit zu sagen, hatte ich selbst mit solchen Gefühlen zu kämpfen. Ich fühlte mich gar nicht wohl in meiner Haut und hätte gern das Thema gewechselt. Aber ich schöpfte Mut aus Brenés Arbeit. Fünf Jahre zuvor, als ich davon noch nichts gehört hatte, hätte ich nie die Courage gehabt, eine solche Frage zu stellen, und schon gar nicht hätte ich mit den Antworten umgehen können.

In der Air Force und im Militär ganz allgemein gibt es ein Suizidproblem und das Problem, dass sich Menschen isoliert und deprimiert fühlen. Als Führungsoffiziere versuchen wir alles, um unsere Leute zu erreichen und ihnen zu vermitteln, dass Selbstmord keine Lösung ist. Wir verwenden viel Zeit darauf, sie über die Ressourcen zu informieren, die ihnen zur Verfügung stehen, aber ich bin mir nicht sicher, ob wir letztlich genug darüber sprechen, dass viele einfach einsam sind. Ihnen fehlt die Verbundenheit, und sie versuchen gar nicht, diese herzustellen.

Dass es unangenehm werden könnte, war mir schon klar, bevor ich die Frage gestellt hatte. Ich wusste aber auch, dass die Frage wichtig war. Also entschloss ich mich, Mut und Verletzlichkeit zu beweisen und Präsenz zu zeigen.

Ich beschloss, ehrlich zu sein.

»Das bricht mir das Herz. Über Einsamkeit habe ich mit Ihnen bisher noch nicht gesprochen. Dass so viele von Ihnen heute die Hand gehoben haben, finde ich ziemlich erschreckend, und ich weiß nicht genau, was ich mit dieser Information anfangen soll. Wenn Sie mir als Vorgesetzter erzählen, Sie seien erschöpft, dann schicke ich Sie nach Hause, sage Ihnen, Sie sollen Urlaub nehmen, wegfahren und sich erholen. Doch wenn Sie in Wirklichkeit einsam sind, und ich schicke Sie fort, und Sic sind dann wieder allein, dann verschlimmere ich womöglich das Problem, dem wir hier in der Luftwaffe so verzweifelt Herr zu werden versuchen – nämlich dass sich manche so hoffnungslos und so isoliert fühlen, dass sie etwas tun, was sich nicht mehr rückgängig machen lässt.«

Meine Bereitschaft, eine heikle Frage zu stellen, gab den Anstoß zu einer fruchtbaren Diskussion. Der Nachmittag endete mit einem sehr offenen Gespräch darüber, wie wir in der Einheit Beziehungen aufbauen, wie wir uns an andere wenden können, wenn wir uns alleine fühlen, und wie wir eine inklusive Gemeinschaft bilden können. Es eröffnete auch wertvolle Einblicke für den Staffelkommandeur, der nun wusste, welche Themen er wirklich anpacken musste: nicht Arbeitstempo und Erschöpfung, sondern Verbundenheit und Inklusion.

Es war auch ein entscheidender Moment in meiner persönlichen Führungsentwicklung. Ich merkte damals: Wenn ich als Offizierin in der Lage bin, die richtigen Worte zu finden und zu fragen: »Seid ihr einsam?«, kann ich dadurch eine Verbundenheit herstellen, die anderen Hoffnung vermittelt. Vielleicht, nur vielleicht kann ich dadurch, wenn ich die richtigen Worte finde, so viel Verbundenheit erzeugen, dass die anderen auf mich zukommen und mit mir reden. Und dann können wir auch etwas tun. Wenn ich mit so peinlichen Situationen nicht umgehen kann und sehe, dass jemand Probleme hat, dann schicke ich die Person meist – und durchaus zu Recht – zu einem Profi, zu einem geschulten Therapeuten.

Ich fürchte aber, dass ich damit manchmal Botschaften sende wie »Ich kann damit nicht umgehen« oder »Mir ist das gerade zu heftig« oder »Von mir wird gerade so viel anderes verlangt, dass ich mich damit einfach nicht auseinandersetzen kann«. Ich bin mir sicher, dass wir Führungskräfte das Richtige tun wollen. Wir haben nur nicht immer die Bandbreite oder Erfahrung, uns um jeden so zu kümmern, wie es nötig wäre. Deshalb ist es absolut richtig, Betroffenen professionelle Hilfe zukommen zu lassen. Das kann meiner Ansicht nach aber das Gefühl des Isoliertseins noch verstärken. Es kann sich in gewisser Hinsicht so anfühlen, als würde ich den Kameraden loswerden und ihm sagen wollen, dass sich doch die Fachleute »darum kümmern« sollen. Unterbewusst könnte ich dadurch signalisieren: Du bist nicht bei mir, und ich bin nicht bei dir.

Als damals so viele Hände in die Höhe schnellten, hat mich das dermaßen betroffen gemacht, dass ich diese Geschichte bei jeder Gelegenheit erzähle. Ich möchte, dass andere Führungsoffiziere und Kameraden aus der Luftwaffe selbst hören und spüren, wie es sich anfühlt, nicht *erschöpft* zu sagen, wenn sie *einsam* meinen. Ich habe diese Geschichte jetzt in der Air Force schon mindestens 30- bis 40-mal verschiedenen Gruppen aus unterschiedlichen Rangstufen und Tätigkeitsbereichen erzählt. Ich weiß, dass ich damit einen Nerv treffe, denn jedes Mal, wenn ich sie erzähle und dabei ins Publikum schaue, sehe ich Köpfe zustimmend nicken. Es entsteht Verbundenheit. Das kann man sehen und spüren. Sie wissen, was es heißt, Soldat zu sein, weg von zu Hause, und wie schwer es ist, bei jedem neuen Einsatz wieder eine Gemeinschaft zu bilden. Sie hören mir dann mit höchster Aufmerksamkeit zu, weil sie alle ihre Erfahrungen mit einsamen Momenten haben. Mir stehen jedes Mal die Tränen in den Augen, wenn ich die Geschichte erzähle, weil ich weiß, mein Publikum fühlt mit, und weil ich es so traurig finde, dass wir nicht öfter offen darüber sprechen. Mitunter hängt schließlich unser Leben davon ab.

Inzwischen kommt fast nach jedem Vortrag dieser Art jemand zu mir und fragt mich: »Was soll ich tun, wenn ich einsam bin?«

Ich bin bestimmt kein Experte für dieses Thema, und das allein jagt mir schon Angst ein. Ich habe die Tür für einen Austausch aufgestoßen, dem ich mich nicht immer gewachsen fühle. Aber genau deshalb ist Brenés Arbeit ja so wichtig. Wir müssen uns heiklen Gesprächen stellen, auch wenn wir eigentlich nicht dazu bereit sind. Ich sage es dann immer in Brenés Worten: »Ich bin ein Reisender, kein Kartograf. Ich gehe denselben Weg wie Sie, gemeinsam mit Ihnen.« In solchen Momenten sage ich dann, dass ich immer ganz bewusst plane und ganz bewusst Beziehungen aufbaue, damit ich jemanden habe, an den ich mich wenden kann, wenn ich mich einsam fühle. Vor allem aber erkläre ich jedem, dass ich stets ehrlich zu meinen Gefühlen stehe und dazu, dass auch ich manchmal zu kämpfen habe. Zuvor war nie einer meiner Flieger zu mir gekommen, um mir zu gestehen, dass er sich alleingelassen fühlte. Indem ich den Anstoß zum Gespräch gab, habe ich ihnen quasi die Erlaubnis dazu erteilt, wie ich glaube. Ich habe vermittelt, dass es in Ordnung ist, darüber zu sprechen. Spricht mich jetzt jemand an und zeigt sich verletzlich, kann ich darauf eingehen, bevor ihn die Einsamkeit so übermannt, dass er keinen Ausweg mehr sieht.

Nachdem ich wieder einmal meine Geschichte erzählt hatte, kam eine andere Offizierin auf mich zu und sagte: »Ich spreche ständig mit meinen Leuten über Abkoppelung.« Ich fragte sie: »Aber warum sagen Sie *Abkoppelung*? Das ist ein so steriler Begriff. Warum sagen Sie nicht *Vereinsamung*?« Ich hatte den Eindruck, dass ihr das missfiel. Da hakte ich nach: »Frage ich einen Flieger: ›Fühlen Sie sich abgekoppelt?‹, glaube ich nicht, dass er sich wirklich wahrgenommen und in allem verstanden fühlt, was er gerade durchmacht. *Abgekoppelt* ist eben ein steriler Begriff. Ein sicherer Begriff. Kein Wort, das die wirkliche Tiefe einer gemeinsamen menschlichen Erfahrung wie Einsamkeit vermittelt. Frage ich den Soldaten dagegen: ›Sind Sie einsam?‹, erreiche ich ihn damit meiner Ansicht nach auf einer viel tieferen Ebene. Ich lasse ihn damit wissen, dass ich keine Scheu habe, die schwierigen Dinge des Lebens anzusprechen, und dass er mich nicht abstößt, weil er einsam ist. Auf diese Weise sage ich ihm: Packen wir es doch gemeinsam an. Ich bin stark genug für uns beide.«

Es kommt dabei wirklich auf die Wortwahl an. Doch Worte wie *Einsamkeit, Empathie* oder *Mitgefühl* werden in unseren Führungstrainings nicht oft diskutiert und kommen auch in unserer Führungsliteratur kaum vor.

Das neueste Führungshandbuch der Air Force, das *Air Force Doctrine Document 1–1: Leadership and Force Development*, wurde 2011 verfasst. Darin ist zu lesen, dass sich die aktuellen zentralen Werte der Air Force aus sieben Führungseigenschaften entwickelt haben, die im allerersten Führungshandbuch der Air Force aus dem Jahr 1948 stehen: im *Air Force Manual 35–15*. Eine dieser sieben Eigenschaften war Menschlichkeit.

»Was soll das denn heißen – Menschlichkeit?«, dachte ich seinerzeit unwillkürlich. Meine Neugier war erwacht, und ich wollte das gern in dem Originaldokument von 1948 nachlesen. Interessanterweise brauchte ich mehrere Stunden, um das Handbuch aus dem Jahr 1948 aufzutreiben, weil es in keiner der Akten zum Thema Führung zu finden war. Tatsächlich lag es im historischen Archiv des Air Force Chaplain Corps begraben. Beim Lesen bemerkte ich erstaunt, was für eine starke emotionale Wirkung der Text auf mich ausübte. Ich achtete genau darauf, warum. Die Seiten strotzten nur so von Begriffen und Sätzen wie: *dazugehören, Zugehörigkeitsgefühl, Gefühl, Angst, Mitgefühl, Selbstvertrauen, Sympathie, Freundlichkeit* und *Mitleid*. Ich war verblüfft.

Ein militärisches Dokument, in dem von Mitleid, Sympathie, Zugehörigkeit und Liebe die Rede war – ja, auch das Wort *Liebe* stand darin. Mithilfe der Suchfunktion stellte ich fest, wie oft die betreffenden Wörter und Sätze vorkamen. Das Gefühl – also wie sich die Männer fühlten – kam 147-mal vor. Wie wichtig es war, ein Gefühl der Zugehörigkeit zu entwickeln, wurde 21-mal erwähnt. Von der Angst vor dem Kampf, der Angst vor Ausgeschlossensein und der Angst, die mit dem Leben als Soldat verbunden war, war 35-mal die Rede. Die Liebe – was es bedeutet, wenn ein Vorgesetzter seine Leute liebt – tauchte 13-mal auf. Ich will es dabei bewenden lassen und nur sagen, dass dieses Dokument eine Sprache verwendete, die menschliche Erfahrungen beschrieb, um Offizieren beizubringen, wie man Menschen führt.

Dann nahm ich mir unser aktuelles Führungshandbuch vor und suchte nach denselben Begriffen. Bedauerlicherweise kamen sie nicht vor. Ein ums andere Mal zeigte das Suchergebnis null Treffer an. Genau die Begriffe, die Menschen emotional wirklich ansprechen, sind aus unserer Sprache zum Thema Führung komplett gestrichen worden.

In unserem neuesten Führungshandbuch stehen Formulierungen wie *taktische Führung*, *operationelle Führung* oder *strategische Führung*. Alles wichtige Konzepte, keine Frage. Doch sie geben unserem Führungsnachwuchs wenig Orientierung im Umgang mit den vielen Komplexitäten, wie Menschen und unsere Flieger die Erfahrung verarbeiten, in Kriegszeiten Soldaten zu sein. Durch die Bereinigung unserer Sprache haben wir meiner Ansicht nach dafür gesorgt, dass es uns Unbehagen bereitet, solche Gefühle zum Ausdruck zu bringen und anderen zu gestatten, ihre Gefühle zu äußern.

Mir macht es nichts aus, ein Wort wie *einsam* auszusprechen – das ein mitunter peinliches, unangenehmes Gefühl beschreibt –, weil ich bereit bin, dieses Unbehagen zuzulassen und es mit anderen zu durchleben.

Als ich begann, aus Brenés Arbeit zu lernen und darüber zu sprechen, insbesondere über die Macht der Verletzlichkeit in Führungspositionen, schauten mich manche Leute an, als habe ich eine Schraube locker. Ich begriff schnell, dass es mir nicht gelingen würde, das im großen Kreis zu thematisieren. Also beschloss ich, klein anzufangen, und verwendete Brenés Theorien nur in der Arbeit mit meinen sechs Staffelkommandeuren. Ich dachte, wenn es mir gelang, nur diese sechs Offiziere mit anderen Instrumenten auszustatten, um die Herausforderungen zu bewältigen, die eine Führungsposition mit sich brachte, hätte ich schon viel erreicht. Mit diesen sechs Offizieren bin ich tiefer in die Thematik eingestiegen und aus diesem Grund hat Brenés Arbeit die Art und Weise, wie wir Menschen führen, schon millionenfach verändert.

Wenn Sie sich bei DeDes Geschichte oder auch bei meiner Geschichte über die Auseinandersetzung mit meinem Team gedacht haben: *Das ist mir zu viel Kumbaya*, sollten Sie sich fragen, ob Sie dabei nicht vielleicht unterschätzen, wie viel Mut es verlangt, solche Gespräche zu führen. Oder ob Sie diesen Ansatz möglicherweise belächeln, damit Sie ihn gar nicht erst ausprobieren müssen.

Lesen Sie diese Geschichten aber in dem Gefühl *»Ich bin mir nicht sicher, ob ich das mit meinem Team durchziehen könnte«*, dann habe ich einen Vorschlag für Sie: Kopieren Sie diesen Abschnitt doch, bitten Sie Ihr Team, ihn durchzulesen, und trommeln Sie dann alle für 45 Minuten zu einer Besprechung zusammen. Stellen Sie ein paar Fragen: Was meint ihr dazu? Würde uns das weiterbringen, in der Praxis mit dieser Sprache oder diesen Werkzeugen zu arbeiten? Wenn ja, was wären die Voraussetzungen dafür? Das ist eine großartige Gelegenheit, einen **sicheren Raum zu schaffen**. Sieht das Team darin keinen Nutzen, fragen Sie nach: Warum nicht? Das ist eine gute Gelegenheit, Ängsten, Gefühlen und heimlichen Erwartungen und Absichten auf den Grund zu gehen, oder auch nur, bessere Ideen zu Ohren zu bekommen.

Lesen Sie diese Geschichten und denken: *»Woher soll ich die Zeit dafür nehmen?«*, empfehle ich Ihnen dringend, sich auszurechnen, wie viel Produktivität, Leistung und Engagement durch Misstrauen und Entfremdung verloren gehen. Was ich aus eigener Erfahrung weiß und für eine der wichtigsten Erkenntnisse aus diesen Forschungsergebnissen halte: **Führungskräfte müssen entweder verhältnismäßig viel Zeit darauf verwenden, auf Ängste und Gefühle einzugehen, oder unverhältnismäßig viel Zeit auf den Versuch verschwenden, ineffektives und unproduktives Verhalten in den Griff zu bekommen.**

Will heißen, wir müssen den Mut aufbringen, neugierig zu sein und nach Möglichkeit Emotionen und emotionale Erfahrungen herauszukitzeln, die andere nicht artikulieren können oder deren sie sich gar nicht bewusst sind. Haben wir es immer wieder mit denselben problematischen Verhaltensweisen zu tun, müssen wir möglicherweise tiefer graben, um herauszufinden, welche Denkweisen und Gefühle wirklich dahinterstecken.

Führen wir das dritte Vieraugengespräch über ein- und dasselbe Problem, reden wir uns gern ein, dass der Betreffende eben einfach schwierig ist oder uns vielleicht auf die Probe stellen will. Meiner Erfahrung nach haben wir dann schlicht noch nicht tief genug gegraben. Wir haben noch nicht genügend Zwiebelschalen entfernt. Und wenn wir eine nach der anderen abziehen, müssen wir dabei genügend Luft lassen. Wir müssen Pausen einlegen. Ich weiß, dass solche Gespräche an sich schon schwierig genug sind, aber die Menschen brauchen Leerräume. Legen Sie daher auf jeden Fall Gesprächspausen ein – so komisch sich das die ersten 15 Minuten lang anfühlt.

Fängt Ihr Gegenüber dann an zu reden (was normalerweise der Fall ist), hören Sie zu, und zwar sehr aufmerksam. Legen Sie sich nicht schon eine Antwort zurecht, solange der andere noch spricht. Fällt Ihnen dazu etwas Geistreiches ein, behalten Sie es im Hinterkopf. Fangen Sie nicht an, in immer kürzeren Abständen mit dem Kopf zu nicken. Das ist nämlich kein Zeichen dafür, dass Sie aktiv zuhören, sondern ein unbewusstes Signal an den Sprecher, zum Ende zu kommen, damit Sie etwas dazu sagen können. Lassen Sie viel Luft im Gespräch.

Und noch etwas: In harten Auseinandersetzungen mit anderen können wir keine Verantwortung für deren Emotionen übernehmen. Sie dürfen durchaus verärgert sein, traurig, überrascht oder begeistert. Vergreifen Sie sich jedoch *im Ton*, setzen wir Grenzen:

- Ich weiß, dass das kein einfaches Gespräch ist. Sie dürfen sauer werden, aber nicht laut.
- Mir ist bewusst, dass wir müde und gestresst sind. Es war eine lange Sitzung. Es ist in Ordnung, wenn Sie frustriert sind. Aber andere unterbrechen oder mit den Augen rollen geht gar nicht.
- Ich weiß zu schätzen, mit welcher Leidenschaft hier über unterschiedliche Ansichten und Ideen diskutiert wird. Gefühle sind legitim. Passiv-aggressive oder abfällige Bemerkungen aber nicht.

Und denken Sie an eines unserer beliebtesten Werkzeuge zur Auseinandersetzung: die **Auszeit**. Wird eine Auseinandersetzung unproduktiv, fordern Sie eine Auszeit. Geben Sie allen zehn Minuten, um frische Luft zu schnappen oder herunterzukommen. In unserer Organisation darf jeder das Signal für eine Auszeit geben. Und das tun auch alle, wenn es nötig ist.

Manchmal sagt ein Teammitglied: »Darüber muss ich nachdenken. Können wir in einer Stunde weiterreden, nach der Mittagspause vielleicht?« Ich schätze das sehr, denn dadurch werden viele Entscheidungen besser. Und wenn jeder genügend Zeit zum Nachdenken hat, kommt es nicht so oft zu Verhaltensweisen wie dem Meeting nach dem Meeting oder der Kommunikation über inoffizielle Kanäle, was beides in unserer Kultur nicht geduldet wird.

Sie dürfen nicht vergessen: Wir können unseren Job nicht machen, wenn wir uns für die Gefühle anderer verantwortlich fühlen – etwa um das damit verbundene Verhalten in den Griff zu bekommen –, und zwar aus einem einfachen Grund: Wir sind nicht für die Gefühle anderer zuständig. Wir können nicht gleichzeitig anderen helfen und versuchen, ihre Gefühle zu beeinflussen.

Mutige Führung dreht sich letztlich darum, anderen zu helfen, nicht um uns selbst. Aus diesem Grund entscheiden wir uns für den Mut.

Führungskräfte müssen entweder verhältnismäßig viel Zeit darauf verwenden, auf Ängste und Gefühle einzugehen,

ODER UNVERHÄLTNISMÄSSIG VIEL ZEIT AUF DEN VERSUCH VERSCHWENDEN, INEFFEKTIVES UND UNPRODUKTIVES VERHALTEN IN DEN GRIFF ZU BEKOMMEN.

Dritter Abschnitt:

DER PANZER

Früher brauchte man Muskeln zur Arbeit, heute braucht man Grips. In Zukunft wird man Herz brauchen.[24]

Minouche Shafik, Leiterin der London School of Economics

Ich habe einen 13-jährigen Sohn. Das bedeutet, ich habe jeden Spionagethriller und Marvel-Film gesehen, der je gedreht wurde (*Black Panther und Guardians of the Galaxy* mindestens dreimal).[25] Wenn ich darüber nachdenke, wie und warum wir uns selbst vor Verletzlichkeit schützen, dann habe ich Filmszenen vor Augen, in denen die Protagonisten starke Befestigungsanlagen überwinden, um festzustellen, dass sie noch zehn oder mehr weitere Hindernisse vor sich haben, bis sie zum Schatz gelangen. Da gibt es Infrarotstrahlen, der Boden tut sich auf, es sind Fallen versteckt, und dann sind da natürlich noch die falschen Kontaktlinsen, um den Netzhautscanner auszutricksen. Haben sie sich nach allen Regeln der Kunst über all diese nahezu unüberwindlichen Hürden hinweglaviert, gequält und gekämpft, ist der heilige Gral in Reichweite. Nach solchen Heldentaten zoomt die Kamera auf den kleinen, unscheinbaren Stein, der alle Macht der Welt in sich birgt, oder auf den Zaubertrank, der unsterblich macht.

Im Mittelpunkt all unserer ausgeklügelten persönlichen Sicherheitsmaßnahmen und Schutzprogramme steht der wertvollste Schatz der menschlichen Erfahrungssphäre: das Herz. Es fungiert nicht nur als lebenserhaltender Muskel, der das Blut durch unseren Körper pumpt, sondern ist auch die universelle Metapher für unsere Fähigkeit, zu lieben und geliebt zu werden, und der symbolische Zugang zu unserem Gefühlsleben.

Mit ungepanzertem Herzen zu leben, bezeichne ich als **Leben aus vollem Herzen**. In *Die Gaben der Unvollkommenheit* definiere ich das als »sich selbst etwas wert zu sein und sich mit dieser Haltung auf das Leben einzulassen. Es bedeutet, Mut, Mitgefühl und Verbundenheit zu pflegen und morgens mit dem Gedanken aufzuwachen: *Egal, was ich heute schaffe und was unerledigt bleibt, ich bin gut genug.* Es bedeutet, abends ins Bett zu gehen mit dem Gefühl: *Ja, ich bin unvollkommen und verletzlich und bisweilen auch ängstlich, doch das ändert rein gar nichts daran, dass ich auch mutig bin und liebenswert und dass ich dazugehöre.*«[26]

Leben aus vollem Herzen bedeutet ein von Grund auf durchanalysiertes Gefühlsleben und ein befreites Herz – frei und verletzlich genug, um zu lieben und geliebt zu werden. Und ebenso frei und verletzlich, um gebrochen und verletzt zu werden.

Leben aus vollem Herzen bedeutet, unser Herz nicht hinter kugelsicheren Glasscheiben zu verstecken, um es zu schützen, sondern es bedeutet **Integration:** den Einbezug unserer Gedanken, Gefühle und Verhaltensweisen. Es bedeutet, den Panzer abzulegen, all die Ecken und Kanten unserer Geschichte zum Vorschein zu bringen und all die verschiedenen Rollen einzubinden, die uns, wenn wir sie fälschlicherweise voneinander trennen, auspowern und zerreißen, sodass ein komplexer, chaotischer, erstaunlicher ganzer Mensch entsteht. Ich weise übrigens immer gern darauf hin, dass das Wort »integrieren« aus dem Lateinischen kommt – von *integrare*, »wiederherstellen, ergänzen«.

Heute bekennen sich auf dem Papier viele zu dem Konzept »am Arbeitsplatz den ganzen Menschen einzubringen« – doch die Organisationen, die das ihren Mitarbeitern wirklich gestatten, sind rar gesät. Ich erkenne nur in den wenigsten Unternehmen maßgebliche praktische Unterstützung für Integration und Leben aus vollem Herzen. Das ist schnell dahingesagt. Sich wirklich daran zu halten, ist aber nicht so einfach.

Es gibt natürlich ein paar Unternehmen, die das Leben mit vollem Herzen für sich entdeckt haben. Häufig beobachte ich jedoch, wie sich Organisationskulturen und Management nach wie vor dem Mythos verschreiben, dass wir produktiver, effizienter und (nicht zu vergessen) leichter zu steuern sind, wenn wir das Herz (also die Verletzlichkeit und andere Gefühle) aus der Arbeit ausklammern. Oder zumindest sind wir dann weniger chaotisch und weniger ... na ja, weniger menschlich eben. Solche Überzeugungen bringen uns dazu, bewusst oder unbewusst eine Kultur aufzubauen, die einen Panzer erfordert und honoriert.

In Teams und Organisationen, in denen Herz und Gefühl und vor allem Verletzlichkeit als Passivposten gelten, lassen sich die Kultur oder der eine oder andere Vorgesetzte mit dem Trickbetrüger in uns auf den faulen Kompromiss ein, unser Herz zu verschließen und die Gefühlswelt hermetisch abzuriegeln. Es wird honoriert, wenn wir uns einen Panzer zulegen, etwa in Form von Perfektionismus, emotionaler Betäubung und der falschen Einteilung in Leben und Arbeit, damit alles schön einfach und bequem bleibt. Dabei sollten wir lieber bereitwillig die nötigen heiklen, unbequemen Gespräche führen. In solchen Unternehmen zählt Besserwisserei mehr als lebenslanges Lernen und stetige Neugier.

Das Problem dabei ist: Wenn wir unser Herz verschließen, vernichten wir unseren Mut. Genau so, wie unser Körper darauf angewiesen ist, dass unser Herz Leben spendendes Blut in alle seine Teile pumpt, sind wir darauf angewiesen, dass unser emotionales Herz Verletzlichkeit durch die Adern des Mutes fließen lässt, damit wir uns so verhalten können wie im vorausgegangenen Abschnitt beschrieben – Vertrauen, Innovation, Kreativität und Pflichtgefühl eingeschlossen.

Werden uns unsere Emotionen so fremd, dass wir buchstäblich nicht mehr merken, welche physischen Empfindungen mit welchen Gefühlen einhergehen, verlieren wir die Kontrolle, die wir eigentlich gewinnen wollen. Ohne dass wir es begreifen oder wollen, steuern Emotionen unsere Entscheidungen und unser Verhalten, während die Ratio gefesselt im Kofferraum liegt. Ist unser Herz dagegen offen und frei, und wir stehen in Verbindung mit unseren Emotionen und verstehen, was sie uns sagen wollen, dann öffnen sich für uns ganz neue Welten – auch zu besseren Entscheidungen und kritischem Denken und zu den eindrucksvollen Erfahrungen der Empathie, des Mitgefühls (auch für uns selbst) und der Resilienz.

Das Ego ist ein eifriger, bereitwilliger Helfershelfer, wenn es darum geht, das Herz wegzusperren. Ich stelle mir mein Ego immer als meinen inneren Falschspieler vor. Es ist die Stimme in meinem Kopf, die mich dazu verleitet, anderen etwas vorzumachen, eine Rolle zu spielen, zu gefallen und perfekt zu erscheinen. Das Ego lässt sich gern bauchpinseln und giert nach Akzeptanz und Zustimmung. Es interessiert sich nicht für ein Dasein aus vollem Herzen, es will sich nur selbst schützen und bewundert werden.

Unser Ego wird fast alles tun, um das mit dem Gefühl der Verletzlichkeit oder auch der Neugier verbundene Unbehagen zu vermeiden oder zu minimieren. Das Risiko ist ihm zu hoch. *Was sollen die Leute denken? Was, wenn ich etwas Unangenehmes oder Unbequemes über mich erfahre?*

Das Ego ist zwar einflussreich und anspruchsvoll, doch es macht nur einen kleinen Teil unserer Persönlichkeit aus. Das Herz ist im Vergleich dazu riesengroß und seine uneingeschränkte, aus dem Vollen geschöpfte Weisheit kann das kleinliche Bedürfnis, gut anzukommen, verdrängen. Wie der Jung'sche Analytiker James Hollis das Ego beschreibt, spricht mir aus der Seele: »dieser dünne Bewusstseinsfilm, der auf dem schillernden Ozean schwimmt, der Seele heißt«.[27]

Er schreibt weiter: »Wir sind nicht dazu da, dazu zu passen, ausgeglichen zu sein oder anderen ein gutes Beispiel zu geben. Wir sind dazu da, exzentrisch, anders, möglicherweise sogar eigenartig zu sein, und wenn auch nur, um unser Scherflein, unser bisschen grobes, kantiges Selbst, zum großen Mosaik des Lebens beizutragen. Nach göttlicher Vorsehung sind wir auf der Welt, um immer mehr wir selbst zu werden.«[28]

Um unser Ego zu schützen und nicht aus dem Rahmen zu fallen, greifen wir immer dann zum Panzer, wenn wir nach unserem Eindruck Gefahr laufen, abgelehnt oder nicht respektiert zu werden, weil wir vielleicht falschliegen, nicht alle Antworten parat haben oder überfordert sind und daher nicht intelligent genug wirken. Wir verschließen uns aber auch, wenn unsere Emotionen von anderen auf eine Art wahrgenommen werden, die wir nicht steuern oder kontrollieren können. *Wenn ich ehrlich sage, wie ich mich fühle, werde ich dann missverstanden, verurteilt und als schwach betrachtet? Wird meine Verletzlichkeit verändern, wie andere über mich oder meine Fähigkeiten denken?*

All diese Situationen führen zur größten Bedrohung für unser Ego und unser Selbstwertgefühl: die Scham. **Scham** ist das Gefühl, das uns übermannt und uns so unzulänglich vorkommen lässt, dass wir daran zweifeln, ob wir es wert sind, geliebt zu werden, dazuzugehören und Verbundenheit zu erfahren. Das ist so ein starkes und potenziell lähmendes Gefühl, dass wir den gesamten nächsten Abschnitt der Aufgabe widmen, uns damit auseinanderzusetzen, und auch mit dem Gegenmittel: der Empathie.

Doch zurück zu unserem Panzer: Das Ironische an allen Selbstschutzmaßnahmen ist, dass wir uns zwar einerseits sorgen, maschinelles Lernen und künstliche Intelligenz könnten uns den Job kosten und die Arbeitswelt entmenschlichen, bewusst oder unbewusst aber eine Kultur schaffen, die – statt die einzigartigen Gaben des menschlichen Herzens wie Verletzlichkeit, Empathie und emotionale Kompetenz zu nutzen – diese Gaben nach Möglichkeit ausklammert. Manches können Maschinen und Algorithmen besser als wir, und zwar aus ganz einfachen Gründen: wegen ihrer Rechenleistung, weil sie Variablen, die Menschen gar nicht sehen oder nicht so ohne Weiteres verwerfen, schneller eliminieren und weil sie kein Ego besitzen. Sie müssen nicht recht behalten, um ihr Selbstwertgefühl zu wahren. Deshalb verteidigen oder begründen sie auch ihren Standpunkt nicht, sondern berechnen und kalibrieren einfach in Sekundenschnelle neu.

Hoffnung macht dagegen, dass es manche Aufgaben gibt, die Menschen immer besser erledigen werden als Maschinen, *wenn* wir denn bereit sind, unseren Panzer abzulegen und unseren größten und absolut einzigartigen Aktivposten zu nutzen: das menschliche Herz. Wer bereit ist, sich mit Verletzlichkeit auseinanderzusetzen, unsere Werte zu leben, Vertrauen aufzubauen und den Neustart zu lernen, der ist durch den Aufstieg der Maschinen nicht bedroht, denn er wird der aufstrebenden Klasse der mutigen Führungspersönlichkeiten angehören.

Führung mit Panzer

01.	SETZT AUF PERFEKTIONISMUS UND VERSAGENSANGST
02.	GEHT VON UNZULÄNGLICHKEIT AUS UND VERPASST GELEGENHEITEN, FREUDE ZU EMPFINDEN UND ANERKENNUNG ZU ERHALTEN
03.	BETÄUBT
04.	VERBREITET DIE FALSCHE DICHOTOMIE, DASS WIR NUR DIE WAHL HABEN, OPFER ODER TÄTER ZU SEIN, ZU VERNICHTEN ODER VERNICHTET ZU WERDEN
05.	IST BESSERWISSERISCH UND RECHTHABERISCH
06.	VERSTECKT SICH HINTER ZYNISMUS
07.	SETZT KRITIK ZUM SELBSTSCHUTZ EIN
08.	MISSBRAUCHT MACHT
09.	MUSS SICH ZWANGHAFT SELBST BEWEISEN
10.	WILL KONFORMITÄT UND KONTROLLE HERSTELLEN
11.	SETZT ANGST UND UNSICHERHEIT ALS WAFFE EIN
12.	HONORIERT ERSCHÖPFUNG ALS STATUSSYMBOL UND MACHT DEN SELBSTWERT AN DER PRODUKTIVITÄT FEST
13.	TOLERIERT DISKRIMINIERUNG, ECHOKAMMERN UND EINE KULTUR DER »ANPASSUNG«
14.	SAMMELT AUSZEICHNUNGEN
15.	GEHT AUF ZICKZACK- UND VERMEIDUNGSKURS
16.	FÜHRT AUS VERLETZTEN GEFÜHLEN HERAUS

Mutige Führung

LEBT GESUNDE IDEALE, EMPATHIE UND MITGEFÜHL (AUCH FÜR SICH SELBST) VOR UND FÖRDERT DIESE	01
PRAKTIZIERT DANKBARKEIT UND FEIERT MEILENSTEINE UND ERFOLGE	02
SETZT GRENZEN UND SCHAFFT ECHTE KOMFORTZONEN	03
PRAKTIZIERT INTEGRATION – STARKER RÜCKEN, WEICHER BAUCH, WILDES HERZ	04
SETZT DARAUF, ZU LERNEN UND ES RICHTIG ZU MACHEN	05
LEBT KLARHEIT, FAIRNESS UND HOFFNUNG VOR	06
LEISTET BEITRÄGE UND GEHT RISIKEN EIN	07
SETZT MACHT MIT ANDEREN, FÜR ANDERE UND IN UNS SELBST EIN	08
KENNT DEN EIGENEN WERT	09
SORGT FÜR ENGAGEMENT UND GEMEINSAME ZIELE	10
ERKENNT KOLLEKTIVE ANGST UND UNSICHERHEIT, NENNT SIE BEIM NAMEN UND NORMIERT SIE	11
LEBT ENTSPANNUNG, SPIEL UND ERHOLUNG VOR UND FÖRDERT DIES	12
PFLEGT EINE KULTUR DER ZUGEHÖRIGKEIT UND DER INKLUSIVITÄT UND LÄSST UNTERSCHIEDLICHE PERSPEKTIVEN ZU	13
GEIZT NICHT MIT ANERKENNUNG	14
FINDET KLARE WORTE UND WIRD AKTIV	15
FÜHRT AUS DEM HERZEN HERAUS	16

Der Verletzlichkeitspanzer

Als Kinder fanden wir Mittel und Wege, um uns gegen Verletzlichkeit zu schützen: gegen Schmerz, Herabsetzung und Enttäuschung. Wir haben uns einen seelischen Panzer zugelegt, unsere Gedanken, Gefühle und unser Verhalten als Waffen verwendet und gelernt, uns rar zu machen oder sogar in Luft aufzulösen. Jetzt, als Erwachsene, erkennen wir, dass wir wieder verletzlich werden müssen, um ein sinnvolles und couragiertes Leben in Verbundenheit mit anderen zu führen – um der Mensch zu sein, der wir gern sein möchten. Wir müssen uns von dem seelischen Panzer befreien, die Waffen niederlegen, mitmachen und uns zeigen.

Verletzlichkeit macht stark[29]

Die vorangegangenen 16 konkreten Beispiele sind Ergebnisse aus unserer laufenden Forschungsarbeit für Führung im Panzer, die der jeweiligen Reaktion einer mutigen Führungskraft gegenübergestellt sind. Auf den verbleibenden Seiten dieses Abschnitts werden die einzelnen Arten von Panzern beschrieben und wird genauer dargelegt, was mutige Führung eigentlich ist. *Wie werden wir den Panzer los und wie bringen wir unsere Teams dazu, ihre Panzer abzulegen?*

Die ersten drei Punkte – Perfektionismus, seiner Freude nicht zu trauen und die emotionale Betäubung – sind die erstgenannten Schutzmechanismen aus der ursprünglichen Forschungsarbeit über Verletzlichkeit (veröffentlicht in *Verletzlichkeit macht stark*). Sie stehen auch diesmal wieder auf der Liste. Die übrigen 13 sind die häufigsten Formen des Selbstschutzes, die wir in Organisationen vorgefunden haben. Ich habe jedoch festgestellt, dass sie bei mir in allen Lebensbereichen anwendbar sind. Dasselbe dürfte auch für Sie gelten.

1. Führung im Panzer

Auf Perfektionismus und Versagensangst setzen

Aus naheliegenden Gründen schreibe ich seit jeher viel über Perfektionismus, nach dem Motto »Forscher, heile dich selbst«. Es gibt aber auch noch ein paar weniger offensichtliche Gründe. Wer wie ich über Scham forscht, erkennt: Werden wir von Perfektionismus getrieben, ist Scham grundsätzlich mit von der Partie.

Um den Perfektionismus ranken sich ähnlich viele Mythen wie um die Verletzlichkeit. Es folgen meine Erkenntnisse aus Jahren der Forschung, die zum Teil bereits in meine anderen Arbeiten eingeflossen sind. Fangen wir damit an, was Perfektionismus *nicht* ist:

- Perfektionismus ist nicht gleichbedeutend mit dem Streben nach Spitzenleistungen. Bei Perfektionismus geht es nicht um gesunde Leistung und Wachstum. Perfektionismus ist ein Verteidigungsreflex.
- Perfektionismus ist nicht der Selbstschutz, für den wir ihn halten. Er ist wie ein 20 Tonnen schwerer Schild, den wir mit uns herumschleppen in dem Glauben, dass er uns schützt. Dabei verhindert er in Wirklichkeit, dass wir wahrgenommen werden.
- Perfektionismus ist auch keine Selbstoptimierung. Im Kern geht es Perfektionisten um Anerkennung. Die meisten Perfektionisten sind als Heranwachsende für Erfolg und Leistung gelobt worden (für gute Noten, gute Manieren, die Einhaltung von Regeln, Sozialverhalten, Erscheinungsbild, sportliche Erfolge). Und irgendwann haben sie dann dieses gefährliche, lähmende Überzeugungssystem übernommen: *Ich werde über meine Leistung definiert und über deren Standard. Please. Perform. Perfect. Prove. (gefallen, leisten, perfektionieren, beweisen).* **Gesunder Ehrgeiz** fokussiert sich auf uns selbst: *Wie kann ich besser werden?* Perfektionismus fokussiert sich

auf andere: *Was denken die Leute?* Perfektionismus ist Selbstbetrug.

- Perfektionismus ist nicht der Schlüssel zum Erfolg. Forschungsergebnisse belegen sogar, dass er leistungsmindernd wirkt. Perfektionismus steht in Zusammenhang mit Depression, Angst, Sucht und Lebenslähmung oder verpassten Chancen. Angst vor Misserfolgen, Fehlern, enttäuschten Erwartungen und Kritik hält uns aus der Arena fern, in der gesunder Wettbewerb und Ehrgeiz stattfinden.[30]
- Und schließlich ist Perfektionismus auch nicht der Weg, der Scham zu entgehen. Perfektionismus ist vielmehr eine Funktion der Scham.

Hier meine Definition von Perfektionismus:

- Perfektionismus ist ein selbstzerstörerisches, suchterzeugendes Überzeugungssystem, das diesen Primärgedanken speist: *Wenn ich nur perfekt aussehe und alles perfekt mache, kann ich schmerzhafte Gefühle durch Schuld, Wertung und Scham vermeiden oder minimieren.*
- Perfektionismus ist allein deshalb selbstzerstörerisch, weil niemand vollkommen ist. Perfektion ist ein unerreichbares Ziel. Bei Perfektionismus geht es mehr um Wahrnehmung als um innere Motivation. Und Wahrnehmung lässt sich nicht kontrollieren, ganz gleich, wie viel Zeit und Kraft wir darauf aufwenden, es zu versuchen.
- Perfektionismus hat Suchtpotenzial, denn wenn wir unweigerlich Scham, Wertung und Schuld erleben, suchen wir den Grund dafür darin, dass wir nicht perfekt waren. Statt die fehlerhafte Logik des Perfektionismus infrage zu stellen, versteifen wir uns immer mehr darauf, möglichst gut auszusehen und alles genau richtig zu machen.

- In Wirklichkeit stellt Perfektionismus die Weichen für Scham-, Wertungs- und Schuldgefühle, die wiederum noch mehr Scham und Selbstvorwürfe auslösen: *Es ist meine Schuld. Ich fühle mich so, weil ich nicht gut genug bin.*

Mutige Führung

Gesunden Ehrgeiz, Empathie und Mitgefühl mit sich selbst vorleben und fördern

In vertrauensvollen und mutigen Teams können Gespräche über Perfektionismus therapeutisch wirken und äußerst effektiv sein. Es geht darum, absolute Klarheit darüber zu gewinnen, wann die Gefahr für uns als Team am größten ist, vom Perfektionismus überrollt zu werden, woran sich das bemerkbar macht und wie wir Perfektionismus vom gesunden Streben nach Spitzenleistungen unterscheiden können. Gibt es Möglichkeiten, uns gegenseitig dabei zu helfen, die für alle funktionieren? Gibt es Warnflaggen, -signale oder -leuchten, für deren Wahrnehmung wir uns alle verantwortlich fühlen könnten? Ich habe schon erlebt, dass Teams tiefgreifende Veränderungen vornehmen, enger zusammenwachsen, mehr leisten und dabei auch noch Vertrauen aufbauen konnten – nur weil sie bereit waren, solche Gespräche zu führen.

2. Gepanzerte Führung

Aus der Unzulänglichkeit heraus agieren und Chancen auf Freude und Anerkennung verpassen

Spreche ich vor großen Gruppen, frage ich stets: Angenommen, in Ihrem Leben passiert etwas ganz Besonderes, wie viele von Ihnen feiern das und denken dabei unwillkürlich: *Nur nicht zu viele Glücksgefühle zulassen, damit mir das Schicksal nicht gleich wieder einen Dämpfer versetzt?* Prompt heben sich viele Arme. Sie sind befördert worden und ganz aus dem Häuschen. Sie haben sich verlobt. Sie haben erfahren, dass Sie schwanger sind. Sie werden Oma oder Opa. Es ist etwas Weltbewegendes passiert, und einen Augenblick lang lassen Sie sich von der Freude mitreißen. Doch Sekunden später legt sich die erste Begeisterung, und Sie denken verzagt an das Schlimme, das passieren wird, um das Schöne auszugleichen. *Wann das Schicksal wohl zuschlagen wird?*

An alle Eltern, die dieses Buch lesen: Wie viele von Ihnen haben schon einmal vor Ihrem schlafenden Kind gestanden und gedacht: *»Mein Gott, ich liebe dieses Kind so sehr, dass ich es nie für möglich gehalten hätte«*, um sich noch in derselben Sekunde angsterfüllt vorzustellen, was Ihrem Kind Schreckliches zustoßen könnte? Statistisch trifft das auf 90 Prozent aller Eltern zu.

Warum proben wir gerade in unseren freudigsten Momenten so hartnäckig die Tragödie?

Weil Freude das Gefühl ist, das uns am verletzlichsten macht. Und wenn ich das sage, die ich auch über Angst und Scham geforscht habe, dann will das wirklich etwas heißen.

Verspüren wir Freude, sind wir unglaublich verletzlich – in dieser Erfahrung bündeln sich Schönheit und Zerbrechlichkeit, tiefste Dankbarkeit und Vergänglichkeit. Können wir so viel Verletzlichkeit nicht aushalten, verwandelt sich die Freude prompt in düstere Vorahnung, und wir schalten in den Selbstschutzmodus. Das ist, als würden wir die Verletzlichkeit bei den Schultern packen und ihr erklären: »Du erwischst mich nicht auf dem falschen Fuß. Du fügst mir kein unerwartetes Leid zu. Ich rechne mit dir.«

Bei jedem freudigen Ereignis kalkulieren wir daher sofort ein, dass wir verletzt werden könnten. Wir stellen uns auf die Angst vor der Enttäuschung ein. Bringt uns das weiter? Eher nicht.

Auf schmerzliche Erfahrungen kann man sich nicht vorbereiten – das wissen wir genau, denn Menschen, die so etwas schon erleben mussten, erzählen uns, dass man darauf nie gefasst ist, ganz gleich, wie viele Katastrophen man sich ausgemalt oder wie gut man für den Notfall vorgesorgt hat. Der Kollateralschaden dieses Instinkts: Wir verderben uns die Freude, die wir so dringend brauchen, um emotional aufzutanken, die Freude, die es uns erlaubt, Widerstandskraft zu entwickeln für die echten Tragödien.

Dass wir unserer Freude nicht trauen, zeigt sich am Arbeitsplatz in subtilerer und noch schädlicherer Form. Beispielsweise zögern wir deshalb, Erfolge zu feiern – in erster Linie aus zwei Gründen: Erstens befürchten wir, dass wir das Schicksal herausfordern und prompt etwas schiefgeht, wenn wir mit unserem Team feiern oder einfach nur durchatmen. Vermutlich kennen Sie das Gefühl: Sie haben ein Projekt erfolgreich zum Abschluss gebracht, scheuen sich aber, begeistert alle abzuklatschen, weil Sie denken: *Jetzt können wir noch nicht feiern, denn wir wissen ja nicht, ob es weiterhin gut läuft, ob auch alles funktioniert oder ob die Website nicht doch noch abstürzt ...*

In seiner zweiten Erscheinungsform macht sich dieses Phänomen bei der Arbeit im Verzicht auf Anerkennung bemerkbar. Wir wollen nicht, dass unsere Leute über die Stränge schlagen, denn es ist ja noch viel zu tun. Sie sollen bloß nicht den Fuß vom Gas nehmen und sich auf ihren Lorbeeren ausruhen. Deshalb wird Leistung nicht anständig gewürdigt. Wir wollen das irgendwann nachholen, doch sobald Freude einsetzt, hat sie stets dieselben Faktoren im Schlepptau. So schlägt sich im Büro nieder, wenn unsere Freude mit düsteren Vorahnungen einhergeht – ein Fehler, der uns teuer zu stehen kommen kann.

Mutige Führung

Dankbarkeit praktizieren und Meilensteine und Erfolge feiern

Was haben all jene gemein, die ihrer Freude freien Lauf lassen können?

Dankbarkeit. Sie praktizieren Dankbarkeit. Das ist keine Frage der Einstellung, sondern eine praktische Übung. Solche Menschen halten alles, wofür sie dankbar sind, in einem Tagebuch fest, tippen es in ihr Handy oder teilen es Angehörigen mit.

Seit unsere Forschungsergebnisse zum Thema Dankbarkeit vorliegen, werden diese in meiner Familie beim Essen in die Praxis umgesetzt. Wie im Ferienlager singen wir zusammen, und dann nennt jeder Anwesende den anderen am Tisch ein Beispiel dafür, wofür er dankbar ist. Das hat die ganze Familie verändert und uns nebenbei unschätzbare Einblicke in den Alltag und das Seelenleben unserer Kinder eröffnet.

Wer Dankbarkeit lebt und praktiziert, wird merken: Dadurch verändert sich alles. Das ist kein persönliches, sondern ein menschliches Konstrukt – ein Bestandteil unserer Existenz, der uns eint –, und es ist das Gegenmittel schlechthin, wenn wir unserer Freude nicht trauen. Es ermöglicht uns, Spaß an unserer Leistung zu haben oder dabei Liebe zur Sache oder Freude zu empfinden. Sie wirklich zu spüren und uns darin zu baden. Und das alles, indem wir Dankbarkeit für den Moment und für die Gelegenheit aufkommen lassen.

Wir können dadurch den Schauder der Verletzlichkeit erkennen – dieses Gefühl: »Verdammt, jetzt habe ich etwas zu verlieren.« Wir können dieses Gefühl zulassen und dankbar sein, dass wir etwas Erstrebenswertes in Händen halten, das sich gut anfühlt. Wir können das bewusst wahrnehmen. Jede Besprechung grundsätzlich mit einem Dankbarkeitscheck zu beginnen oder zu beenden, indem jeder seine Dankbarkeit für einen konkreten Umstand zum Ausdruck bringt, ist eine ganz einfache Maßnahme, kann aber Vertrauen und Verbundenheit aufbauen, einen sicheren Raum öffnen und es der ganzen Gruppe ermöglichen, Freude auszuleben.

Dieses Jahr hielt ich die Eröffnungsrede bei Workhuman, einer HR-Konferenz, die von dem Anbieter von Anerkennungsprogrammen und -lösungen Globoforce veranstaltet wird. Ich sagte zu, weil sich Anerkennung aus unseren Daten zu mutiger Führung als wesentliche Voraussetzung für die Entwicklung mutiger Führungspersönlichkeiten und mutgeprägter Kulturen herauskristallisiert hat. Ich hatte mehrere Artikel gelesen, aus denen hervorging, dass der Faktor Anerkennung auf einem immer härter umkämpften globalen Markt für Nachwuchskräfte das Engagement, die Zufriedenheit und die Bindung von Mitarbeitern steigern kann. Fallstudien hatte ich aber keine gelesen. Also stürzte ich mich relativ unvorbereitet auf verschiedene Aspekte der Arbeit von Globoforce auf dem Gebiet der Anerkennung durch Führungskräfte und Kollegen.

Zusammen mit Cisco arbeitete Globoforce daran, die Mitarbeiterbindung um fünf Prozent zu steigern.[31] Bei Intuit sollte sie im großen, sechs Länder umfassenden Mitarbeiterstamm sogar nachhaltig um zweistellige Werte verbessert werden. Hershey verhalf der Anerkennungsansatz zu einer Erhöhung der Mitarbeiterzufriedenheit um elf Prozent. Und bei LinkedIn ist die Bindungsquote bei neuen Mitarbeitern, die viermal oder häufiger Anerkennung erfahren, um fast zehn Prozentpunkte gestiegen.

Ob als Gruppenleiter oder Teammitglied und ob ein offizielles oder inoffizielles Anerkennungsprogramm existiert oder nicht, wir haben die Pflicht, Menschen, mit denen wir arbeiten, zu sagen: »Wir müssen uns die Zeit nehmen, einander und unsere Erfolge zu feiern, auch die kleinen. Sicher, wir haben noch viel zu tun, und in einer Stunde könnte schon wieder alles anders aussehen, doch das ändert nichts daran: Wir müssen Leistung anerkennen – und zwar jetzt.«

3. Gepanzerte Führung

Emotionale Betäubung

Emotional betäubt sind wir alle, nur die jeweiligen Betäubungsmittel unterscheiden sich: Essen, Arbeit, soziale Medien, Shopping, Fernsehen, Videospiele, Pornografie, Alkohol (vom schnöden Bier in der braunen Papiertüte bis hin zum gesellschaftlich akzeptablen, aber nicht minder gefährlichen Hobby des »guten Weins«). Jeder hat seine Droge. Setzen wir solche Betäubungsmittel regelmäßig und zwanghaft ein, dann hat das nichts mehr mit Entspannung zu tun, sondern eher mit Sucht.

Statistisch ist jeder, der dieses Buch in Händen hält, in irgendeiner Form von Sucht betroffen. Vielleicht sind Sie selbst nicht suchtkrank, aber womöglich eine Freundin, ein Kollege oder ein Familienmitglied.

Wer oder wie, ist dabei ganz egal – wer bewusst hinschaut, hat freien Blick auf den Schmerz, das Leid und die damit verbundenen Kosten. Nach Angaben des National Council on Alcoholism and Drug Dependence, Inc. sind 70 Prozent der geschätzten 14,8 Millionen Amerikaner, die illegale Drogen konsumieren, berufstätig. Der Drogenmissbrauch kostet die Arbeitgeber 81 Milliarden US-Dollar pro Jahr.[32] Beim Thema Betäubung gibt es kein »wir und die anderen« – da sitzen wir alle in einem Boot. Es gibt lediglich graduelle Unterschiede. Und was das Leid anbelangt, das Sucht verursacht, so handelt es sich dabei nie nur um eine lokale Gewitterzelle, sondern stets um einen Tornado.

Sich emotional zu betäuben oder herunterzuregeln, ist nicht ganz so folgenschwer wie eine Sucht, doch schwerwiegend und lebensverändernd sind die Konsequenzen dennoch, und zwar aus folgendem Grund: Emotionen lassen sich nicht *gezielt* betäuben. Mit den düsteren Emotionen schalten wir immer auch die positiven aus. Lindern wir Schmerz und Missempfinden, dämpfen wir damit notgedrungen auch Freude, Liebe, Zugehörigkeitsgefühl und die übrigen Emotionen, die unserem Leben einen Sinn geben.

Stellen Sie sich Emotionen als furchtbar spitze Dornen vor. Stechen sie uns, ist das unangenehm oder auch schmerzhaft. Schon die Vorahnung dieser Gefühle, von der Angst davor ganz zu schweigen, kann unerträgliche Verletzlichkeit in uns auslösen. Wir wissen schließlich, was uns bevorsteht.

Viele von uns reagieren auf die von solchen Spitzen erzeugte Verletzlichkeit und Missempfindung instinktiv nicht, indem wir die negativen Gefühle zulassen und durchleben, sondern indem wir sie nach Möglichkeit verdrängen. Das tun wir durch Betäubung und Schmerzlinderung, jeweils mit dem Mittel, das die schnellste Hilfe verspricht. Wie schon gesagt, bieten sich dafür viele Betäubungsmittel an, unter anderem Alkohol, Drogen, Nahrungsmittel, Sex, Beziehungen, Geld, Arbeit, Fürsorge, Glücksspiel, pausenlose Beschäftigung, Affären, Chaos, Shopping, Planung, Perfektionismus, ständige Veränderungen und das Internet.

Ich bin seit über 20 Jahren trockene Alkoholikerin und habe im Rehabilitationssystem nie so richtig meinen Platz gefunden. (Womit wir beinahe wieder bei den Berenstain-Bären wären – wenn gar nichts richtig passen will.) Den Veteranen bei den Anonymen Alkoholikern war ich nicht betrunken genug. Die Leute von OA schickten mich zu einer Veranstaltung über Co-Abhängigkeit. Dort hieß es, ich müsse zunächst zu den AA. Ich hätte diesen frustrierenden Prozess gern als Zeichen dafür gewertet, dass mit mir alles in Ordnung war, und ein paar Bier darauf getrunken, aber ich wusste es besser. Mein Leben war aus den Fugen geraten und eine Übung zur Familiengeschichte in meinem letzten Studienmonat ergab ein unerwartetes Horrorkabinett der Sucht. Also bat ich jemanden, mich zu einem AA-Treffen mitzunehmen.

Nach zwei Sitzungen sagte mir mein erster Sponsor: »Du hast da einen bunten Strauß von Abhängigkeiten – ein bisschen von allem. Sicherheitshalber würde ich an deiner Stelle aufhören zu trinken, zu rauchen und aus Frust zu essen. Und auf keinen Fall solltest du in den Familienbetrieb einsteigen.«

Klasse. Na, zumindest würde ich dann genug Zeit haben, um die AA-Sitzungen zu besuchen.

Die richtige Gruppe für mich fand ich nie, aber seit meinem Masterabschluss am 12. Mai 1996 habe keinen Alkohol oder Tabak mehr angerührt. Ich muss gestehen: Wenn ich am Steuer sitze und Bob Seger oder die Stones höre, habe ich immer noch Schmacht. Sehen Sie mich die Straße hinunterfahren und ich halte dabei einen Stift in der Hand wie eine Zigarette, dann können Sie davon ausgehen, dass gerade etwas Schmissiges im Radio läuft.

Ich machte schließlich doch ein Jahr lang das AA-Programm mit und kann Ihnen sagen: Alle Sprüche treffen zu. Es mag an eine Comedyserie erinnern, wenn da in einer Reihe zehn Poster an einer holzvertäfelten Wand im Untergeschoss einer Kirche hängen, doch was darauf steht, ist wirklich wahr, und wer sich daran hält, wird merken, dass sie die Welt verändern können. Ein Freund, der ebenfalls in der

Rehabilitation ist, sagte zu mir: »Überlass es ein paar Säufern, die vom Alkohol loskommen wollen, die Geheimnisse des Lebens zu lüften.« Hier ein paar der erwähnten Sprüche:

Wo du hingehst, dort bist du.
Du bist nur so krank wie deine Geheimnisse.
Eile mit Weile.
Einen Tag nach dem anderen.
Leben und leben lassen.
Bleibe dir selbst treu.
HALT: Steht für »hungry«, »angry«, »lonely«, »tired«: Werde nicht zu hungrig, zu wütend, zu einsam oder zu müde.

Lass gut sein. Lass den lieben Gott machen. (Dass ich ein Problem hatte, wurde mir spätestens klar, als ich in der Therapie darauf hingewiesen wurde, dass es nicht heißt: »Lass gut sein. Lass Brené machen.« *Autsch.*)

Mutige Führung

Grenzen setzen und wirklich Trost finden

Aus unseren Forschungsergebnissen geht hervor, dass Probanden Verletzlichkeit, Ärger und Angst als Hauptursachen für emotionale Betäubung nennen. Und Ärger hat fast immer auch etwas mit fehlenden Grenzen zu tun. Damit stecken wir schon knietief im Thema Verletzlichkeit. Mit der Angst befassen wir uns an anderer Stelle und mit dem Zusammenhang zwischen Ärger und Grenzen in dem Teil über Vertrauensbildung. Achten Sie vorerst vor allem auf Ärger in Ihrem Leben, wenn Sie die dritte Stunde auf Facebook zubringen, den ganzen Becher Ben & Jerry's leer gemacht haben oder gerade den größten Teil Ihres Monatsgehalts für Onlinekäufe ausgegeben haben.

Worauf ich hinauswill? Wie den meisten Menschen wurden auch mir als Heranwachsende nicht die Fertigkeiten und Methoden vermittelt, mich mit Verletzlichkeit auseinanderzusetzen. Also griff ich zu Betäubungsmitteln – und entwickelte mich nach und nach zu einem Menschen, der nach allem süchtig war, was locker machte. Dafür gibt es aber keine Hilfsprogramme. Deshalb bastelte ich mir einen Plan, zu dem AA-Treffen, ein guter Therapeut und neue spirituelle Praktiken gehörten und der für mich funktionierte.

Um sich von dem Bedürfnis nach Betäubung zu befreien, muss man letztlich Instrumente und Praktiken entwickeln, mit deren Hilfe man sich unangenehmen Gefühlen stellen und sich spirituell erneuern kann.

Wenn wir merken, dass uns etwas zusetzt, sollten wir uns nicht fragen: »Wie kann ich diese Gefühle möglichst schnell loswerden?« Fragen Sie lieber: »Was sind das für Gefühle und woher kommen sie?«

Zweitens sollten Sie etwas finden, was Sie wirklich tröstet und aufbaut, nicht nur betäubt. Wir haben echten Trost verdient. Die Autorin Jennifer Louden bezeichnet unsere Betäubungsmittel als »Schattentrostspender«. Fühlen wir uns ängstlich, isoliert, verletzlich, allein und hilflos, vermitteln Alkohol, Essen, Arbeit und stundenlanger Fernsehkonsum gefühlt Trost. In Wirklichkeit werfen sie nur lange Schatten auf unser Leben.

Louden schreibt: »Solche Schattentrostspender können alle möglichen Formen annehmen. ... Es kommt gar nicht darauf an, was Sie tun, sondern warum Sie es tun. Sie können ein Stück Schokolade genießen wie eine süße Kostbarkeit – und sich dadurch echtes Wohlbefinden verschaffen. Sie können aber auch verzweifelt versuchen, Ihren Frust zu bekämpfen, indem Sie sich einen ganzen Schokoriegel in den Mund stopfen, ohne davon überhaupt etwas zu schmecken. Das ist dann ein Schattentrost. Sie können eine halbe Stunde lang in einem Onlineforum chatten und durch das Gemeinschaftsgefühl gestärkt wieder an die Arbeit gehen. Aber vielleicht chatten Sie ja auch, weil Sie nicht mit Ihrem Partner darüber sprechen möchten, wie wütend er Sie gestern gemacht hat.«[33]

Was die Daten zum Betäuben ergeben, deckt sich genau mit dem, was Louden schreibt: »Es kommt gar nicht darauf an, was Sie tun, sondern darauf warum Sie es tun.«[34] Wir sind aufgefordert, darüber nachzudenken, was wir mit unseren Entscheidungen für Betäubungsmittel bezwecken und, wenn es hilft, solche Fragen in der Familie, mit guten Freunden oder professioneller Hilfe zu besprechen.

Den Frustfresser in mir in Schach zu halten, ist für mich eine Lebensaufgabe. Aber ich bleibe dran und lasse die Poster aus dem Kirchenkeller vor meinem inneren Auge Revue passieren. Eines meiner wichtigsten Wohlfühlrituale ist mein tägliches Laufprogramm. Eine ganz konkrete Maßnahme, um mich davon abzuhalten, mich mit Essen zu betäuben, ist daher ein Polaroid von meinen Laufschuhen in der Speisekammer. *Habe ich wirklich Hunger? Oder würde ich mich besser fühlen, wenn ich eine Runde laufe?*

Außerdem arbeite ich seit zehn Jahren daran, vernünftige Grenzen zu setzen und zu wahren, vor allem was meine Rolle als Übermutter angeht. Vielleicht kriege ich ihn ja nie, den Six-Sigma-Schein fürs Projektmanagement, doch im Grenzensetzen habe ich längst einen schwarzen Gürtel. Dazu eine lustige Bemerkung am Rande: Einer unserer externen Partner hatte mir offenbar heimlich den Spitznamen BB verpasst – nicht für meine Initialen, sondern für »Boundaries Brown« (Grenzen-Brown). Als die anderen mitbekamen, dass der Spitzname kein Geheimnis mehr war und ich darüber Bescheid wusste, war ihnen das peinlich und sie entschuldigten sich. Ich sagte nur: »Alles gut. Das ist das schönste Kompliment, das ich je bekommen habe.«

Bei der Arbeit müssen wir für eine gesunde Auseinandersetzung mit Verletzlichkeit sorgen, Grenzen respektieren und lernen, in einem Meer der Angst möglichst gelassen zu bleiben. Und was Suchtprobleme anbelangt: Arbeitgeber mit erfolgreichen Hilfsprogrammen für Mitarbeiter melden Verbesserungen bei Moral und Produktivität und weniger Fehlzeiten, Unfälle, Ausfälle, Personalfluktuation und Diebstähle. Arbeitgeber, die solche Programme langfristig durchführen, berichten auch von einem besseren Gesundheitszustand ihrer Mitarbeiter und deren Familienangehörigen.

4. Gepanzerte Führung

Verbreitung der falschen Dichotomie von Opfer oder Täter, vernichten oder vernichtet werden

Gewinnen oder verlieren, überleben oder sterben, töten oder getötet werden, stark oder schwach sein, Anführer oder Mitläufer, Erfolg oder Fehlschlag, vernichten oder vernichtet werden. Klingt das vertraut? So oder ähnlich lautet die Philosophie von Menschen, die sich dem Paradigma von Opfer oder Täter verschreiben. In dieser binären Welt der Paarung von Gegensätzen sind Sie entweder der Verlierer, der grundsätzlich den Kürzeren zieht, oder der Sieger, der sich nicht zum Opfer machen lässt. Sie tun, was nötig ist – kontrollieren, dominieren, Macht ausüben, Gefühle ausschalten –, um sicherzustellen, dass Sie nur ja nie verletzlich werden.

Dieses »Win-Lose«-Nullsummen-Kräftespiel ist in manchen Berufsgruppen besonders ausgeprägt. Es gründet sich auch auf die Erziehung. Haben Sie sich als Heranwachsende(r) vor allem an diesem Modell orientiert, sind Sie vermutlich von einer falschen, extremen Dichotomie überzeugt. Sie glauben, dass Sie nur überleben können, wenn Sie andere vernichten.

Im Gespräch mit Menschen mit einer solchen Opfer-Täter-Mentalität frage ich oft, wie sie Erfolg definieren. Im einen oder anderen Kontext ist Überleben oder Gewinnen möglicherweise gleichbedeutend mit Erfolg, doch ohne echte Bedrohung ist Überleben nicht gleich Leben. Wir alle müssen uns zugehörig fühlen können und wir alle müssen lieben, und nichts davon ist möglich ohne Verletzlichkeit und Integration.

Mutige Führung

Integration praktizieren – starker Rücken, weicher Bauch, wildes Herz

Das Gegenstück zum Leben in einer fälschlicherweise als binär betrachteten Welt ist die Praxis der Integration – die aktive Einbeziehung all unserer Wesenszüge, über die wir bereits an anderer Stelle gesprochen haben. Wir alle sind hart und weich, ängstlich und mutig, gnädig und unbarmherzig zugleich. Das überzeugendste Beispiel für Integration ist eine Praxis, über die ich in *Entdecke deine innere Stärke* geschrieben habe und die ich zu leben versuche: starker Rücken, weicher Bauch, wildes Herz. Meine Lehrerin Roshi Joan Halifax sagt über die Integration von starkem Rücken und weichem Bauch:[35]

> Meist gründet unsere sogenannte Stärke in Angst und nicht in Liebe. Anstatt eines starken Rückens zeigen viele von uns zur Verteidigung eine Fassade, hinter der sich ein schwaches Rückgrat versteckt. Anders gesagt: Wir sind reizbar, nehmen eine Verteidigungshaltung ein und versuchen, unseren Mangel an Vertrauen zu kaschieren. Wenn wir, bildlich gesprochen, unseren Rücken stärken und eine flexible, aber kräftige Wirbelsäule entwickeln, können wir es riskieren, einen offenen, weichen Bauch zu haben. (...) Wie können wir mit Mitgefühl, das aus einem starken Rücken und einem weichen Bauch kommt, Fürsorge anbieten und annehmen, unsere Angst hinter uns lassen und uns einer authentischen Weichheit öffnen? Ich glaube, dafür müssen wir ganz und gar durchlässig werden und die Welt so sehen, wie sie ist – und zugleich die Welt uns so sehen lassen, wie wir sind.[36]

Ich verstehe unter einem solchen starken Rücken wohlbegründetes Vertrauen und Grenzen. Ein weicher Bauch heißt für mich, verletzlich und neugierig zu bleiben. Und das Wahrzeichen eines wilden Herzens ist, diese Widersprüche zu leben und uns nicht darauf reduzieren zu lassen, diesem Entweder-oder-Unsinn zu erliegen. Das zeigt sich in unserer Verletzlichkeit und unserem Mut, vor allem aber darin, dass wir kämpferisch und freundlich zugleich sind.

5. Gepanzerte Führung

Besserwisser und Rechthaber

Wer alles besser weiß und immer recht hat, schleppt einen besonders schweren Panzer mit sich herum. Er dient dem Selbstschutz, der Selbstdarstellung und, was das Schlimmste ist, bringt jede Menge Bockmist hervor. Das ist ein sehr verbreitetes Übel. Fast jeder von uns hat besserwisserische Züge. Allzu oft ist für uns der nervige, aber liebenswerte Cliff Clavin aus der Fernsehserie *Cheers* der Inbegriff des Besserwissers. Doch leider ist es ziemlich ätzend, unbedingt immer alles besser wissen zu müssen – für die Besserwisser selbst ebenso wie für ihr Umfeld. Das sorgt für Misstrauen, Fehlentscheidungen, unnötige Auseinandersetzungen und unproduktive Konflikte.

Es hört sich recht einfach an, den Panzer des Besserwissers abzulegen und sich stattdessen zum Wissbegierigen zu entwickeln. Doch bei vielen steckt hinter dem Drang, alles besser zu wissen, die Scham oder sogar ein Trauma. Alles zu wissen, kann Menschen aus schwierigen Situationen retten, und wir lassen uns nur allzu leicht einreden, dass Wissen das einzig Wertvolle ist, was wir in Beziehungen und Beruf einbringen.

Wissen kann aber auch zum Kulturproblem werden, wenn nämlich nur manche als Wissende gewürdigt werden und andere gar nicht erst den Mund aufmachen, weil sie nicht »lange genug dabei« sind oder »es ihnen nicht zusteht«. Ein Manager erzählte, er arbeite schon sechs Monate für sein neues Unternehmen, habe aber noch zu keiner Besprechung aktiv beigetragen. Man hatte ihn wegen seiner über 20-jährigen Erfahrung eingestellt, erwartete aber von ihm, den Mund zu halten, wenn etwas besprochen wurde, weil die kulturellen Normen nur Beiträge altgedienter Veteranen zuließen.

Mutige Führung
Ständig weiterlernen und sich korrigieren

Ich kenne drei funktionierende Strategien, mit deren Hilfe aus *immer alles besser wissen* ein *ständiges Lernen* wird. Erstens: Sprechen Sie das Problem an. Das Gespräch mag schwierig sein, doch Klarheit ist Fairness: *Ich hätte gern, dass Sie an Ihrer Neugier arbeiten und an Ihrer Fähigkeit, kritisch zu denken. Sie sind oft schnell mit einer Antwort bei der Hand, was durchaus hilfreich sein kann, doch noch hilfreicher ist es, die richtigen Fragen zu stellen. Nur so können Sie Ihre Führungskompetenzen weiterentwickeln. Wollen wir das gemeinsam versuchen?* Über Besserwisser wird gern hinter ihrem Rücken hergezogen. Das ist ausgesprochen unfair. Zweitens: Machen Sie Kompetenzen zur Priorität, die Wissbegierde fördern. Drittens: Würdigen und belohnen Sie gute Fragen und Antworten wie »Das weiß ich nicht, aber ich finde es heraus« als mutiges Führungsverhalten. Die eigentliche große Veränderung ist dabei die Umstellung vom »Rechthaben« aufs »Richtigmachen«. Im Anschluss an diese Abschnitte zur Auseinandersetzung mit Verletzlichkeit befassen wir uns eingehend mit den Kompetenzen und Werkzeugen für Wissbegierde und Lernen.

6. Gepanzerte Führung
Sich hinter Zynismus verstecken

Zynismus und Sarkasmus sind eng verwandt und stets auf den billigen Plätzen zu finden. Wir sollten diese Phänomene allerdings nicht unterschätzen, denn oft ziehen sie eine Spur der verletzten Gefühle, des Zorns, der Verwirrung und Verärgerung nach sich. Ich habe dadurch schon Beziehungen, Teams und Kulturen in die Brüche gehen sehen, wenn sie an maßgeblicher Stelle zum Modell der Wahl wurden und/oder unkontrolliert um sich greifen konnten. Wie die meisten verletzenden und passiv-aggressiven Äußerungen sind Zynismus und Sarkasmus im persönlichen Gespräch schädlich. Das gilt umso mehr, wenn sie durch E-Mails oder Texte kolportiert werden. Für globale Teams sind sie durch kulturelle und sprachliche Unterschiede reines Gift. Soweit ich weiß, kommt das Wort »Sarkasmus« aus dem Griechischen – von *sarkazein*, und das heißt »zerfleischen«. *Zerfleischen!*

In einer Welt, die ständig durch turbulente Veränderungen aufgewühlt und von Angst, Beklommenheit und ungezügelten Gefühlen übermannt wird, sind Zynismus und Sarkasmus einfache, billige Lösungen. Ich würde sogar sagen, sie sind noch schlimmer als ein Panzer, denn wir verwenden Zynismus und Sarkasmus als Du-kommst-aus-deiner-Beitragspflicht-frei-Karte.

Mutige Führung

Klarheit, Fairness und Hoffnung vorleben

Es gibt drei Gegenmittel gegen Sarkasmus und Zynismus:

1. Bleiben Sie klar und fair.
2. Üben Sie sich darin, mutig zu sagen, was Sie meinen, und zu meinen, was Sie sagen. Zynismus und Sarkasmus verschleiern oft Wut, Angst, Gefühle der Unzulänglichkeit und sogar Verzweiflung. Durch Zynismus oder Sarkasmus können wir auf sicherem Weg einen emotionalen Versuchsballon starten. Kommt er nicht an, machen wir einfach einen Witz daraus. Dann stehen alle dumm da, die uns ernst genommen haben.
3. Wenn es Verzweiflung ist, die Zynismus und Sarkasmus zugrunde liegt, dann ist Hoffnung das Gegenmittel. Hoffnung ist den Forschungsergebnissen von C. R. Snyder zufolge ein warmes, vages Gefühl.[37] Er definiert Hoffnung sogar als einen kognitiven emotionalen Prozess, der in drei Teilen abläuft. Diesen

Prozess haben wir uns mit etwas Glück schon als Heranwachsende aneignen können. Er lässt sich aber jederzeit erlernen: Die drei Teile sind Ziel, Weg und Handlungsmacht. Wir können ein realistisches Ziel ausmachen *(Ich weiß, wohin ich will)*, uns dann überlegen, wie wir dorthin gelangen – selbst wenn das nicht auf geradem Weg funktioniert, einen Plan B und ein bisschen Improvisation erfordert *(Ich weiß, dass ich es dorthin schaffen kann, weil ich hartnäckig bin und es auch dann weiter versuche, wenn ich Rückschläge und Enttäuschungen erlebe)*. Handlungsmacht besteht in unserem Glauben an unsere Fähigkeit, den Weg bis zum Ziel weiterzugehen *(Ich weiß, ich kann das)*.

Nun könnte ein Zyniker natürlich behaupten, wer sich an die Hoffnung klammere, sei entweder ein Dummkopf oder total humorlos. Dabei entstammt diese Art von Panzer in aller Regel einem Schmerz. Zynismus hat oft mit Verzweiflung zu tun. Wie der Theologe Rob Bell erklärt: »Verzweiflung ist die Überzeugung, dass morgen noch alles genauso sein wird wie heute.«[38] Ein vernichtender Satz. Das Problem mit Zynismus und Sarkasmus: Sie existieren in aller Regel system- und kulturübergreifend – weil es so leicht ist, andere unter Beschuss zu nehmen. Mutige Führungspersönlichkeiten dürfen das keinesfalls honorieren oder erlauben. Belohnen Sie lieber Klarheit, Fairness und echten Austausch und vermitteln Sie Hoffnung.

7. Gepanzerte Führung

Kritik als Selbstschutz

Wie Roosevelt sagte: »Es ist nicht der Kritiker, der zählt, nicht derjenige, der aufzeigt, wie der Starke gestolpert ist oder wo der, der Taten gesetzt hat, sie hätte besser machen können.« Eine offene, ehrliche Diskussion, in die jeder ungeniert Vorschläge und Beiträge einbringen kann, sorgt für Kreativität. Gebremst wird Innovation dagegen, wenn Kritik von den billigen Plätzen zugelassen wird – von all jenen also, die nicht bereit sind, selbst in der Arena anzutreten.

Es gibt zwei Arten von Kritik, die nicht immer auf den ersten Blick erkennbar sind: **Nostalgie** und die **unsichtbare Armee.** Kommt eine neue Idee auf den Tisch, ist die instinktive Reaktion darauf oft: »So läuft das hier nicht«, oder: »So haben wir das ja noch nie gemacht.« Dann wird die Vergangenheit bemüht, um Andersdenkende zu kritisieren. Oder wir mobilisieren die unsichtbare Armee: »*Wir* wollen keinen Kurswechsel.« Oder: »*Uns* gefällt die Richtung nicht, in die Sie das Projekt steuern.« Die unsichtbare Armee ist für mich das Allerletzte. Kommen Sie mir damit, müssen Sie damit rechnen, dass ich so lange nachbohre, bis Sie mir genau sagen, wer das ist: *wir*. Mehr als einmal konnte Chaz nur mit knapper Not verhindern, dass ich Dinge sagte wie: »Was? Haben Sie etwa eine Maus in der Tasche?« Es ist mutig, unsere eigenen Bedenken zum Ausdruck zu bringen und dazu zu stehen. So zu tun, als stünden wir stellvertretend für viele, ist dagegen typisches Billige-Plätze-Verhalten.

Kritik entstammt oft der Angst oder einem Gefühl der Minderwertigkeit. Durch Kritik lenken wir das Schlaglicht von uns ab und auf andere (oder anderes). Dann fühlen wir uns gleich sicherer. Und überlegen.

Mutige Führung

Beiträge leisten und Risiken eingehen

Am Ende jedes Tages, am Ende jeder Woche und am Ende meines Lebens möchte ich sagen können, dass ich mehr beigetragen als kritisiert habe. So einfach ist das. Stellen Sie fest, dass in einem Team oder in der Kultur unter Ihrer Leitung Kritik mehr Raum einnimmt als konstruktive Beiträge, sollten Sie ganz bewusst und entschieden beschließen, Kritik künftig nicht mehr zu honorieren.

Im Grunde sollten Sie das Einbringen von Beiträgen zur Auseinandersetzungskompetenz machen. In unserer Firma dürfen wir nur

Kritik äußern, wenn wir im Gegenzug einen anderen Standpunkt anbieten können. Wer etwas einreißen will, muss einen konkreten Plan haben, wie es sich wiederaufbauen lässt, um es stärker und effektiver zu machen. Wir gehen sogar noch weiter: Selbst wenn jemand keine Kritik vorzubringen hat, muss er dennoch, wie jeder andere Sitzungsteilnehmer auch, einen Standpunkt bezogen haben und diesen auch mitteilen. Das ist der Turbo für Beiträge. Damit wird jeder in die Arena versetzt, wo viel auf dem Spiel steht. Wir können unseren Standpunkt ändern, wenn neue Daten eingehen, müssen uns aber dennoch in den Ring wagen und riskieren, dass wir uns die Hände schmutzig machen oder uns eine blutige Nase holen. Es kommt auf die Menschen an, die sich aus dem Fenster lehnen und einen Beitrag leisten. Auf die billigen Plätze sei gepfiffen.

8. Gepanzerte Führung

Macht über andere

In einer Rede, die Reverend Martin Luther King jr. 1968 vor streikenden Kanalarbeitern in Memphis hielt, definierte er Macht als die Fähigkeit, Ziele zu erreichen und Wandel zu bewirken. Ich kenne keine zutreffendere und bedeutsamere Definition dieses Begriffs. Dieser Definition zufolge ist Macht von Natur aus weder gut noch böse, was sich mit den Erkenntnissen aus meiner Arbeit deckt. Gefährlich wird Macht erst dadurch, wie man sie einsetzt.

Das Organisationsleben ist – mit wenigen Ausnahmen – von Haus aus hierarchisch. Wer ganz oben sitzt, hat die größte Macht, was der Nähe zum ultimativen Machthaber (dem CEO, dem Unternehmensgründer, dem Präsidenten oder dem Verwaltungsrat) zu verdanken ist. Je höher man in der Hierarchie angesiedelt ist, desto größer die Wahrscheinlichkeit, dass man Zugang zu den Besprechungen hat, die hinter verschlossenen Türen stattfinden, zu den privaten Räumen, in denen die wichtigsten Entscheidungen diskutiert und getroffen werden. Hierarchien können funktionieren, sofern diejenigen, die Führungspositionen besetzen, nicht solche *Macht über* andere haben, dass ihre Entscheidungen einer Minderheit zugutekommen und die Mehrheit unterdrücken.

Das Vertrackte an der Dynamik, *Macht über andere* auszuüben: Wendet sich das Blatt und die zuvor Unterdrückten werden in Machtpositionen befördert, verhalten sie sich in aller Regel nicht anders.

Zu erkennen ist das an schikanierenden Ritualen und am Weiterführen von Maßnahmen, die die Rechtlosen nicht unterstützen. *Wieso sollte ich mir über junge berufstätige Mütter Gedanken machen? Um mich hat sich schließlich auch keiner gekümmert.* Schon die Erwähnung der *Macht über andere* reicht gewöhnlich, um uns kalte Schauer über den Rücken zu jagen. Hat jemand Macht über uns, erhebt sich der menschliche Geist instinktiv, widersetzt sich und rebelliert. Als Konstrukt fühlt es sich falsch an. Im breiteren geopolitischen Kontext kann es Tod und Gewaltherrschaft bedeuten.

Mutige Führung

Macht mit anderen, für andere und in uns selbst einsetzen

Just Associates, ein globales interdisziplinäres Netz aus Aktivisten, Organisatoren, Pädagogen und Wissenschaftlern, definiert in seiner Publikation *Making Change Happen: Power* drei Varianten der Macht im Kontext von sozialer Gerechtigkeit und Aktivismus.[39] Im Unternehmensumfeld sind sie ebenso brauchbar, denn sie stellen Wege dar, wie Teammitglieder ihre eigene Handlungsmacht wahren und ihre eigenen Machtquellen erkennen können, und zwar so, dass sich daraus am Ende ein möglichst großer Nutzen ergibt. In unserer Kultur reden wir viel darüber, andere »zu ermächtigen«. Das aber ist ein schwammiger, schwer definierbarer Begriff. Was soll das heißen? Meiner Ansicht nach machen die folgenden drei Elemente klar, was wir tun müssen.

Beim Einsatz von **Macht mit anderen** »geht es darum, einen gemeinsamen Nenner zu finden für verschiedene Interessen, um kollektive Stärke aufzubauen. Auf der Grundlage wechselseitiger Unterstützung, Solidarität, Kooperation und Anerkennung sowie der Respektierung von Unterschieden multipliziert *Macht mit anderen* die Fähigkeiten, Kenntnisse und Ressourcen der Einzelnen, um so mehr Wirkung zu erzielen.«[40]

Macht für andere übersetzt sich in Handlungsmacht, die jedes Teammitglied bekommt, sowie in die Anerkennung ihres einzigartigen Potenzials. Sie basiert »auf der Überzeugung, dass es in der Macht eines jeden steht, etwas zu bewirken. Und das lässt sich durch neue Fertigkeiten, Kenntnisse, Bewusstsein und Zuversicht multiplizieren.«

Innere Macht definiert sich durch eine Fähigkeit, Unterschiede zu erkennen und andere zu respektieren. Sie gründet sich auf ein solides Fundament von Selbstwertgefühl und Selbsterkenntnis. Handeln wir aus einer *inneren Macht* heraus, stellen wir Annahmen und eingefahrene Überzeugungen vorbehaltlos infrage, drängen auf eine Veränderung des Status quo und fragen uns, ob es nicht andere Möglichkeiten gibt, dem Wohle aller noch besser zu dienen.

9. Gepanzerte Führung

Sich zwanghaft selbst beweisen müssen

Wenn Menschen nicht wissen, wo ihre Stärken liegen und worin ihr Wert für die Organisation oder für eine bestimmte Initiative besteht, verfallen sie in blinden Aktionismus. Solche Menschen sind schwer zu ertragen, weil sie sich überall einmischen – auch dort, wo sie wenig beitragen können oder eigentlich überflüssig sind –, nur, um zu beweisen, dass sie ihren Platz am Tisch verdienen.

Wer seinen Wert nicht kennt, macht sich gern wichtig, und das ist niemals hilfreich. Vielleicht heischt er auch bewusst oder unbewusst um Aufmerksamkeit und möchte sich bestätigt wissen. Er legt mehr Wert darauf, recht zu haben, als alles richtig zu machen. Das führt zu hektischer Betriebsamkeit statt zu ruhiger Zusammenarbeit.

Mutige Führung

Den eigenen Wert kennen

Mutige Chefs setzen sich mit ihren Teammitgliedern zusammen und sprechen mit ihnen über die einzigartigen Beiträge, die jeder Einzelne erbringt, damit jeder weiß, wo seine Stärken liegen. Dabei sollten Sie allerdings bedenken, dass wir unsere eigenen Stärken manchmal übersehen, weil wir sie für selbstverständlich halten und ganz vergessen, dass sie etwas Besonderes sind. Ich zum Beispiel kann gut erzählen, weil mir das in die Wiege gelegt wurde – und ich vergesse manchmal ganz, dass ich da eine besondere Fähigkeit besitze, weil es mir so leichtfällt. Setzen Sie Ihre Teammitglieder möglichst dort ein, wo sie rasch in einen Flow kommen. Das sind gewöhnlich die Bereiche, in denen sie beste Voraussetzungen haben, einen wertsteigernden Beitrag zu leisten. Ken Blanchard, Autor des Führungsratgebers und Bestsellers *Der Minuten Manager* von 1982, rät Ihnen, Ihre Leute dabei zu ertappen, wie sie etwas richtig machen. Das habe viel mehr Wirkung, als negatives Verhalten zu monieren.[41]

Wenn Sie sich über Ihren eigenen Wert und den Wert Ihrer Teammitglieder im Klaren sind, wird das Ihr Unternehmen revolutionieren und Ihnen ganz neue Wege eröffnen. Aus zehn Leuten, die um die Wette rennen, entwickelt sich ein koordinierter Staffellauf, bei dem sich die Teammitglieder den Stab in die Hand geben. Dabei setzt jeder auf die Stärken des anderen, statt zu versuchen, die ganze Strecke alleine zurückzulegen und die anderen als Gegner zu betrachten. Sobald jeder seinen Wert kennt, müssen wir uns nicht mehr krampfhaft beweisen und können uns auf unsere starken Seiten konzentrieren.

10. Gepanzerte Führung

Führen, um Konformität und Kontrolle zu erreichen

Wohlgemerkt geht es bei Konformität hier nicht um Gesetze, Sicherheitsbestimmungen, Datenschutz oder organisatorische Vorgaben (wie die Sicherheitsüberprüfung von Partnern, das Tragen von Haarnetzen, das Einschalten der Alarmanlage vor dem Verlassen des Raumes oder das fristgerechte Einreichen des Urlaubsantrags).

Bei dem Panzer der Konformität und Kontrolle sind gewöhnlich Angst und Macht im Spiel. In diesem Szenario zeigen wir häufig zwei bestimmte Verhaltenssymptome:

1. Wir reduzieren die Arbeit auf Aufgaben und To-do-Listen und verbringen unsere Zeit damit sicherzustellen, dass andere genau das tun, was wir wollen und wie wir es wollen. Und dann weisen wir sie ständig darauf hin, wenn sie etwas nicht richtig machen. Der Panzer der Konformität und Kontrolle bewirkt, dass wir der Arbeit ihre Nuancen, ihren Kontext und ihren tieferen Sinn entziehen. Uns geht es nur noch um die Erfüllung bestimmter Aufträge. Zur Motivation setzen wir dabei die Angst davor ein, »ertappt« zu werden. Das ist nicht nur ineffektiv, es verhindert auch kreative Problemlösung, den Ideenaustausch und zerstört die Voraussetzungen für Verletzlichkeit. Überdies werden Menschen auf diese Weise unglücklich, zweifeln an ihren Fähigkeiten oder suchen sogar verzweifelt das Weite. Je weniger einer erkennen kann, welchen Wertbeitrag er mit seiner harten Arbeit zu größeren Zielen leistet, desto stärker bröckelt seine Moral. Das mündet in einer Art selbsterfüllender Prophezeiung des Misserfolgs und der Frustration.
2. Geht es uns um Konformität und Kontrolle, neigen wir außerdem dazu, uns an Macht und Autorität zu klammern. Nur die Verantwortung rückt in den Hintergrund. Daraus entstehen für andere gewaltige Probleme. Ihnen werden Aufgaben übertragen, zu deren Erledigung sie nicht autorisiert sind. Ihnen fehlen die Voraussetzungen für den Erfolg, und deshalb scheitern sie. Das wiederum verstärkt unseren Teufelskreis der Macht und des Unmuts: *Ich wusste gleich, ich hätte es selber in die Hand nehmen sollen. Ich übernehme das, erledige du nur die*

kleinen Aufgaben, denen du gewachsen bist. Nicht: *Lass uns überlegen, wie wir bessere Voraussetzungen für deinen Erfolg hätten schaffen können. Mir ist klar, dass ich da meinen Teil beitragen muss.*

Mutige Führung

Für Engagement und gemeinsame Ziele sorgen

Mutige Führungskräfte bringen Kontext und Farbe ins Spiel, und das kommunizieren sie auch, selbst in konformitätsorientierten und durchstrukturierten Branchen wie Bankwesen, Gesundheitswesen und Lebensmittelindustrie.

Sie nehmen sich die Zeit, die Gründe für ihre Strategien zu erläutern und deutlich zu machen, wie Aufgaben in die laufenden Prioritäten und in die Arbeit an der Mission eingebunden sind. Sie reichen nicht nur schwarz-weiße Arbeitsaufträge ohne jeden Hintergrund durch, sondern sehen sich in der Verantwortung, der Arbeit Struktur und Bedeutung zu verleihen und unbedeutendere Aufgaben in die breitere Zielsetzung einzuordnen.

Früher wurde bei uns das Apple-DRI-Modell verwendet. Das bedeutet, jemand wurde als »direkte(r) Verantwortliche(r)« (Directly Responsible Individual, kurz DRI) für eine bestimmte Aufgabe benannt und die entsprechenden Pflichten wurden im Protokoll der Sitzung festgehalten. Wir merkten aber, dass das betreffende Teammitglied manchmal einfach nicht die Befugnisse besaß, um die Aufgabe erfolgreich zum Abschluss zu bringen, selbst wenn es durchaus bereit war, die Verantwortung dafür zu übernehmen. Wir stellen uns gerade auf einen TASC-Ansatz um, also eine Checkliste für Verantwortung und Erfolg.

1. T – Task: Wer ist für die *Aufgabe* verantwortlich?
2. A – Accountability: Ist derjenige befugt, zur *Rechenschaft* gezogen werden zu können?

3. S – Success: Sind wir uns einig, dass alle Voraussetzungen für den *Erfolg* geschaffen wurden (Zeit, Ressourcen, Klarheit)?
4. C – Checklist: Haben wir eine *Checkliste*, aus der alles hervorgeht, was nötig ist, um den Auftrag zu erfüllen?

Wenn wir Aufgaben, Zuständigkeiten und Anforderungen zuweisen, machen wir außerdem Anleihen bei der Scrum-Methode: »Wie soll das am Ende aussehen?« Für uns war das eine *enorme* Verbesserung. Wir mussten aber bestimmte Anpassungen vornehmen, weil das wichtige Bindeglied zwischen den zu erzielenden Leistungen und unserer Zielsetzung fehlte.

Ein Beispiel: Ich bin mit meinen Kollegen Murdoch und Barrett auf Geschäftsreise, um einen Workshop zu mutiger Führung zu veranstalten. Ich bitte sie, von jedem Teilnehmer an der zweitägigen Schulung ein Szenario für ein Rollenspiel einzuholen, während ich mich mit dem CEO treffe. Mit diesen Szenarien möchte ich am Folgetag arbeiten. Spätabends schieben sie mir einen Hefter voller handschriftlicher Szenarien unter der Tür meines Hotelzimmers durch. Als ich diesen am nächsten Morgen vorfinde, überkommt mich Panik. Schließlich muss ich das alles noch durchsehen und abtippen. Ich bin sauer auf Murdoch und Barrett, und sie wissen gar nicht, warum.

Als ich das nächste Mal um Szenarien bitte, fragt mich Murdoch: »Gern. Und worauf soll das hinauslaufen?«

Darauf ich: »Bitte tippt sie ins Reine und sucht dann drei aus, die für diesen konkreten Fall besonders aussagekräftig sind, aber doch so allgemein, dass sie auf die gesamte Gruppe anwendbar sind. Es wäre toll, wenn ich sie vor 20 Uhr haben könnte, damit ich sie heute Abend noch durchgehen kann.«

Schon viel besser. Aber da ist immer noch Luft nach oben ...

Murdoch könnte in der gleichen Situation stattdessen auch sagen: »Aber sicher. Wie soll das genau aussehen, wenn es fertig ist?«

Statt en passant Weisungen zu erteilen und entgegenzunehmen, wie das im Westflügel des Weißen Hauses der Fall sein könnte, holen wir Barrett dazu und sprechen fünf Minuten konzentriert miteinander. Ich sage: »Ich stelle mir Folgendes vor: Ich möchte heute bei den Teilnehmern Szenarien abfragen, damit wir diese morgen in der Gruppe für neue Rollenspiele verwenden können. Wir haben zwar welche mitgebracht, aber die wurden heute bereits durchgesprochen, und ich möchte sie nicht noch einmal aufwärmen. Für die Teilnehmer sind solche heiklen Gesprächssituationen hochproblematisch, und je genauer die Szenarien ihre Fragen und ihre Kultur widerspiegeln, desto mehr haben sie von den Rollenspielen. Ich möchte, dass ihr beiden euch heute die Szenarien geben lasst und sie heute Abend durchseht. Sucht diejenigen aus, die zwar spezifisch sind, aber trotzdem allgemeingültig. Tippt mir drei davon zusammen und kopiert sie. Ich möchte die Teilnehmer nicht in Zweierpaarungen aufteilen, sondern in Dreiergruppen – jeweils mit einem unterstützenden Beobachter. Wenn wir für jede Gruppe drei Rollenspiele haben, kommt jeder einmal dran.«

Murdoch und Barrett lassen sich das kurz durch den Kopf gehen. Dann sagt Barrett: »Ich sehe da ein Problem: Heute hatten wir Teilnehmer aus dem operativen Geschäft. Morgen kommt das Marketingteam. Wird sich das auf die Nachvollziehbarkeit der Rollenspiele auswirken?«

Ich: »Verdammt. Daran habe ich gar nicht gedacht. Aber das ändert natürlich alles. Vielen Dank für den Hinweis.«

Wie soll das aussehen, wenn es fertig ist? Für uns hat sich das als sehr viel hilfreicher erwiesen als die Frage, worauf das hinausläuft. So eine bildhafte Darstellung bringt unterschwellige Erwartungen und unausgesprochene Absichten zum Vorschein. Diejenigen, die die Aufgabe ausführen müssen, erhalten dadurch jede Menge Farbe und Kontext. Es fördert die Neugier, das Lernen, die Kooperation, den Abgleich mit der Realität und letztlich den Erfolg.

Noch ein Szenario:

BEN: Hey, Brené! Stell mir doch bitte bis 16 Uhr alle Rechnungen zusammen.

BRENÉ: Okay.

Zwei Stunden später:

BRENÉ: Bitte schön.

BEN: Was soll das sein?

BRENÉ: Na, die Rechnungen, die du haben wolltest.

BEN: Aber ich brauche sie bis zurück ins Jahr 2005, in chronologischer Reihenfolge. Ich gehe gleich in eine Besprechung mit dem CFO, da muss ich sie parat haben.

BRENÉ: Und woher sollte ich das wissen?

BEN UND BRENÉ SIND BEIDE VERÄRGERT.

TASC und wie etwas aussieht, wenn es fertig ist

BEN: Hey Brené! Bitte stell mir bis 16 Uhr die ganzen Rechnungen zusammen.

BRENÉ: Okay. Und wie soll das aussehen, wenn es fertig ist?

BEN: Suche alle Rechnungen bis 2005 raus und ordne sie nach Datum.

BRENÉ: Das ist alles?

BEN: Genau. Ich muss die Spesen für zwei Bücher nachvollziehen.

BRENÉ: Moment mal, das verstehe ich jetzt nicht. Wir rechnen die Spesen doch erst seit 2007 aus den Rechnungen heraus. Du brauchst also Einzelquittungen.

BEN: Kannst du mir die auch beschaffen?

BRENÉ: Bestimmt, aber nicht bis 16 Uhr. Was genau brauchst du denn für deine Besprechung? Sag mir, wie das aussehen soll, wenn es fertig ist.

BEN: Ich will zeigen, dass die Umstellung des Rechnungsformats in Wirklichkeit die Kategorisierung der Spesen verändert.

BRENÉ: Ich glaube nicht, dass ich dir dafür die ganzen Belege heraussuchen muss. Das geht auch einfacher. Das kann ich bis 16 Uhr schaffen und dir dazu eine Grafik liefern.

BEN: Das wäre toll, vielen Dank. Wie kann ich dir helfen? Was könnte dir dabei im Weg stehen?
BRENÉ: Ich muss mir die nächsten zwei Stunden freischaufeln.
BEN: Darum kümmere ich mich schon, mach du dich gleich an die Arbeit.
Brené: Alles klar.
BEN: Ich weiß das wirklich zu schätzen.

TASC: Die Checkliste für Verantwortung und Erfolg

1. **Task:** Brené übernimmt die Verantwortung für die *Aufgabe*.
2. **Rechenschaftspflicht:** Ben hat Brené die nötigen Befugnisse übertragen, um in die Pflicht genommen zu werden.
3. **Erfolg:** Durch das Gespräch ist sichergestellt, dass die Erfolgsvoraussetzungen (im Hinblick auf Ressourcen und Klarheit) für Brené erfüllt sind.
4. **Checkliste:** Überprüfen!

Wir wollen erreichen, dass sich andere engagiert mit uns für unsere Ziele und unseren Auftrag einsetzen. Sie sollen nicht mitmachen, weil sie Angst haben. Das ist für alle Beteiligten anstrengend und untragbar. Führungskräfte, die auf Konformität setzen, werden ständig enttäuscht und müssen sich ärgern. Ihre Teams fühlen sich überwacht. Eine auf Konformität ausgerichtete Führung tötet außerdem Vertrauen ab. Und damit steigt ironischerweise die Tendenz der Mitarbeiter, die Grenzen auszuloten.

Wir möchten, dass jeder auf sich selbst aufpasst und mehr leistet, als von ihm erwartet wird. Durch den »Wie sieht das aus, wenn es fertig ist?«- und den TASC-Ansatz entstehen Einsatz- und Leistungsbereitschaft. Die Teammitglieder haben die Möglichkeit und das Vertrauen, sich weiterzuentwickeln, dazuzulernen und auch nebensächliche Dinge mit Freude und Kreativität zu erledigen.

11. Gepanzerte Führung

Angst und Unsicherheit als Waffe

Wenn Unsicherheit herrscht, bedienen sich viele Vorgesetzte der Angst als Mittel zum Zweck und als Waffe zu ihrem eigenen Vorteil. Das ist leider seit jeher in Politik, Religion und Wirtschaft eine einfache Formel gewesen: Wer den Menschen Angst einjagt und ihnen ein Feindbild liefert, das sie für ihre Angst verantwortlich machen können, der kann sie dazu bringen, fast alles zu tun. Das sind die Spielregeln für autoritäre Führung, hier wie überall auf der Welt.

Auf kurze Sicht ist es für Führungskräfte verhältnismäßig einfach, den Mangel zu beschwören und mit leichten Antworten und einem gemeinsamen Gegner als Sündenbock für die Zukunft mehr Sicherheit zu versprechen. Diese ist jedoch angesichts komplexer Probleme buchstäblich ein Ding der Unmöglichkeit. Mutige, moralische Führungspersönlichkeiten wehren sich aktiv gegen diese Art der Führung.

Mutige Führung

Gemeinsame Ängste und Unsicherheit anerkennen, beim Namen nennen und wieder normalisieren

Herrschen Unsicherheit und Angst, haben Führungskräfte die moralische Pflicht, auf das Unbehagen ihrer Mitarbeiter einzugehen – die heikle Lage zur Kenntnis zu nehmen, ohne sie dadurch zu verschärfen, und Informationen weiterzugeben, ohne sie aufzublasen oder zu verfälschen. Mutige Führungskräfte nehmen Unstimmigkeiten und Differenzen zur Kenntnis, nennen sie beim Namen und normalisieren sie, ohne der Spaltung noch Vorschub zu leisten oder daraus für sich Vorteile zu ziehen.

Als Manager müssen wir in Zeiten des Mangels oder der großen Verunsicherung die Ungewissheit unbedingt auf uns nehmen. Wir müssen unseren Teams vermitteln, dass wir, wo immer möglich, so viel wie möglich mittragen. Wir müssen mit Fakten bereitstehen, wenn Teammitglieder Geschichten auftischen, die jeder Grundlage entbehren, denn in Zeiten der Not erfinden wir gern Worst-Case-Szenarios. Wir müssen Raum schaffen für die Auseinandersetzung mit Verletzlichkeit.

Werden Angst und Unsicherheit beim Namen genannt und normalisiert, so bringt das unglaublich viel Erleichterung und Kraft. Wir müssen den Mut aufbringen, den Menschen, die bei uns nach Orientierung suchen, offen zu sagen: »Das wird schwierig. Einfache Lösungen gibt es nicht. Wir können so manchen Schmerz und manche Angst bei anderen abladen, aber das wäre nicht fair und entspricht nicht unserer Vorstellung von Integrität. Wir werden das durchstehen, und zwar so, dass wir am Ende stolz auf uns sein können. Es wird hart, aber wir schaffen das gemeinsam.«

12. Gepanzerte Führung

Erschöpfung als Statussymbol honorieren und seinen Selbstwert an der Produktivität festmachen

Über diesen Panzer habe ich 2010 in meinem Buch *Die Gaben der Unvollkommenheit* geschrieben, als sich die Kultur der Überarbeitung und des Schlafmangels gerade in der Krise befand. Die Lage hat sich für den Moment möglicherweise ein bisschen gebessert, denn das Bewusstsein, dass zu wenig Schlaf zu Diabetes, Herzkrankheiten, Depressionen und sogar zu tödlichen Unfällen beiträgt, setzt sich definitiv durch. Dennoch kämpfen wir als Gesellschaft nach wie vor damit, dass wir unseren Selbstwert an unserem monetären Beitrag messen.

Wird persönlicher Wert zur Funktion der Produktivität, verlieren wir die Fähigkeit, auf die Bremse zu treten: Die Vorstellung, etwas zu tun, das nicht zum Ergebnis beiträgt, löst Stress und Angst aus. Gefühlsmäßig ist das allem diametral entgegengesetzt, was wir in unserem Leben eigentlich erreichen wollen. Wir bringen uns selbst zu der Überzeugung, dass wir wertvolle Zeit verschwenden, wenn wir mit unseren Kindern spielen, mit unserem Partner ausgehen, ein Nickerchen machen, in der Garage herumbasteln oder joggen gehen. Warum schlafen, wenn man auch arbeiten kann? Und der Schreibtisch mit Laufband ist doch ein perfekter Ersatz für die sonntägliche Joggingrunde, oder? (Obwohl ich nicht grundsätzlich dagegen bin, denn wir sitzen alle zu viel.)

Mutige Führung

Entspannung, Spiel und Erholung vorleben und fördern

Dr. Stuart Brown ist Psychiater, klinischer Forscher und Gründer des National Institute for Play. Seiner Forschungsarbeit zufolge hat die mangelnde Ruhe- und Spielzeit eine zersetzende Wirkung auf unsere Leistung im Büro.[42] Auf unserer krampfhaften Suche nach Spaß in unserem Leben haben wir wohl das entscheidende Memo verpasst: Wer sinnvoll leben und einen Beitrag leisten will, muss ganz bewusst auch Schlaf und Spiel pflegen. Wir müssen uns von Erschöpfung, Fleiß und Produktivität als Statussymbole und Selbstwertmaßstäbe verabschieden. Denn damit beeindrucken wir niemanden.

Des Weiteren besagen Browns Forschungsergebnisse: Spielen beeinflusst unser Gehirn, fördert Empathie, hilft uns, komplexe soziale Situationen zu bewältigen, und ist das Herzstück von Kreativität und Innovation. Irgendwie kühlt unser überhitztes Gehirn beim Spielen herunter. Damit das in unsere Arbeitskultur eingeflochten wird, müssen Führungskräfte vorleben, wie man richtig Grenzen setzt, indem sie zu angemessenen Zeiten nicht mehr per E-Mail erreichbar sind und sich auf sich selbst und ihre Familien konzentrieren. Beweihräuchern Sie niemanden, weil er das ganze Wochenende durchgearbeitet hat oder damit angibt, über Weihnachten nur am Rechner gesessen zu haben. Das kann niemand auf Dauer durchhalten und es hat gefährliche Nebenwirkungen wie Burn out, Depressionen und Angstzustände. Außerdem schafft es eine Kultur, in der sich die Workaholics gegenseitig zu übertrumpfen suchen, und das ist am Ende schlecht für alle.

Wie Stuart Brown resümiert: »Das Gegenteil von Spiel ist nicht Arbeit – das Gegenteil von Spiel ist Depression.«[43]

13. Gepanzerte Führung

Eine Kultur der Diskriminierung, der Echokammern und der Anpassung tolerieren

In meinem 2017 erschienenen Buch *Entdecke deine innere Stärke* habe ich **wahre Zugehörigkeit** folgendermaßen definiert:[44]

> Wahre Zugehörigkeit ist die spirituelle Praktik, so umfassend an sich selbst zu glauben und zu sich selbst zu gehören, dass man sich der Welt in seiner ganzen Wahrhaftigkeit zeigen kann und sein Heil sowohl darin findet, Teil von etwas zu sein, als auch darin, allein in der Wildnis zu stehen. Wenn du wahre Zugehörigkeit erleben willst, musst du nicht dein Selbst *ändern*, sondern du selbst *sein*.

Der größte Hemmschuh für wahre Zugehörigkeit ist, wenn wir uns anpassen oder verändern, um akzeptiert zu werden. Schaffen wir am Arbeitsplatz eine Kultur der Anpassung und der Suche nach Bestätigung, würgen wir damit nicht nur die Individualität ab, sondern hindern unsere Mitarbeiter daran, wahre Zugehörigkeit zu empfinden. Jeder Mensch will gern dazugehören. Er möchte tiefe Verbundenheit mit anderen erfahren, ohne dafür seine Authentizität, seine Freiheit oder seine Selbstbestimmung aufzugeben.

Mutige Führung

Eine Kultur der Zugehörigkeit, Inklusivität und der unterschiedlichen Perspektiven pflegen

Erst wenn unterschiedliche Perspektiven berücksichtigt, respektiert und geschätzt werden, vervollständigt sich das Weltbild: Erst dann wissen wir, wem wir dienen, was wir brauchen und wie wir andere erfolgreich dort abholen können, wo sie stehen. Mutige Führungskräfte setzen sich dafür ein, dass alle Menschen, Meinungen und Perspektiven berücksichtigt werden, weil das uns alle besser und stärker macht. Das bedeutet, den Mut zu haben, uns einzugestehen, dass wir privilegiert sind, und offen zu bleiben, um zu erfahren, wo wir tendenziös sind oder blinde Flecken haben.

Wir müssen auch auf Anzeichen für Günstlingswirtschaft achten – auf die Entwicklung von Cliquen oder In-/Out-Gruppen. In der Fokusgruppenarbeit mit Mitarbeitern höre ich etwa die Hälfte aller 30-, 40-, 50- und sogar 60-Jährigen von den »Cool Kids« im Büro und vom »Promi-Tisch in der Kantine« sprechen. Manchmal zeichnet sich so eine »In-Gruppe« durch Leistung oder Dienstalter aus, manchmal auch durch eine bestimmte Identität.

Mutige Führungskräfte setzen sich dafür ein, dass jeder er selbst sein und sich trotzdem zugehörig fühlen kann. Bereits erwähnte Strategien für mutige Führung, die ein solches Zugehörigkeitsgefühl fördern, sind unter anderem die Anerkennung von Leistung, die Würdigung von Wertbeiträgen, die Entwicklung eines Systems, das Macht mit anderen, Macht für andere und innere Macht beinhaltet, sowie ein gesundes Selbstwertgefühl.

14. Gepanzerte Führung

Auszeichnungen sammeln

Jeder möchte die eigenen Leistungen anerkannt wissen. Als Berufseinsteiger, wenn wir noch Einzelbeiträge leisten, ist es absolut in Ordnung, die »goldenen Sterne« zu sammeln – vor allem wenn dahinter gesunder Ehrgeiz steckt, nicht Perfektionismus. Das kann unter Umständen ganz wesentlich sein, wenn wir erst herausfinden müssen, an welcher Stelle wir den größten Wertbeitrag leisten, und noch in einer Phase sind, in der wir unsere Stärken ausloten (siehe Seite 125, »sich zwanghaft beweisen müssen«). Haben wir aber den Sprung ins

Management oder in eine Führungsfunktion geschafft, ist unser Ziel nicht länger, Medaillen zu gewinnen oder Kokarden zu horten. Das kann für effektive Führung sogar kontraproduktiv sein.

Mutige Führung

Anerkennungen vergeben

Das klingt kontraintuitiv, doch genau das, was uns unsere Beförderung eingetragen und uns für die Organisation unentbehrlich gemacht hat, kann uns bei der Entwicklung echter Führungskompetenz im Weg stehen. Weiterwachsen können wir in einer Organisation nur, wenn wir andere belohnen, statt selbst danach zu streben, belohnt zu werden. Dazu müssen wir die Prinzipien der mutigen Führung verkörpern.

In der Position als mutige Führungskraft müssen wir unsere Teams voranbringen und dafür sorgen, dass sie brillieren. Das ist eine der schwierigsten Hürden auf dem Weg nach oben, vor allem für all jene, die daran gewöhnt sind, sich zwanghaft selbst beweisen zu müssen, oder die nicht genau wissen, wo sie noch etwas von Wert beitragen können, wenn die Verantwortungsbereiche, in denen sie zuvor Wertbeiträge geleistet hatten, erst auf andere übertragen sind. Aus diesem Grund gilt: **Führung gehört zu den expliziten Prioritäten für jeden, der in seiner Funktion direkter Vorgesetzter ist.** Sie darf nicht nebenbei als selbstverständlich vorausgesetzt werden oder ein Thema sein, mit dem wir uns in unserer Freizeit auseinandersetzen.

William Gentry spricht von der Notwendigkeit, »das Drehbuch umzuschreiben«, wenn wir uns erstmals in einer Position mit Personalverantwortung wiederfinden. Sein Buch *Be the Boss Everyone Wants to Work For: A Guide for New Leaders* vermittelt geistreich und praxisnah, wie all jene die nötigen Kompetenzen erwerben, die eigentlich gern selbst noch weitere Sternchen sammeln würden.[45]

15. Gepanzerte Führung

Zickzackkurs und Vermeidung

Als ich in der dritten Klasse war, lebte meine Familie in New Orleans. Meine Eltern nahmen mich und meinen Bruder mit ins Sumpfland zum Fischen. Als wir dort ankamen, erklärte uns der für das Schutzgebiet zuständige Landschaftspfleger: »Und wenn ein Alligator hinter euch her ist, dann lauft im Zickzack – die Tiere sind schnell, aber nicht wendig.« Wir waren kaum fünf Minuten dort, als schon ein Alligator meiner Mutter die Spitze ihrer Angelrute abbiss. Glücklicherweise machte er keine Anstalten, uns zu verfolgen. Andernfalls, da können Sie sicher sein, wären wir wie die Weltmeister im Zickzack zurück zum Auto gesprintet.

Der Zickzackkurs ist eine Metapher für die Energie, die wir darauf verschwenden, den Kugeln der Verletzlichkeit auszuweichen, ob in Form von Konflikten, Unbequemlichkeit, Konfrontationen oder potenzieller Scham, Verletzung oder Kritik.

Ich neige dazu, auf Zickzackkurs zu gehen, wenn ich mich verletzlich machen muss – etwa vor einem schwierigen Telefongespräch. Dann schreibe ich mir ein Konzept, um mir dann einzureden, dass es sicherlich besser wäre, erst am nächsten Morgen anzurufen. Schließlich setze ich eine E-Mail auf, denn das ist bestimmt besser, als zu telefonieren. Dieses Spiel treibe ich so lange, bis ich total entnervt bin. Das Gespräch muss ich trotzdem noch führen.

Mutige Führung

Klare Worte finden und handeln

Wir alle wissen, dass es enorm viel Zeit und Geisteskraft spart, wenn wir uns einfach umdrehen und uns allem, was uns verfolgt, frontal stellen. Der andere Vorteil, den es hat, die eigene Komfortzone zu verlassen? So eine Situation wirkt oft weitaus weniger schrecklich und einschüchternd, wenn wir ihr direkt gegenüberstehen, als wenn wir im Davonlaufen immer wieder über die Schulter blicken.

In solchen Momenten müssen wir innehalten und durchatmen – uns unmissverständlich bewusst machen, wovor wir davonlaufen – und uns klar darüber werden, was getan werden muss, um uns der Verletzlichkeit zu stellen.

Finden wir uns im Zickzackkurs wieder – indem wir uns verstecken, so tun als ob, etwas meiden, hinauszögern, rechtfertigen, die Schuld anderen in die Schuhe schieben oder gar lügen –, müssen wir uns vor Augen halten, dass Davonlaufen eine Menge Kraft zieht und vermutlich gar nicht unseren Wertvorstellungen entspricht. Irgendwann müssen wir uns so oder so verletzlich machen: Das Telefonat bleibt uns nicht erspart.

Vor ein paar Jahren referierte ich auf einer globalen Führungskonferenz bei Costco. Ich saß an einem Tisch ganz vorne und beobachtete, wie der CEO Craig Jelinek Fragen von Costco-Führungskräften beantwortete. Die Fragen waren sehr unverblümt, und 90 Prozent der Antworten nicht minder. Müssen CEOs ungefilterte Fragen beantworten, die ans Eingemachte gehen, erlebe ich meist, dass sie mit ihren Antworten denselben Zickzackkurs verfolgen, als wäre ihnen ein Alligator auf den Fersen. Man hört dann jede Menge Nicht-Antworten:

»Gute Frage. Lassen Sie mich darüber nachdenken.«

»Was für eine großartige Idee! Bitte halten Sie das schriftlich fest, damit wir das später noch aufgreifen können.«

»Nun, das ist eine Möglichkeit, diese Frage zu stellen ...«

Doch an jenem frischen Morgen in Seattle gab es kein Zickzack. Nur klare Worte:

»Ja. Wir haben diese Entscheidung getroffen, und zwar aus folgenden Gründen ...«

»Nein, wir haben uns gegen diesen Kurs entschieden, weil ...«

Ich dachte nur: *Mist. Nach dieser offenen Diskussion muss ich aufs Podium, und das Publikum wird entsprechend aufgewühlt sein.*

Doch als sich Jelinek verabschiedete, erhielt er stehende Ovationen. Ich verstand die Welt nicht mehr und sagte zu meiner Sitznachbarin: »Das war ziemlich heftig. Er hat ihnen Antworten gegeben, die sie nicht hören wollten. Warum jubeln sie ihm jetzt zu?«

Lächelnd erwiderte sie: »Bei Costco klatschen wir für die Wahrheit.«

Die Wahrheit kommt so gut an, weil wir sie so selten zu hören bekommen. Lassen Sie mich daher an dieser Stelle gleich noch eine Wahrheit sagen: Für den Fall, dass Sie jemals in einen Sumpf geraten, sollten Sie wissen, dass ein Mensch einem Alligator problemlos davonrennen kann. Die Tiere schaffen nur maximal 16 Kilometer pro Stunde und halten nicht lange durch. Aber sie haben Zähne. Und zwar jede Menge.

16. Gepanzerte Führung

Führung auf der Grundlage verletzter Gefühle

Ich habe gelernt, nach dem Motto »Von dem, was du nicht brauchst, kannst du nie genug haben« zu leben. Das ist gar nicht so einfach, vor allem wenn es sich um BBC-Dokus über Kriminalfälle, um Käse-Cracker und um Anerkennung handelt. Eines der Muster, die ich bei meiner Arbeit mit Führungskräften erkannte: Der Führungsstil vieler Vorgesetzter beruht auf dem Gefühl der Verletztheit und Minderwertigkeit, und sie nutzen ihre Machtposition, um ihr mangelndes Selbstwertgefühl auszugleichen. Das funktioniert aber nicht, denn Führung und die Ausübung von Macht über andere ist nicht das, was sie in Wirklichkeit brauchen.

Schlicht gesagt: Wir lassen unsere Probleme an anderen aus und finden selbst nie Erfüllung, weil wir ihnen nicht auf den Grund gehen. Man kann pauschal sagen, dass wir alle den lieben langen Tag unsere Probleme an anderen austragen. Kommt dann noch das Machtgefühl durch eine Führungsposition dazu, wird es gefährlich.

Zu den für diese Art der Führung typischen Verhaltensweisen gehört, dass wir uns mit fremden Federn schmücken, weiter im Vergleichsmodus bleiben und immer alles besser wissen, statt dazuzulernen, weil wir von unserem Partner und unseren Kindern keine Wertschätzung erfahren, sodass wir bei der Arbeit unbedingt besonders »wichtig« erscheinen wollen. Verletzte Gefühle gehen meiner Beobachtung nach in den allermeisten Fällen von unseren Herkunftsfamilien aus. Das kann sich beispielsweise darin äußern, dass wir bei unseren Kollegen die Anerkennung und Akzeptanz suchen, die wir von unseren Eltern nie bekommen haben. War unsere Kindheit von den beruflichen Fehlschlägen und Enttäuschungen unserer Eltern geprägt, kann das ebenfalls dazu führen, dass wir unser gesamtes Berufsleben hindurch versuchen, das zu kompensieren. Daraus entstehen oft eine unersättliche Gier nach Anerkennung und Erfolg, unproduktives Wettbewerbsdenken und gelegentlich auch Nulltoleranz für Risiken.

Es ist wichtig, die Quelle des Schmerzes ausfindig zu machen, die bestimmt, wie wir andere führen und vor ihnen auftreten. Denn nur so lassen sich unsere Probleme wirklich lösen. Projizieren wir unseren Schmerz auf andere, landet er dort, wo er nicht hingehört. Das führt zu schwerwiegenden Vertrauensbrüchen. Unsere ständige, zermürbende Suche nach dem, was wir gerade brauchen, geht nie zu Ende und zieht jede Menge abgebrochene Verbindungen hinter sich her.

Mutige Führung

Führen aus dem Herzen

Greifen wir den Satz aus dem zweiten Abschnitt noch einmal auf: »Führungskräfte müssen entweder verhältnismäßig viel Zeit darauf verwenden, auf Ängste und Gefühle einzugehen, oder unverhältnismäßig viel Zeit auf den Versuch verschwenden, ineffektives und unproduktives Verhalten in den Griff zu bekommen.« Tja, Chef, dann heil dich mal schön selbst.

Wir müssen auch Zeit investieren, um auf unsere eigenen Ängste, Gefühle und unsere Vorgeschichte einzugehen, sonst riskieren wir, dass wir nur noch damit beschäftigt sind, unserem eigenen unproduktiven Verhalten gegenzusteuern. Als mutige Führungskräfte müssen wir uns für unsere blinden Flecken interessieren und wissen wollen, wie wir solchen Problemen auf die Spur kommen. Und wir müssen unseren Mitarbeitern engagiert dabei helfen, ihre blinden Flecken zu finden, und zwar auf eine sichere, konstruktive Art und Weise.

Wie wir alle haben auch die meisten der mutigen, transformativen Führungskräfte, mit denen ich bisher gearbeitet habe, schmerzliche Erfahrungen überwunden – von Krankheiten in der Kindheit über schlimme Familiengeschichten bis hin zu Gewalt und Traumata. Viele haben selbst zu kämpfen – mit scheiternden Ehen, drogensüchtigen Kindern oder gesundheitlichen Krisen. Ob jemand als Führungskraft aus verletzten Gefühlen oder aus vollem Herzen heraus agiert, offenbart sich nicht darin, was er erlebt hat oder gerade erlebt, sondern darin, wie er mit Schmerz und Verletzung umgeht.

Eines der eindrucksvollsten Beispiele für Führung aus dem Herzen war für mich die Reaktion von Tarana Burke auf die Verhaftung von Harvey Weinstein. Burke ist Senior Director von Girls for Gender Equity und Begründerin der »MeToo«-Bewegung gegen sexuelle Gewalt. In einem Interview mit Trevor Noah sagte sie: »Das ist nicht der Moment, um zu feiern, wie tief die Mächtigen fallen können.«[46] Sie erklärte, der Fokus solle eigentlich darauf liegen, die Überlebenden zu therapieren und ihren Mut zu würdigen.

In einer Welt voller Wut und Hass äußert Burke, die selbst sexuelle Übergriffe erlebte und sich beruflich der Unterstützung anderer Opfer widmet: »Das verschafft mir keine persönliche Genugtuung. Darum geht es ja auch gar nicht. Es geht nicht darum, mächtige Männer zu Fall zu bringen und es ist auch keine Frauenbewegung – noch so ein Missverständnis. Es ist eine Bewegung für die Überlebenden.«

Wieder gilt – im Vorgriff auf unsere gemeinsame Arbeit in dem Abschnitt, in dem wir lernen, aufzustehen: Wenn wir zu unseren schlimmen Erlebnissen stehen und uns mit ihnen auseinandersetzen, können wir für unsere Geschichte ein neues Ende schreiben, in das einfließt, wie wir unsere schlechten Erfahrungen nutzen, um künftig mehr Mitgefühl und Empathie zu entwickeln. Verleugnen wir unsere Lebenskämpfe, ergreifen sie von uns Besitz. Dann bestimmen sie, wie wir uns verhalten, fühlen, denken und führen. Mutige Führung bedeutet, aus dem Herzen zu führen, nicht aus verletzten Gefühlen heraus.

Den Panzer ablegen

Roosevelt sprach in seiner Rede nicht von Panzern oder Waffen – da blinkt kein Schild in der Nachmittagssonne, kein Säbel, kein Schwert und auch kein Gewehr. Offenbar tritt der unbewaffnete Mensch in der Arena nur mit seinem Verstand, seinem Mut und bloßen Händen an. Roosevelt spricht von einem Zweikampf, Mann gegen Mann.

Und die Anerkennung gilt dem, »dessen Gesicht verschmiert ist von Staub und Schweiß und Blut; der sich tapfer bemüht; der irrt und wieder und wieder scheitert; der die große Begeisterung kennt, die große Hingabe, und sich an einer würdigen Sache verausgabt; der, im besten Fall, am Ende den Triumph der großen Leistung erfährt; und der, im schlechtesten Fall des Scheiterns, zumindest dabei scheitert, dass er etwas Großes gewagt hat.« Die Anerkennung gebührt dem Menschen in der Arena – und die größte Arena einer Welt, in der Angst, Kritik und Zynismus herrschen, ist die Verletzlichkeit.

Ich beschäftige mich schon sehr lange mit Verletzlichkeit (seit den Recherchen zu meiner Dissertation im Jahr 1998) und denke immer wieder: Das beste Beispiel dafür ist, als Erster »Ich liebe dich« zu sagen. Eindeutiger kann man den Panzer gar nicht ablegen. Schon der Gedanke daran raubt mir den Atem. Wie viele von Ihnen bin auch ich dieses Risiko schon eingegangen und durfte das Unbeschreibliche erleben, ein »Ich liebe dich auch« zu vernehmen. Ich gehöre aber auch zu den Unglücklichen, die stattdessen schon zu hören bekamen: »Oh, das ist sehr schmeichelhaft, aber da liegen wir wohl nicht auf einer Wellenlänge.«

MENSCHEN, MENSCHEN, MENSCHEN

In einem solchen Moment fällt es schwer, daran zu denken, dass die Menschen mit gebrochenem Herzen die Allermutigsten unter uns sind, weil sie es geschafft haben, ihr Ego zu überwinden und ihre Herzen aus dem Gefängnis zu befreien, um lieben zu können. Ja, das bedeutet Schmerz. Und wieder Staub und Schweiß und Blut. Es ist schwer. Und wer nicht begreift, dass es mutig ist, zu riskieren, verletzt zu werden oder zu scheitern, und wer es nicht versteht, sich damit auseinanderzusetzen und sich davon zu erholen, der greift beim leisesten Anflug von Verletzlichkeit nur allzu leicht zu Panzer und Waffen.

Aus unserer Arbeit in aller Welt wissen wir: Sie ist universell, die Angst vor Verletzlichkeit und vor all dem, was damit einhergeht, den Panzer abzulegen – die Angst davor, verurteilt oder missverstanden zu werden, einen Fehler zu machen, unrecht zu haben oder Scham zu empfinden. Für dieses Buch haben wir Führungskräfte von Organisationen aus aller Welt befragt: aus Filmstudios, Technologieunternehmen, Wirtschaftsprüfungsgesellschaften, Militärstäben, Schulen und Organisationen zur Gemeinschaftsbildung. Wie kann es sein, dass dort ausnahmslos die Angst davor umgeht, den Panzer abzulegen? *Dabei sind doch überall nur Menschen. Menschen, Menschen, Menschen.*

Vor ein paar Jahren veranstalteten wir ein Seminar in London. Die Teilnehmer kamen aus über 40 Ländern. Als wir tiefer in die Themen Verletzlichkeit und Scham einstiegen, stand ein Teilnehmer auf und sagte: »Dass wir alle diese Emotionen kennen, ist wirklich frappierend. Das eint uns mehr als alles andere.«

Möglicherweise unterscheiden sich die kulturellen Botschaften und Erwartungen, die Gefühle wie Verletzlichkeit und sogar Scham nähren, doch als Erfahrungen sind sie ebenso universell wie ihr Vermögen, zu verändern, wer wir sind und wie wir auftreten. Eine machtvolle universelle Wahrheit, die im Zuge der globalen Forschungsarbeit Bestand hatte: Gründet sich unser Führungsstil auf *Scham und*

Schuld oder handelt es sich bei diesen Phänomenen um eine verbreitete kulturelle Norm, können wir von den Menschen nicht erwarten, verletzlich oder mutig zu sein. Erreicht die Scham ein bestimmtes Niveau, sehen sich die Menschen gezwungen, sich dagegen zu wappnen oder sich manchmal sogar ganz zurückzuziehen, damit sie sich sicher fühlen können.

Eine weitere Erkenntnis über die universelle Geltung der Forschungsergebnisse zur mutigen Führung stammt von den Teilnehmern an unserer Erhebung, die verteilte globale Teams leiten. Sie erzählten uns, wie wichtig fortlaufende heikle Gespräche über die verschiedenen kulturellen Botschaften und Erwartungen seien, die Vertrauen und psychologische Sicherheit in einem Team unterwandern, wenn sie nicht erkannt und angesprochen werden.

Eine Teilnehmerin, die in ihrem Unternehmen für mutige Führung eintritt, leitet ein Team hochqualifizierter Analysten an Standorten in aller Welt, die sich nicht nur kulturell unterscheiden, sondern auch durch ihr Alter und ihre Geschlechtsidentität.

Sie sagte: »Zu meinen wichtigsten und schwierigsten Aufgaben gehört es, zu eruieren, was der Kommunikation und der Leistung unseres Teams im Weg steht. Im letzten Jahr fiel mir bei unseren Videokonferenzen ein Muster auf: Von unserem Team in Hongkong kamen keine Beiträge. Da ihre Leistungen stimmten, war mir diese Zurückhaltung ein Rätsel. Ich suchte daher separat Kontakt und erklärte den Leuten: ›Ihr müsst euch an diesen Gesprächen beteiligen. Alles andere wäre Arbeitsverweigerung. Was kann ich tun, um euch dabei zu unterstützen?‹«

Wie sie berichtete, herrschte zunächst Schweigen in der Leitung. Dann meldete sich ein Teilnehmer zu Wort: »Wir haben schon so oft darum gebeten, die Tagesordnung rechtzeitig vor der nächsten Sitzung zu erhalten. Bekommen wir sie erst zehn Minuten vor Beginn der Sitzung, fühlen wir uns respektlos behandelt. Wären Sie wirklich an unserem Beitrag interessiert, würden Sie uns die Zeit geben, uns einzulesen und vorzubereiten.«

Sie erklärte, dass solche offenen Gespräche bei ihnen normal seien. »Diese drehen sich fast immer um kulturelle Normen und Unterschiede. Darüber möchte niemand sprechen, denn das ist peinlich und unangenehm. Ich weiß aber, wic wichtig das ist, und es ist mein Job als Chefin, auch Themen abzuarbeiten, die außerhalb der Komfortzone angesiedelt sind. Leicht ist das nie, aber danach sind wir immer dankbar und stärker.«

EMPATHIE BESTEHT NICHT DARIN,
EINE ERFAHRUNG NACHZUEMPFINDEN.

Empathie bedeutet, die Emotionen nachzuempfinden, die einer Erfahrung zugrunde liegen.

Vierter Abschnitt:

SCHAM UND EMPATHIE

Was es mit Scham auf sich hat

Sie möchten wissen, was Ego ist? Dann gehen Sie zu DEFCON 1 und nähern Sie sich dort dem Thema Scham. Verletzlichkeit zuzulassen, macht uns vor allem deshalb so viel Angst, weil wir uns dem Gefühl der Scham aussetzen könnten, wenn wir den Panzer ablegen und unser Herz ungeschützt darbieten. Unser Ego möchte unser Herz gern um jeden Preis gepanzert sehen, wenn wir dadurch nur das Gefühl vermeiden können, minderwertig oder der Liebe und Zugehörigkeit unwürdig zu sein. Doch was das Ego dabei übersieht: Hemmen wir unsere emotionale Entwicklung und lassen Verletzlichkeit nicht zu, schützt uns das nicht vor Scham, Entfremdung und Isolation, sondern ganz im Gegenteil: Es garantiert sie. Schauen wir uns an, wie Scham funktioniert und warum sie gegen eine gesunde Portion Empathie keine Chance hat.

Scham wird in der Wissenschaft oft als sogenannte »Master-Emotion« bezeichnet. Sie ist das Gefühl, *nie gut genug zu sein*. Sie kann uns über längere Zeit verfolgen oder uns in Sekundenschnelle übermannen. So oder so, kein anderes Gefühl vermittelt uns so stark, dass wir der Verbundenheit, Zugehörigkeit oder gar der Liebe nicht würdig sind. Lassen wir jedoch Verletzlichkeit zu und widerstehen dem Drang, uns zu panzern, und führt das dazu, dass wir uns beschämt, herabgesetzt, ignoriert oder zurückgewiesen fühlen, kann die Scham unserem Selbstwertgefühl einen so schmerzhaften Schlag versetzen, dass schon die Angst davor ausreicht, um uns in die Flucht zu schlagen, wenn eine Auseinandersetzung mit Verletzlichkeit droht.

Ich habe bereits in allen meinen Büchern ausführlich über die Scham geschrieben. Als kleine Einführung für Sie habe ich daher im Folgenden die wichtigsten Aussagen daraus zusammengestellt. Doch bevor wir die Scham in ihre Bestandteile zerlegen, möchte ich Ihnen noch ein aktuelles Beispiel dafür geben.

Einen Monat nachdem ich die endgültige Fassung des Manuskripts von *Entdecke deine innere Stärke* bei meinem Verlag abgegeben hatte – im Juli 2017 –, liefen die Vorbereitungen für meine Buchvorstellung bereits seit drei Wochen. In der Woche nachdem die Tour für *Laufen lernt man nur durch Hinfallen* beendet war, hatte ich mir geschworen, mich erst wieder auf eine solche Tortur einzulassen, wenn ich körperlich, geistig und spirituell richtig in Form war. Das neue Buch sollte am 12. September erscheinen.

Ich mag es, unterwegs zu sein und Menschen aus unserer unglaublichen, begeisterten Fangemeinde zu treffen. Für mich ist das tatsächlich eines der ganz großen unerwarteten Geschenke meines Lebens. Doch wenn ich physisch, mental und spirituell nicht auf der Höhe bin, gehen mir die Flüge, die Hotelübernachtungen und das Heimweh schnell an die Substanz. Nachts ist der Room-Service dann mein bester Freund, meine Strategien zur Stressbewältigung lassen mich im Stich, und wenn ich nicht aufpasse, packen mich Angst und Einsamkeit.

Das Schlimmste daran ist aber: Bin ich nicht hundertprozentig fit, breche ich zusammen, sobald ich wieder zu Hause bin. Dann liege ich zwei oder drei Tage nur im Bett, und meine Kinder kommen und besuchen mich wie in einem Krankenhaus.

Zuerst dachte ich, das läge an meiner Introvertiertheit. Auf dieser Skala erreiche ich zehn von zehn Punkten. Damit ich volle Leistung bringen kann, brauche ich viel Zeit für mich selbst. Doch als wir andere Reisestrategien ausprobierten, merkte ich, dass mehr dahintersteckte. Ich fühle mich nie richtig wohl, wenn ich nicht Sport treiben und auf meine spirituellen Bedürfnisse eingehen kann. Das wirkt bei mir Wunder. Okay, ein bisschen Disziplin und jede Menge harte Arbeit gehören schon auch dazu. Aber das Ergebnis ist nicht von der Hand zu weisen.

Ich war also drei Wochen lang joggen gegangen, hatte Sport getrieben, hatte ketogen gelebt, mein Sammlungsgebet gesprochen, mir schicke Klamotten für die Veranstaltungen gekauft und mir für die anstehende Tour souverän Grenzen gesetzt, sodass sie sich sehr vielversprechend anließ. Am 10. Juli fuhr ich die 20 Minuten von zu Hause in die Wire Road Studios in Houston Heights, um das Hörbuch für *Entdecke deine innere Stärke* aufzunehmen. Ich mag dieses Studio sehr und lasse alle Aufnahmen dort produzieren. Ich weiß noch, wie ich an diesem Morgen durch die Tür kam und mein Blick auf mein Lieblingsfoto von Beyoncé fiel, das dort an der Wand hängt. Ich war in Hochstimmung und sah so viele Möglichkeiten. Am liebsten hätte ich ihr Foto abgeklatscht. *Wir Mädels aus Houston hatten es eben drauf.*

Wir hatten zehn Minuten im Kasten, als aus meinem Kopfhörer die Stimme des Tontechnikers ertönte: »Ich kann Ihre Ohrringe hören. Könnten Sie die bitte abnehmen?«

»Natürlich! Tut mir sehr leid«, sagte ich und eilte aus der Aufnahmekabine zu der Bank im Vorraum, auf der meine Tasche lag. Ich war flott unterwegs und schaute nach unten, weil ich den Ohrring, den ich gerade aus meinem Ohr gezogen hatte, wieder zusammensteckte. Prompt krachte ich mit der Stirn voran gegen eine 15 Zentimeter dicke Glaswand.

Was dann passierte, weiß ich nicht mehr genau. Ich erinnere mich nur noch, dass ich auf dem Boden lag, als ich wieder zu mir kam. Und an den Schmerz. Ich hatte mich selbst für eine ganze Minute außer Gefecht gesetzt, und als ich das Bewusstsein wiedererlangte, war ich vollkommen durcheinander. Ich weinte, und alle wollten mir helfen, doch ich stand total neben mir.

Meine Audiobuchproduzentin Karen bestand darauf, mich entweder nach Hause oder zu einem Arzt zu fahren. Ich wollte aber unbedingt weiterlesen. Unser Zeitplan war straff. Ich las noch 30 Minuten lang Text ein, bis mir wieder die Tränen kamen. Da schaute ich Karen an und meinte: »Ich kann einfach nicht. Ich weiß nicht, was mit mir los ist.«

Sie wollte mich heimfahren, doch ich versicherte ihr, es gehe mir gut. Ich fuhr ins Büro, habe aber keinerlei Erinnerung an die Fahrt. Als ich hereinkam, waren alle ganz geschockt: Auf meiner Stirn hatte sich eine Beule gebildet, so groß wie ein Tischtennisball.

Wieder versicherte ich allen, dass mir nichts fehle. Gleich sollte eine Zoom-Konferenz mit meinem Team stattfinden. Ich saß neben Barrett und Suzanne in unserem Büro, Murdoch und Chaz schalteten sich von New York und Austin aus zu. Nach wenigen Minuten muss ich gesagt haben: »Ich verstehe das nicht. Was ist denn bloß los? Ich verstehe nicht.«

Murdoch fragte: »Brené, bist du sicher, dass es dir gut geht?«

Wie mir die anderen berichteten, kippte darauf meine Stimmung und ich herrschte ihn an: »Lass mich in Ruhe. Ich bin nur müde.«

Dann übergab ich mich in den Papierkorb unter Suzannes Schreibtisch, wischte mir das Erbrochene vom Kinn, verschränkte meine Arme auf dem Tisch und schlief ein.

Als ich aufwachte, war ich zu Hause. Mein Team hatte meinen Mann angerufen. Er hatte alles stehen und liegen lassen und war zeitgleich mit mir zu Hause eingetroffen. Er stellte mir Fragen, auf die ich angeblich streitlustig, verärgert und weinerlich reagierte. Ganz gleich, wie viel Mühe ich mir gab, ich konnte keinen klaren Gedanken fassen und auch nicht klarsehen. Steve bat mich immer wieder, ihn anzuschauen, und ich weiß noch, dass mich das furchtbar anstrengte und mir Schmerzen bereitete. Ich konnte nur durch ihn hindurch- oder an ihm vorbeischauen. Meine Schwester stand außerhalb meines Blickfelds in der Nähe. Sie bekam Angst und kämpfte mit den Tränen.

Mir wurde eine schwere Gehirnerschütterung diagnostiziert. Das klang so banal, doch ich sollte rasch merken, dass ich keine Ahnung hatte, was das bedeutete.

Am Tag nach meinem Unfall kam mein Team in die Gänge. Sie sagten anstehende Vortragstermine ab und stellten meinen Kalender um. Ich war sauer. »In einer Woche geht es mir wieder gut, und das sind wichtige Veranstaltungen. Die Verträge habe ich schon vor einem Jahr unterschrieben. Die müsst ihr doch nicht absagen.«

Murdoch fand klare Worte: »Du wirst nicht gefragt.«

Doch ich ließ nicht locker. Ich konnte einfach nicht. Scham und Angst fraßen mich auf.

Die Wissenschaftler Tamara Ferguson, Heidi Eyre und Michael Ashbaker haben festgestellt, dass »unerwünschte Identität« eine Hauptursache für Schamgefühle ist. Sie erklären das auch: Unerwünschte Identitäten sind Merkmale, die unsere Idealvorstellung von unserem Selbstbild untergraben.[47]

Krank zu sein, unzuverlässig oder andere hängen zu lassen, sind für mich *ganz gewaltige* unerwünschte Identitäten. Als texanische Deutschamerikanerin in der fünften Generation bin ich mit der Überzeugung aufgewachsen, dass Krankheit Schwäche ist. Nicht bei anderen – bei anderen ist das menschlich und akzeptabel, und wir sollten sie unterstützen und ihnen helfen. Doch in unserer Familie wurde Krankheit mit Faulheit gleichgesetzt. Wer nur hart genug gegen sich selbst war, den kriegte nichts unter. Sie können mir glauben: Niemand, der so lebt, tut das gern. Doch die Scham ist so stark, dass man sich nicht davon befreien kann.

Mich von dieser Überzeugung zu lösen, war eine der härtesten, schmerzhaftesten Lektionen meines Lebens, und dieser Kampf ist nie richtig ausgekämpft, weil solche Überzeugungen durch kulturelle Einflüsse verstärkt werden. Ich werde mich aber auch weiterhin dagegen wehren und darüber sprechen, weil ich diese Einstellung nicht an meine Kinder weitergeben möchte. Das ist nämlich alles andere als eine gute Lebensart.

Auch fünf Tage nach meinem Unfall war ich noch nicht wieder fit. Ich hatte ein blaues Auge, das bis auf die Wange reichte, und eine riesige Beule auf der Stirn. Ich konnte weder lesen noch fernsehen, auf einen Computerbildschirm schauen oder helles Licht ertragen. Denken tat weh. Und je verzweifelter ich versuchte, wieder normal zu werden, desto schlimmer wurde es. Jedes Mal, wenn ich mich zu etwas zwang, erlitt ich einen Rückfall. Mit Müh und Not hielt ich mir die Schamgefühle wegen der geplatzten Termine vom Hals, indem ich mir Mitgefühl mit mir selbst gestattete und auf die Empathie meines Teams zählen konnte. Doch inzwischen fühlte ich Scham, weil ich die Kontrolle über das verlor, was mich ausmachte: meinen Kopf.

Was war mit meinen Plänen, mich für meine Buchtour fit zu machen? Was, wenn es nicht besser wurde? Was, wenn ich nicht mehr gesund wurde? Was, wenn ich mein letztes Buch geschrieben hatte? Was, wenn ich nie wieder wissenschaftlich arbeiten könnte?

Da setzte sich Trey zu mir, ein lieber Freund der Familie, und ließ mich an der Weisheit seiner 19 Lebensjahre teilhaben. Er nahm kein Blatt vor den Mund und sagte mir Dinge, die ich nicht hören wollte. Doch das tat er mit so viel Rücksicht und Einfühlungsvermögen, dass ich nur zuhörte und weinte. Er hatte schon in der Highschool Rugby gespielt und sechs Monate zuvor, im ersten Semester am College, seine erste Gehirnerschütterung erlitten.

Er erklärte mir: »Ich weiß, was da vorgeht, ist beängstigend, und man kann es anderen gar nicht so richtig beschreiben. Doch es ist da. Und je mehr man dagegen ankämpft, desto schlimmer wird es und desto länger dauert der Genesungsprozess. Diesen Kampf gewinnst du nicht mit Härte gegen dich selbst. Du kannst dich nicht gesund kämpfen. Du brauchst Zeit und es macht Angst, wenn der eigene Kopf nicht mehr richtig funktioniert. Du musst dich damit abfinden, die nächsten Wochen locker anzugehen.«

Nach einem Monat nahm ich langsam die Arbeit auf. Jede Überanstrengung warf mich wieder zurück. Ich durfte noch nicht wieder Sport treiben, aber den Weg zu den Seelentröstern in der Speisekammer fand ich. Ich nahm fünf Kilo zu – genau so viel, dass ich in keines der Outfits mehr passte, die ich mir für die Buchtour gekauft hatte. Anstelle der angestrebten körperlichen, geistigen und spirituellen Topform hatte ich genau das Gegenteil erreicht.

Die Befürchtung, nie mehr die Alte zu werden und mein Gehirn durch meine ständigen Versuche auf Dauer zu schädigen, wuchs sich zu einer Angststörung aus. Ich vereinbarte einen Termin bei der Neuropsychologin, die die Houston Texans und die Houston Rockets betreut und auf die Behandlung von Gehirnerschütterungen spezialisiert ist.

Steve und ich gingen zusammen hin, und das brachte mir ungeheuer viel. Ich erfuhr, dass meine Erwartungsangst, ich könne nie wieder werden wie früher, normal war, und sie gab mir ein paar Strategien an die Hand, um damit umzugehen. Sie erlaubte mir auch, wieder zu arbeiten und mich mäßig zu bewegen, und gab mir ein paar Tipps, wie ich besser wahrnehmen konnte, was mein Körper brauchte.

Als ich an jenem Tag nach Hause kam, war ich voller Hoffnung. *Ich kann das schaffen. Es sind noch mehr als zwei Wochen bis zu der Tour, und ich kann gleich morgen anfangen, wenn es das Wetter zulässt.*

Am nächsten Tag brach der Wirbelsturm Harvey über Houston herein. In unserer Gegend gab es große Schäden. Die Häuser von Teammitgliedern wurden zerstört. Es war herzzerreißend.

Die Buchtour konnte pünktlich beginnen. Wir steckten mitten in den Aufräumarbeiten nach dem Sturm, es passierten noch mehr schlimme und schöne Dinge, und der Zusammenhalt meiner Truppe war für mich therapeutisch. Irgendwie schafften wir es alle, uns in diesen Monaten Zuneigung und Unterstützung entgegenzubringen, und zwar mit so viel Empathie und Freundlichkeit, dass die Scham auf Distanz blieb.

Glücklicherweise habe ich bisher keine so schwere Verletzung oder Krankheit mehr gehabt wie diese Gehirnerschütterung, doch über Weihnachten hatte ich mit einem Virus zu kämpfen, und im letzten Jahr bekamen meine beiden Kinder Drüsenfieber. Und ich kann mit Stolz sagen, dass ich »Reiß dich zusammen« und »Box dich durch« inzwischen komplett aus meinem Wortschatz gestrichen habe. Zu anderen habe ich das nie gesagt, aber jetzt sage ich es auch nicht mehr zu mir selbst. Ich habe 50 Jahre gebraucht, um diese Botschaften der Scham loszuwerden, aber besser spät als nie.

DAS EINMALEINS DER SCHAM

Ich beginne stets mit den drei wichtigsten Punkten:

1. Jeder kennt das Gefühl. Scham ist universell und gehört zu den urtümlichsten menschlichen Empfindungen schlechthin. Nur absolut empathie- und bindungsunfähige Menschen verspüren sie nicht. Sie haben also die Wahl: Gestehen Sie sich Ihre Schamgefühle ein oder erklären Sie sich zum Soziopathen. *Kleiner Hinweis am Rande: Das ist die einzige Entscheidung, bei der Scham als gute Wahl erscheint.*
2. Keiner spricht gern darüber. Schon das Wort verursacht uns Unbehagen.
3. Je weniger wir über Schamgefühle sprechen, desto mehr Einfluss haben sie auf unser Leben.

Zuallererst ist Scham die Angst vor dem Verlust der Verbundenheit. Wie schon im Zusammenhang mit den Mythen der Verletzlichkeit angesprochen, sind wir physisch, emotional, kognitiv und spirituell von Natur aus auf Verbundenheit, Liebe und Zugehörigkeit gepolt. Verbundenheit, Liebe und Zugehörigkeit sind unser Daseinszweck. Sie geben unserem Leben Sinn und Bedeutung. Scham ist die Angst vor dem Verlust der Verbundenheit, die Furcht, der Verbundenheit nicht mehr würdig zu sein, weil wir etwas getan oder unterlassen haben, einem Ideal nicht gerecht geworden sind oder ein Ziel nicht erreicht haben. Hier die Definition von Scham, die aus meinen Forschungsergebnissen resultiert:

Scham ist, wenn wir die eigene Unzulänglichkeit (beziehungsweise die Überzeugung, unzulänglich zu sein) extrem schmerzhaft empfinden und uns deshalb der Liebe, der Zugehörigkeit und Verbundenheit unwürdig fühlen.

Scham äußert sich zweigleisig:

Du bist nie gut genug.

Was bildest du dir eigentlich ein?

Diese »Koboldstimmen« nehmen uns auf perfide Weise in die Zange. Wenn wir uns gerade über das zugeflüsterte »Du bist nie gut genug« hinwegsetzen wollen und den Mut gefasst haben, in die Arena zu treten, stehen die Schamkobolde schon wieder parat und tönen: »Mensch, glaubst du wirklich, du hast das Zeug dazu? Na, viel Glück.« Oder sie sagen: »Meine Gute, das ist eine Nummer zu groß für dich.«

Der Rückzug in die Bedeutungslosigkeit erscheint in dieser Zwickmühle der Scham der verführerischste und einfachste Weg in die Sicherheit. Doch wir haben ja bereits darüber gesprochen: Panzern wir uns und machen uns zwanghaft klein, bricht uns das, und am Ende ersticken wir daran.

Hier ein paar der Antworten unserer Probanden auf unsere Frage nach Beispielen für Scham:

- Scham war für mich, als ich meinen Job verlor, während wir unser erstes Kind erwarteten.
- Scham ist für mich, wenn ich meine Sucht verheimliche.
- Scham ist für mich, wenn ich meine Kinder anschreie.
- Scham war für mich, als ich die Scham meiner Eltern bei meinem Coming-out wahrnahm.
- Scham ist für mich, wenn ich bei der Arbeit einen Fehler vertusche und auffliege.

- Scham ist für mich, mein Unternehmen in den Sand zu setzen, in das Freunde investiert haben.
- Scham war für mich, sechs Monate nach meiner Beförderung heruntergestuft zu werden, weil ich den Aufgaben nicht gewachsen war.
- Scham ist für mich, wenn mich mein Chef vor den Kollegen als Versager bezeichnet.
- Scham ist für mich, dass mir keine Teilhaberschaft angetragen wurde.
- Scham ist für mich, dass sich meine Frau scheiden lassen will und Kinder haben möchte, aber nicht mit mir.
- Scham ist für mich, wenn ich am Arbeitsplatz sexuell belästigt werde, mich aber nicht traue, mich zu wehren, weil er überall so beliebt ist.
- Scham ist für mich, wenn ich auf allen Marketingsitzungen immer stellvertretend für sämtliche Latinos sprechen soll. Ich bin aus Kansas. Ich kann gar kein Spanisch.
- Scham ist, stolz ein abgeschlossenes Projekt zu präsentieren, um dann zu erfahren, dass der Chef sich etwas ganz anderes darunter vorgestellt hat.
- Scham ist, wenn sich alles so schnell verändert, dass ich gar nicht mehr weiß, wo ich mich noch einbringen kann. Die Angst, nicht mehr gebraucht zu werden, ist ein maßgeblicher Schamauslöser, den wir am Arbeitsplatz nie ansprechen.

Vielleicht kann sich nicht jeder in jedem Beispiel wiederfinden, aber wenn wir uns selbst kennen und unsere Verletzlichkeit zulassen, können wir den unsäglichen Schmerz nachempfinden, den andere erfahren haben. Scham ist universell.

Aktuelle neurowissenschaftliche Studien belegen, dass der Schmerz und das Gefühl der Zurückweisung, die von Scham ausgelöst werden, so real sind wie körperliche Schmerzen.[48] Gefühle können wehtun. Und genau so, wie wir über körperliche Schmerzen sprechen, sie beschreiben und benennen müssen, um sie heilen zu können, müssen wir auch Scham bewusst wahrnehmen und artikulieren, um ihrer Herr zu werden. Das ist sogar noch schwerer, als über körperliche Schmerzen zu sprechen, denn Scham zieht ihre Kraft daraus, dass sie unausgesprochen bleibt. Deshalb fällt es uns schon schwer, das Wort »Scham« auch nur in den Mund zu nehmen.

SCHAM, SCHULD, ERNIEDRIGUNG UND VERLEGENHEIT

Es ist auch deshalb so schwer, über Scham zu sprechen, weil wir dafür keine Worte haben. Wir verwenden die Begriffe »Verlegenheit«, »Schuld«, »Erniedrigung« und »Scham« oft, als wären sie gleichbedeutend. Dabei unterscheiden sich diese Erfahrungen in Wirklichkeit stark, und zwar in Bezug auf Biologie, Biografie, Verhalten und inneren Monolog, und sie haben auch ganz unterschiedliche Folgen. Beginnen wir mit Scham und Schuld, denn diese beiden Begriffe werden am häufigsten verwechselt – mit schwerwiegenden Konsequenzen.

Die Mehrheit der Schamforscher und Kliniker sind sich einig: Am besten erklären lässt sich der Unterschied zwischen Scham und Schuld anhand des Unterschieds zwischen »Ich bin schlecht« und »Ich habe etwas Schlechtes getan«.[49]

Schuld = Ich habe etwas Schlechtes getan.

Scham = Ich bin schlecht.

Als ich entscheiden musste, wie viel ich meinem Team darüber erzählten wollte, dass in Wirklichkeit Angst und Unsicherheit hinter meiner unzumutbaren Zeitplanung steckte, war es die Scham, die mich bremste. Wie schon im Vorabschnitt erwähnt, flüsterten mir die Kobolde zu: *Du willst zum Thema Führung forschen, dabei kannst du selbst nicht führen. Du bist eine Witzfigur.*

Schuld war das nicht. *Mann, diese Fristen waren für mein Team wirklich unfair. Ich habe aus den falschen Gründen die falschen Entscheidungen getroffen.*

Es war Scham. *Es lag nicht an falschen Entscheidungen. Ich habe eben keine Führungskompetenz.*

In unserem politischen Chaos werfen die Menschen gern mit dem Begriff »schamlos« um sich, wenn sie beobachten, wie jemand eigennützige oder unmoralische Entscheidungen trifft. Sie sehen die Ursache für gewissenloses Verhalten in mangelnder Scham. Das ist nicht nur falsch, sondern obendrein gefährlich. Scham ist nämlich nicht das Heilmittel, sondern der Auslöser. Lassen Sie sich nicht täuschen. Was nach einem aufgeblähten Ego und Narzissmus aussieht, ist keineswegs ein Mangel an Scham. Fast immer stecken Scham und Angst hinter unethischem Verhalten. Im Folgenden zeigen wir auf, dass Scham oft zu narzisstischem Verhalten führt. Ich definiere Narzissmus sogar als die schambegründete Angst vor der Gewöhnlichkeit.

Großspuriges, prahlerisches Auftreten wird leicht mit einem überdimensionalen Ego in Verbindung gebracht. Die Angst und das mangelnde Selbstwertgefühl – die Gefühle also, die wirklich hinter Backenaufbläserei und Selbstsucht stecken –, sind schwer erkennbar, denn solches Gehabe bringt Menschen dazu, Verletztheit als Waffe zu verwenden und gegen andere zu richten. Das Letzte, was solche Menschen brauchen, ist mehr Scham. Mehr Eigenverantwortung für ihr Verhalten und ihren Mangel an Empathie? Auf jeden Fall. Doch mehr Scham macht sie nur noch gefährlicher, gibt ihnen Gelegenheit, ihre Aufmerksamkeit wieder auf das schamverursachende Verhalten zu lenken, und kann bizarrerweise die Unterstützung anderer mobilisieren, die selbst auf der Suche sind nach Möglichkeiten, ihren Schmerz woanders abzuladen und einem Sündenbock die Schuld in die Schuhe zu schieben.

Scham ist kein Kompass für moralisches Verhalten. Dass Scham zu destruktivem, verletzendem, unmoralischem und anmaßendem Verhalten führt, ist ungleich wahrscheinlicher als der umgekehrte Effekt. Warum? Wo Scham herrscht, ist kein Platz für Empathie. Das macht Scham auch so gefährlich. Das Gegenteil einer Schamerfahrung ist die Erfahrung von Empathie. Das Verhalten, das viele heute so empörend finden, geht eher darauf zurück, dass Menschen empathielos sind, nicht schamlos.

Scham korreliert stark mit Sucht, Gewalt, Aggression, Depressionen, Essstörungen und Mobbing.[50] **Schuld** korreliert dagegen negativ mit all diesen Folgeerscheinungen. Schuld birgt Empathie und Werte. Deshalb sind Schuldgefühle auch so effektiv und sozial adaptiv. Entschuldigen wir uns für eine Handlung, machen sie wieder gut oder ändern ein Verhalten, das nicht unseren Wertvorstellungen entspricht, werden wir meist von Schuld – nicht von Scham – dazu getrieben.

Schuldig fühlen wir uns, wenn wir etwas getan oder unterlassen haben, das rückblickend nicht unserem Wertekanon entspricht. Es ist ein psychologisch unangenehmes Gefühl, aber ein nützliches. Das von kognitiven Dissonanzen verursachte Unbehagen bewirkt maßgebliche Veränderungen. Scham dagegen zersetzt genau den Teil von uns, der überzeugt ist, dass wir uns zum Besseren verändern können.

Erniedrigung ist ein weiteres Wort, das oft mit *Scham* verwechselt wird. Donald Klein bringt den Unterschied auf den Punkt: »Empfinden Menschen Scham, glauben sie, es verdient zu haben. Aber niemand glaubt, er habe es verdient, erniedrigt zu werden.«[51] Wenn Lehrerin Sonja an einer Konferenz mit ihrem Kollegium und dem Direktor teilnimmt, und der Direktor bezeichnet sie wegen des Notendurchschnitts ihrer Klasse als Versagerin, erlebt Sonja vermutlich entweder Scham oder Erniedrigung.

Sagt sie sich selbst: *»Ich bin eine Versagerin«*, dann empfindet sie Scham. Sagt sie sich aber: »Mannomann, mein Chef geht wirklich zu weit, das habe ich nicht verdient«, dann ist das Erniedrigung. Erniedrigung ist ein schreckliches Gefühl. Sie vergiftet das Klima, ob am Arbeitsplatz oder zu Hause. Ist sie ein ständiger Faktor, wird manchmal Scham daraus – wenn wir nämlich anfangen zu glauben, was wir immer wieder hören. Erniedrigung ist aber dennoch nicht so zerstörerisch wie Scham, denn wenn wir Scham empfinden, verinnerlichen wir die Bezeichnung »Versager«. Sonja sagt sich, als sie Erniedrigung erfährt: »Hier geht es gar nicht um mich.« Gelingt uns das, steigen die Chancen, dass wir uns nicht abschotten oder verstellen und auch nicht zurückschlagen. Wir bleiben unseren Werten treu bei dem Versuch, das Problem zu lösen.

Verlegenheit ist gewöhnlich ein flüchtiges Gefühl, über das wir (früher oder später) sogar lachen können. Sie ist unter den genannten Emotionen mit Abstand am wenigsten bedenklich und schädlich. Verlegenheit ist daran erkennbar, dass wir uns nicht alleine fühlen, wenn wir sie verspüren. Wir wissen, anderen ist schon dasselbe passiert, und das Gefühl wird uns nicht definieren, sondern wie ein leichtes Erröten wieder verfliegen.

Begriffliche Klarheit ist eine wichtige Voraussetzung, um Scham zu verstehen. Gefühle richtig zu bezeichnen, ist die Grundlage für Schamresilienz, also für die Entwicklung von Scham zu Empathie, dem eigentlichen Gegenmittel, mit dem wir uns an anderer Stelle in diesem Abschnitt noch näher befassen.

SCHAM AM ARBEITSPLATZ

Scham in Organisationen aufzuspüren ist, als untersuche ein Kammerjäger ein Haus auf Termitenbefall. Begeht er die Räume und entdeckt dort Termiten, gibt es ein akutes Problem, das vermutlich nicht erst seit gestern vorliegt. Geht man durch ein Büro, eine Schule oder eine Kirche und kann Scham erkennen – einen Vorgesetzten, der einen Mitarbeiter niedermacht, eine Lehrerin, die einen Schüler herabsetzt, einen Geistlichen, der Scham als Mittel zur Beeinflussung einsetzt, oder eine Aktivistin, die Scham als Instrument der sozialen Gerechtigkeit nutzt –, dann besteht eine ausgewachsene Bedrohung für die Kultur. Sie müssen unbedingt herausfinden, wie und warum es dazu kommt, und sofort etwas dagegen unternehmen (und zwar ganz schamlos).

In den meisten Fällen liegen die Dinge aber nicht ganz so einfach. Scham verbirgt sich häufig hinter den Mauern von Organisationen. Dort schläft sie aber nicht etwa, sondern frisst nach und nach an Innovation, Vertrauen, Zusammenhalt und Kultur und ist schwerer zu entdecken. Achten Sie auf Folgendes:

Perfektionismus
Günstlingswirtschaft
Klatsch und Tratsch
Innoffizielle Gesprächskanäle
Vergleiche
Verknüpfung des Selbstwerts mit der Produktivität
Belästigung
Diskriminierung
Macht über andere
Mobbing
Schuldzuweisungen
Hänseleien
Vertuschungsmanöver

All diese Verhaltensweisen sind Anzeichen dafür, dass Scham die Kultur zersetzt. Noch offensichtlicher wird das, wenn Scham vom Management ungeniert instrumentalisiert wird. Gibt es Indizien dafür, dass Führungskräfte andere schikanieren, Untergebene vor Kollegen kritisieren, öffentlich abmahnen oder Belohnungssysteme einführen, die andere gezielt in Verlegenheit bringen, beschämen oder erniedrigen?

Bei einem unserer Workshops lehnte sich eine Teilnehmerin mit Tränen in den Augen zurück und sagte: »Meine Scham sitzt so tief, dass ich gar nicht weiß, wo ich ansetzen soll.« Ihre Kollegen hörten aufmerksam zu, als sie sich öffnete und von einem Chef erzählte, der sie wiederholt vor anderen niedermachte.

Auch Glaubensgemeinschaften und Schulen sind vor Scham nicht gefeit. Im Zuge unserer Forschung zum Thema Scham gaben 85 Prozent der Befragten an, sich an einen Vorfall aus der Kindheit in der Schule zu erinnern, der für sie so beschämend war, dass sie sich als Lernende danach mit anderen Augen sahen. Als wäre das nicht schlimm genug, handelte es sich bei rund der Hälfte dieser Erinnerungen um solche, die ich als *Kreativitätsnarben* bezeichne. Die Probanden konnten einen konkreten Vorfall nennen, der ihnen vermittelte, dass sie nicht gut schreiben, malen, musizieren, tanzen oder eine andere kreative Tätigkeit ausüben konnten. Das Schaminstrument, das in solchen Fällen eingesetzt wurde, war fast immer der Vergleich. Das ist eine Erklärung dafür, dass die Schamkobolde so erfolgreich sind, wenn es um Kreativität und Innovation geht, und warum Vergleiche als Managementwerkzeug beides abwürgen.

Die Kehrseite dieser Erkenntnis: Dieselben Daten belegten, dass über 90 Prozent der Befragten einen Lehrer, Trainer, Schulverwalter oder Fakultätsangehörigen nennen konnten, der ihnen Selbstwertgefühl vermittelte und ihnen half, an sich und ihre Fähigkeiten zu glauben. Was sagen uns diese scheinbar widerstreitenden Feststellungen? In der Schule haben Leitfiguren gewaltige Macht und enormen Einfluss, und wie sie diese Macht und diesen Einfluss nutzen, kann Menschen verändern: zum Besseren oder zum Schlechteren.

Ich kenne viele mutige Führungskräfte, die es ganz bewusst meiden, mit Scham zu arbeiten, doch mir ist noch keine absolute schamfreie Organisation untergekommen. Vielleicht gibt es eine solche ja, doch würde mich das sehr wundern. Das beste Ausgangsszenario liegt vor, wenn es sich um ein begrenztes oder eingedämmtes Problem handelt, nicht um einen kulturellen Normalzustand.

Eine der Situationen, die im Zuge der Forschungsarbeit am häufigsten als Beispiel für Schamerfahrungen genannt werden, ist, dass jemand entlassen wird und *wie* das geschieht.

Susan Mann verfügt über mehr als 30 Jahre Erfahrung als leitende Führungskraft im Bankwesen, in der weiterführenden Bildung und in der Philanthropie. Bevor Susan ihre eigene Coaching- und Consultingfirma gründete, leitete sie das globale Lern- und Entwicklungsteam der Bill & Melinda Gates Foundation.

Susan ist nicht nur durch die International Coaching Federation als qualifizierte Expertin ausgewiesen, sondern auch Gründungsmitglied der Senior Faculty »Daring Way«. (Das ist unser Schulungs- und Zertifizierungsprogramm zur Unterstützung von Fach- und Führungskräften, das über unseren gemeinnützigen Bereich Daring Education angeboten wird.)

Susan trägt zur Entwicklung von Führungskapazitäten in unserem eigenen Unternehmen bei, indem sie unseren Führungsnachwuchs coacht. Als ich sie auf die ausgesprochen heikle Aufgabe ansprach, Mitarbeiter zu entlassen, sagte sie Folgendes:

> Schon sehr früh in meiner Laufbahn im Personalwesen brachte mir ein Mentor bei, **allen Betroffenen stets einen »Abgang in Würde« zu ermöglichen.** Das ist jetzt 30 Jahre her, doch nach zahllosen Beratungsgesprächen mit Führungskräften zu diesem Thema habe ich das Gefühl, dass ich diesen Rat schon hundertfach beherzigt habe.
>
> Was bedeutet das, jemandem einen Abgang in Würde zu ermöglichen? Denken Sie an den Menschen, und nehmen Sie Rücksicht auf seine Gefühle. Natürlich müssen Führungskräfte überlegte unternehmerische Entscheidungen treffen, die für das Unternehmen richtig sind: Mitarbeiter ausstellen, entlassen oder ihnen andere Funktionen zuweisen. Sie müssen auf jeden Fall das tun, was sinnvoll ist, um die Unternehmensziele zu erreichen.
>
> Doch dabei sollte man stets den Menschen im Blick behalten. Haben Sie grundsätzlich direkt den Menschen im Auge, der von den Folgen Ihrer Entscheidung betroffen ist. Dieser Mensch hat eine Familie, eine Karriere und ein Leben, und das alles wird davon beeinflusst.
>
> Formulieren Sie die Botschaft freundlich, unmissverständlich und respektvoll. Seien Sie großzügig. Können Sie demjenigen vielleicht die Möglichkeit geben, von sich aus zu kündigen? Können Sie ihm eine Abfindung zahlen? Fragen Sie, wie die Kollegen von

seinem Weggang erfahren sollen, und orientieren Sie sich dabei nach Möglichkeit an seinen Wünschen.

Können Sie ihm einen guten Abgang ermöglichen, sodass er seine Würde nicht verliert? Dabei geht es nicht darum, unbequemen Entscheidungen oder unangenehmen Gesprächen aus dem Weg zu gehen. Es geht darum, zu wissen, dass jeder ein Herz hat, das verletzt werden kann. Fähige Führungskräfte treffen knallharte Personalentscheidungen, setzen diese aber weich um. Das ist damit gemeint, anderen einen würdigen Abgang zu ermöglichen.

Daraufhin wollte ich von Susan wissen, was einem solchen würdigen Abgang im Weg stehen kann. Susans Antwort:

- Defensivität: Ich habe oft erlebt, dass Vorgesetzte aus der Defensive heraus agieren, wenn sie beschließen, jemanden zu entlassen. Das ist eine folgenschwere Entscheidung, und ich beobachte immer wieder, dass diese sehr verkopft und rational vermittelt wird, unter Angabe aller Gründe, weshalb sie richtig und gerechtfertigt ist. Das ist eine Form von Selbstschutz.
- Zeit und Geld: Wer Menschen einen Abgang in Würde ermöglichen will, muss mehr Geld, Zeit, Herz und Kraft investieren. Wir müssen einen Gang zurückschalten, gründlicher nachdenken und tiefergehende Gespräche führen. Und dazu kommt es zu selten.
- Das Bauernopfer: Manchmal bleibt es an einem Einzelnen hängen, wenn ein System oder Team nicht funktioniert. Die Chefs suchen – oft unbewusst – einen Sündenbock für das, was schiefgelaufen ist, statt in den Spiegel zu schauen und sich zu fragen, was sie tun könnten, um die übergreifenden Probleme zu beheben.
- Zu wenig Verletzlichkeit und Mut: Die Unfähigkeit zur Dualität von Kopf und Herz, die nicht gleichzeitig aktiviert werden können. Manchmal äußern Führungskräfte Angst vor den

Gefühlen, die der Entlassene äußern könnte: »Ich befürchte, sie könnte in Tränen ausbrechen oder ausfallend werden.« Manchmal haben sie auch Angst davor, selbst Gefühle zu zeigen: »Was, wenn ich so nervös bin, dass ich die Fassung verliere?«

Abschließend stellte sie fest: »Es ist eine Kunst, Menschen einen würdevollen Abgang zu ermöglichen. Dazu gehört viel Kompetenz, die es zu entwickeln gilt, und es will geübt sein. Die wenigsten Unternehmen und Führungspersönlichkeiten machen diese Kompetenz zur Priorität.«

Das möglicherweise verheerendste Anzeichen für das Vorhandensein von Scham sind Verschleierungsversuche, nicht nur seitens der ursprünglichen Akteure, sondern auch durch eine Kultur der Komplizenschaft und Scham. Manche werden zu Komplizen, weil sie stillschweigen oder weil sie Vorteile davon haben und/oder ihren Einfluss oder ihre Macht wahren, wenn sie die Wahrheit vertuschen, andere, weil es der Norm entspricht. Sie arbeiten in einer Kultur der Verschleierung, die Scham einsetzt, um Menschen zum Schweigen zu bringen.

So oder so: Gibt die Kultur eines Unternehmens, einer gemeinnützigen Organisation, einer Universität, einer Regierung, einer Kirche, eines Sportvereins, einer Schule oder einer Familie vor, dass es wichtiger ist, die Reputation des Systems und seine Funktionäre zu schützen, als die fundamentale Würde der Menschen oder Gemeinschaften, dann gibt es hundertprozentig die folgenden Probleme:

Die Scham hat System.
Komplizenschaft ist Teil der Kultur.
Geld und Macht kommen vor der Moral.
Niemand wird zur Rechenschaft gezogen.
Das Management arbeitet mit Kontrolle und Angst.
Es gibt eine Spur der Verwüstung und des Leids.

Wollen wir ehrlich über Scham sprechen, müssen wir das richtig aufziehen, damit sich die Menschen sicher fühlen. Solche Gespräche können viel bringen. Menschen zu gestatten, über Scham zu sprechen, ist befreiend. Dadurch kommt Licht in die dunkelsten Ecken. Die Menschen merken, dass sie nicht allein sind. Indem sie einander ihre Geschichten erzählen, wird Scham normalisiert. Es entstehen Verbundenheit und Vertrauen. Das sind schwierige Gespräche, die aber den Weg zu erwünschten neuen Verhaltensmustern und Veränderungen der Kultur weisen können. Und in manchen Fällen kann ein therapeutisches Gespräch über Scham sogar unser Leben verändern.

SCHAMRESILIENZ

Die schlechte Nachricht: Wir können nicht *schamresistent* werden. Solange uns Verbundenheit wichtig ist, wird die Angst davor, dass Verbindungen gekappt werden, in unserem Leben stets großen Einfluss ausüben, und das von Scham ausgelöste Leid wird stets real sein. Doch es gibt auch eine gute Nachricht: Es ist möglich, *schamresilient* zu werden. Das kann man lehren, und jeder kann es lernen.

Unter Schamresilienz ist die Fähigkeit zu verstehen, authentisch zu bleiben, wenn wir Scham erleben, diese Erfahrung zu durchleben, ohne unsere Werte zu opfern, und daraus mutiger, empathischer und enger mit anderen verbunden hervorzugehen. Letztlich geht es bei der Schamresilienz darum, von Scham zu Empathie zu gelangen – dem eigentlichen Gegenmittel gegen die Scham.

Im folgenden Abschnitt tauchen wir tief in die Themen Empathie und Mitgefühl mit uns selbst ein. Vorerst geht es aber darum, zu begreifen: Vertrauen wir unsere Geschichte jemandem an, der empathisch und verständnisvoll reagiert, hat Scham keine Chance. Mitgefühl mit sich selbst ist dabei ebenfalls von entscheidender Bedeutung, doch wie Scham ein soziales Konzept ist – sie findet zwischen Menschen statt –, lässt sie sich auch am besten zwischenmenschlich therapieren. Auf eine soziale Wunde gehört ein sozialer Balsam, und das ist die Empathie. Mitgefühl mit uns selbst ist die Grundvoraussetzung. Sind wir in der Lage, einfühlsam mit uns selbst umzugehen, wenn wir Scham empfinden, schaffen wir es eher, uns an andere zu wenden, Verbundenheit herzustellen und Empathie zu erfahren.

Empathie

Empathie ist einer der Dreh- und Angelpunkte von Kulturen, die auf Verbundenheit und Vertrauen aufbauen. Ebenso ist sie ein wesentlicher Bestandteil von Teams, die Risiken eingehen und sich Auseinandersetzungen stellen. Empathie hat fünf Elemente, auf die wir im Einzelnen noch genauer eingehen. Dabei wird Empathie oft mit Mitleid verwechselt oder mit guten Ratschlägen oder einem als Besorgnis getarnten Werturteil. Um unser Mut-Instrumentarium durch Empathie zu ergänzen, müssen wir unbedingt in der Lage sein, diese in konkrete Fertigkeiten zu übersetzen, die wir erlernen und einüben können, um Empathie jederzeit von Mitleid zu unterscheiden und die großen Hürden für Empathie zu erkennen. Beginnen wir mit einer Geschichte.

Vor ein paar Jahren verbrachten Suzanne, die bei uns die Posten des Präsidenten und des COO bekleidet, und ich einen Tag in Fort Bragg, um dort unser Programm für mutige Führung zu präsentieren. Das war eine Erfahrung der ganz besonderen Art. Ich hatte diese Geschäftsreise nämlich minutiös geplant. Vorgesehen war, dass wir den Stützpunkt gleich nach Abschluss der Veranstaltung verlassen, 119,2 Kilometer zum Raleigh-Durham International Airport fahren, unseren Mietwagen zurückgeben, einen Bissen essen und uns 90 Minuten vor Abflug am Gate einfinden würden. Ich hatte mehrere Szenarien durchgespielt und geprüft, wie pünktlich dieser Flug in der Vergangenheit gewesen war. Ich war mir sicher, dass wir es nach Hause schaffen konnten, bis abends Ellens wichtiges Spiel begann.

In dem Sommer, bevor sie auf die Highschool kam, hatte Ellen das erste Mal einen Feldhockeyschläger in der Hand gehabt. Motiviert von einem Coach, den sie beim offenen Sommerprogramm für die Neuen des anstehenden Schuljahrs kennengelernt hatte, und nach ein paar schweißtreibenden Unterrichtsstunden bei 37 Grad im Schatten schaffte sie es in ihrem ersten Highschooljahr in die Schulmannschaft.

Bedauerlicherweise hatten Steve und ich unseren Kindern für Landsportarten denkbar schlechte genetische Voraussetzungen mitgegeben. Wir sind beide Schwimmer, und Steve spielt auch Wasserball, doch auf dem Rasen sind wir beide schlecht. Ellen mochte ihr Trainerteam und ihre Mannschaftskameradinnen sehr. Sie gab sich größte Mühe, verpasste nie ein Spiel oder ein Training und war ihre vier Highschooljahre über mit ganzem Herzen bei der Sache.

Planmäßig sollten Suzanne und ich zwei Stunden vor dem großen Ereignis wieder in Houston landen. Ich hätte also gerade genug Zeit gehabt, mich umzuziehen, 20 Überraschungsplakate in mein Auto zu laden und zur Senior Night zum Hockeyfeld zu fahren. (Die Plakate zeigten die Köpfe der Spielerinnen im Format 90 zu 60 Zentimetern und waren an Stäbe montiert, sodass wir sie auf den Rängen hochhalten konnten.) Für Ellen war es das letzte Spiel ihrer Highschoollaufbahn, und in der Halbzeitpause sollte es eine kleine Zeremonie geben, bei der die Eltern ihren Töchtern zum Schulabschluss Blumen überreichen und sie über das Spielfeld begleiten durften.

Alles lief nach Plan. Ich war schon total aufgeregt, als eine SMS von Ellen kam: »Ich freu mich schon so, dass du heute Abend dabei bist. Ich kann gar nicht glauben, dass das schon meine Senior Night ist!!! OMG! Wo ist die Zeit hin?«

Wir reihten uns gerade in die Schlange am Gate ein, als ich zurückschrieb: »Ich bin so stolz auf dich! Ein paar Stunden noch, dann bin ich da. GO TIGERS!!!«

Die Schlange hatte sich noch keinen Zentimeter bewegt, als die Dame am Schalter durchsagte, unser Flug würde sich um zehn Minuten verspäten. Es gebe technische Probleme. *Ruhig Blut. Für Verspätungen habe ich 60 Minuten eingeplant. Und wenn es 90 Minuten dauerte, konnte ich Plan B einleiten: Dann würde ich direkt zum Spiel fahren und meine Freundin Cookie würde die Plakate abholen.*

20 Minuten später sah ich, wie der Pilot mit den Mitarbeitern am Gate sprach. Ich packte Suzanne am Arm. Sie schreckte zusammen und flüsterte: »Was ist denn? Stimmt was nicht? Geht es dir nicht gut?«

Ich wollte kein Aufsehen erregen, also wisperte ich zurück: »Sie werden gleich unseren Flug absagen. Klapp deinen Laptop auf und buche uns auf den nächsten.«

Suzanne hat viele tolle Eigenschaften. Eine davon ist: Sie bringt Dinge zuwege, von denen andere nur träumen. Sollten Sie je an einer Straßenschlacht teilnehmen, sehen Sie bloß zu, dass Sie eine Suzanne auf Ihrer Seite haben.

Sie stellte keine Fragen und begann, nach Flügen zu suchen. Die einzige Möglichkeit, von North Carolina aus nach Houston zu kommen, war ein Flug mit einmal Umsteigen in Atlanta, der um 22 Uhr in Houston landen würde. Als sie uns eingebucht hatte, blickte sie auf und meinte: »Warum glaubst du, dass sie diesen Flug streichen?«

Noch bevor ich antworten konnte, kam die Durchsage, dass der Flug aus technischen Gründen ausfallen würde. Sofort stürmten alle den Schalter. Suzanne und ich suchten uns einen freien Platz, setzten uns hin und riefen unser Büro in Houston an. Minuten später arbeiteten drei Leute daran, uns rechtzeitig zum Spiel heimzuholen. Eine Dreiviertelstunde später erklärte mir Suzanne: »Es tut mir so leid, aber es gibt keine Möglichkeit, pünktlich zum Spiel nach Houston zu kommen.«

»Und wenn wir fahren würden?«

Sie legte mir die Hand auf den Unterarm. »Wir haben alles versucht. Es tut mir wirklich sehr leid.«

Ich sagte, was ich immer sage, wenn ich verzweifelt bin: »Das verstehe ich nicht. Ich verstehe das nicht.«

Suzanne suchte meinen Blick. »Vor 22 Uhr heute Abend schaffen wir es nicht nach Hause.«

Da schluchzte ich los – so ungeniert, dass ich konsternierte Blicke auf mich zog. Damals durfte ich erleben, was echte Empathie ist, denn Suzanne scherte sich nicht darum, dass ich in aller Öffentlichkeit die Fassung verlor. Vor allem aber versuchte sie nicht, die Situation schönzureden. Sie sagte bloß: »Das ist Scheiße. So ein verdammter Mist. Ich würde zu Fuß mit dir nach Houston laufen, wenn das etwas brächte.«

»Ich verstehe das nicht«, sagte ich noch einmal und brachte dann kein Wort mehr heraus.

»Ich weiß, wie wichtig dir das ist. Das ist so eine Kacke. Das bricht auch mir das Herz.«

»Aber das ist wirklich wichtig«, erklärte ich, als hätte sie mir das nicht gerade auf jede erdenkliche Art bestätigt.

Da schaute mich Suzanne an und meinte: »Verdammt, ja, das ist wirklich wichtig. Sogar superwichtig. Du hast getan, was du konntest, um dabei zu sein. Es ist ein ganz besonderer Abend.«

Wenn jemand leidet, scheuen wir uns oft davor, zu sagen: »Ja, das tut weh. Ja, das ist eine große Sache. Ja, das ist Kacke.« Wir halten es für unsere Aufgabe, die Dinge zu beschönigen, damit der Schmerz nicht so groß ist. Doch Suzanne redete meinen Schmerz nicht klein. Sie hatte den Mut, mir zu spiegeln, wie ich mich fühlte, und ich war am Boden zerstört, weil ich an diesem für meine Tochter so wichtigen Abend nicht da sein konnte. Sie verließ ihre Komfortzone, um Empathie zu üben.

»Das bricht mir wirklich das Herz.« Mit ihrer Feststellung, wie nahe ihr das ging, hatte sie meine Verfassung auf den Punkt gebracht. Im Rückblick sehe ich das so: Es war ein wichtiges Spiel und eine besondere Feier, doch es war auch so, dass Ellen erst Monate später ausziehen und aufs College wechseln würde. Es war nur die erste von vielen offiziellen Abschiedsveranstaltungen an der Highschool. Das tröstete mich in meinem Kummer.

Ich erklärte Suzanne: »Ich weiß, in der Gesamtbetrachtung ist das kein Weltuntergang. Wenn ich Menschen an Flughäfen weinen sehe, frage ich mich stets, was sie wohl gerade durchmachen, und versuche, mein »Ich nehme Sie wahr und habe Mitgefühl«-Lächeln zu lächeln. Mir ist niemand weggestorben, keiner hatte einen Unfall oder etwas ähnlich Schlimmes. Ich weiß gar nicht, was mit mir los ist.«

Doch Suzanne wollte keine solchen **Leidvergleiche** hören. Sie war nicht bereit, meinen Schmerz ins Lächerliche zu ziehen oder zuzusehen, wie ich ihn unter »ferner liefen« einsortierte: »Stimmt, das ist dir alles nicht passiert, aber es ist trotzdem eine große Sache. Das tut weh.«

Aus der Forschungsarbeit habe ich eine Menge über die Gefahren gelernt, die solche Leidvergleiche bergen, und über diesen Wettlauf des Unglücks. Wenn wir Empathie für endlich hielten, wie eine Pizza, und glaubten, dass wir weniger davon übrig haben, wenn wir sie jemandem entgegenbringen, dann wäre es vielleicht nötig, Leidvergleiche anzustellen. Doch zum Glück ist Empathie grenzenlos und erneuerbar. Je mehr wir davon geben, desto mehr haben wir alle. Das bedeutet, wir können jedem Schmerz empathisch begegnen. Es gibt keinen Grund, Unterschiede zu machen oder unsere Empathie zu rationieren.

Diese Erfahrung mit Suzanne war praktizierte Empathie. In solchen schlimmen Momenten besteht unsere Aufgabe nicht darin, die Dinge schönzureden, sondern vielmehr darin, Verbundenheit herzustellen und sich in andere hineinzuversetzen. **Empathie bedeutet nicht Verbundenheit mit einem Erlebnis, sondern Verbundenheit mit den Emotionen, die dem Erlebten zugrunde liegen.**

Ich werde oft gefragt, wie man Empathie für jemanden zeigen kann, der etwas erlebt, was man selbst noch nie durchgemacht hat. Noch einmal: Empathie besteht darin, Verbundenheit mit dem Gefühl herzustellen, das dem Erlebten zugrunde liegt, nicht mit dem Erlebten selbst. Wenn Sie schon einmal Trauer, Enttäuschung, Scham, Angst, Einsamkeit oder Wut empfunden haben, bringen Sie alle Voraussetzungen dafür mit. Dann müssen Sie nur noch den Mut aufbringen, Ihre empathischen Fähigkeiten anzuwenden und auszubauen.

Doch zurück zum Flughafen. Mein Geheul erregte allmählich Aufsehen. Also suchte ich mir ein stilles Plätzchen in einem Flughafenshop, der ausgerechnet »Life is Good« hieß. *Welche Ironie.* Falls die Dame, die damals dort Dienst tat, diese Zeilen liest: Vielen Dank, dass Sie zu mir gekommen sind und mich gefragt haben, ob alles in Ordnung ist. Vor allem aber bin ich Ihnen sehr dankbar dafür, dass ich bei Ihnen eine halbe Stunde lang auf dem Boden sitzen und mich verstecken durfte. Ihre Freundlichkeit kam an.

Aus meinem Versteck hinter einem Ständer mit bunten T-Shirts schrieb ich Ellen, dass ich ihr Spiel verpassen würde. Ich wollte sie erst anrufen, doch dann entschied ich mich für eine SMS, weil ich ihr vor dem Spiel am Telefon nichts vorheulen wollte. Ihre Antwort war aus dem Stoff, aus dem Liebe gemacht ist:

> Das mit deinem Flug tut mir sehr leid. Ich weiß natürlich, dass dich das fertigmacht. Aber es ist nur ein Abend, und du warst 100-mal dabei, wenn ich gespielt habe, du hast mit mir trainiert und mich in Trainingslager geschickt, auch wenn ich keine Lust dazu hatte, und Partys veranstaltet und meine ganze Mannschaft nach Galveston gebracht. Das zählt. Ich hab dich so lieb. Ich sage Dad, er soll viele Fotos machen.

Steve dagegen rief ich unter meinem Kleiderständer an. Er hörte einfach zu. Als ich schwor, ich würde meinen Job aufgeben und mich nie wieder in ein Flugzeug setzen, warf er ein: »Ich mache dir keinen Vorwurf. Du hast dir so viel Mühe gemacht mit den Plakaten und den Blumen. Du hast Ellen so unterstützt. Es tut mir so leid, dass es heute nicht klappt.«

Gott sei noch einmal gedankt für Suzanne. Auf den Flügen nach Hause kamen mir immer wieder die Tränen, wenn ich auf die Uhr schaute. Da drückte sie nur meine Hand und meinte: »Ich weiß.«

Gegen 20:30 Uhr an jenem Abend sagte ich zu ihr: »Jetzt ist das Spiel vorbei.« Sie entgegnete: »Haben wir schon Fotos gekriegt?« Sie hatte *wir* gesagt. Nicht: »Das war schlimm, aber jetzt ist es ja zum Glück vorbei.« Sie hatte gefragt, ob *wir* schon Fotos bekommen hatten. Sie war in Gedanken noch ganz dabei, weil ich es war. Schlimm war das schon, aber ich habe mich keinen Augenblick alleine gefühlt.

Empathie ist eine bewusste Entscheidung, eine Entscheidung, die verletzlich macht, denn wenn ich mich dafür entscheide, mich auf empathischer Ebene mit Ihnen zu verbinden, muss ich eine Verbindung zu dem Teil meiner Persönlichkeit zulassen, der das betreffende Gefühl kennt. Wenn wir in einem schwierigen Gespräch merken, dass jemand verletzt ist oder leidet, drängt uns unser menschlicher Instinkt, die Dinge schönzureden. Wir möchten alles in Ordnung bringen. Wir möchten dem anderen gute Ratschläge geben. Doch Empathie bringt nichts in Ordnung. Sie ist die mutige Entscheidung, andere in ihren dunkelsten Stunden nicht allein zu lassen – und nicht hektisch den Lichtschalter zu suchen, damit wir uns selbst besser fühlen.

Wenn ich Ihnen etwas erzähle, was mir schwerfällt, dann möchte ich von Ihnen am liebsten hören: »Ich weiß gar nicht, was ich dazu sagen soll. Ich freue mich aber sehr, dass du es mir anvertraut hast.« In Wirklichkeit gibt es kaum je eine Antwort, die etwas besser machen kann. Doch Verbundenheit wirkt therapeutisch.

Fällt jemand mit seinen Problemen in ein Loch, bedeutet Empathie nicht, dass man demjenigen hinterherspringt und sich dessen Gefühle zu eigen macht. Man bemächtigt sich nicht der Probleme anderer, um diese selbst zu lösen. Dann säßen nämlich gleich zwei Menschen im Loch, und keiner hätte etwas davon. In solchen Situationen ist es wichtig, sich abzugrenzen. Wenn wir anderen wirklich mit Empathie begegnen möchten, müssen wir uns unbedingt abgrenzen.

Die britische Pflegewissenschaftlerin Theresa Wiseman untersuchte Empathie in allen Berufen, die eine tiefe Verbundenheit und Beziehung voraussetzen, und hat vier Attribute der Empathie ermittelt.[32] Diese Attribute decken sich vollständig mit den Erkenntnissen aus meinen Daten. Lediglich der Aspekt der »Achtsamkeit« kommt darin nicht so zum Tragen wie in meiner Arbeit. Aus diesem Grund habe ich ein fünftes Attribut aus der Forschungsarbeit von Kristin Neff hinzugefügt.[53] Dr. Neff forscht an der Universität von Texas in Austin über Selbstmitgefühl – auf ihre Arbeit werden wir an anderer Stelle noch ausführlicher eingehen.

Jede dieser Komponenten bietet reichlich Stoff für Studien – in jeder wissenschaftlichen Bibliothek finden Sie Hunderte von Bücher zu jedem einzelnen dieser fünf Aspekte –, doch wir wollen untersuchen, wie sich diese Elemente zur Empathie zusammenfügen, dem Raketentreibstoff für Vertrauensbildung und stärkere Verbundenheit.

Empathiekompetenz Nummer 1: Sich in andere hineinversetzen – der Perspektivwechsel

Wie wir die Welt sehen, ist sehr individuell und richtet sich danach, wer wir sind, woher wir kommen und was wir schon alles erlebt haben. In unsere Sicht der Dinge fließen natürlich Faktoren wie Alter, Ethnie, persönliche Fähigkeiten und spirituelle Überzeugungen ein, doch sie wird auch von unserem Wissen, unseren Erkenntnissen und Erfahrungen beeinflusst. Kein anderer sieht die Welt so wie wir, denn unsere Weltanschauung ist ein Produkt unserer Geschichte und unserer Erfahrungen. Das erklärt auch, warum es zehn verschiedene Darstellungen von Geschehnissen, ihrem Hergang und ihren Ursachen gibt, wenn zehn Menschen denselben Vorfall beobachten.

Gibt es überhaupt beobachtbare, erkennbare universelle Wahrheiten? Natürlich. Mathematik und Naturwissenschaften liefern uns viele Beispiele dafür. Doch wenn es um den Strudel menschlicher Emotionen, Verhaltensmuster, Äußerungen und Wahrnehmungen geht, gibt es viele gültige Perspektiven.

Ein Kardinalfehler mit Blick auf Empathie ist die Annahme, dass wir die Welt durch die Augen anderer sehen können. Das geht nicht. Unsere Sichtweise ist untrennbar mit unserer Persönlichkeit verbunden. Was wir aber tun können: Wir können die Sicht anderer auch dann als wahr würdigen, wenn sie sich von unserer unterscheidet. Entstammen Sie einer Mehrheitskultur – etwa als weißer, männlicher, heterosexueller Christ aus der Mittelschicht –, ist das nicht ganz einfach, denn vermutlich wurde ihnen vermittelt, dass Ihre Sicht der Dinge die einzig richtige ist und dass alle anderen ihren Blickwinkel korrigieren müssen. Genauer gesagt wurde Ihnen über unterschiedliche Perspektiven gar nichts beigebracht, doch von jedem System und jeder Situation aus Ihrer Erfahrungswelt bekräftigt, dass *Ihre Wahrheit die ganze Wahrheit* ist.

Kinder sind äußerst empfänglich für den Erwerb von Kompetenzen zum Perspektivwechsel, weil sie mit angeborener Neugier betrachten, wie die Welt und die Menschen darin funktionieren. Wer als Kind gelernt hat, die Perspektive zu wechseln, sollte seinen Eltern sehr dankbar sein. Wer mit dieser Kompetenz nicht schon in jüngerem Alter in Berührung kam, muss härter arbeiten und sich aktiv gegen die Panzerung zur Wehr setzen, um sie sich als Erwachsener noch anzueignen.

Ein Perspektivwechsel setzt voraus, dass man vom Wissenden zum Lernenden wird. Nehmen wir an, ich unterhalte mich mit einem Teamkollegen, der 25 Jahre alt ist, Afroamerikaner, schwul und in einem wohlhabenden Viertel von Chicago aufgewachsen. Im Laufe unseres Gespräches merken wir, dass wir vollkommen unterschiedliche Vorstellungen von einem neuen Programm haben, das wir entwickeln wollen. Als wir die Fragen diskutieren, sagt er mir: »Meine Erfahrungen bringen mich zu der Überzeugung, dass wir mit diesem Ansatz bei unserer Zielgruppe nichts erreichen.« Ich kann dann nicht aus meiner heterosexuellen, weißen, weiblichen Haut mittleren Alters schlüpfen und die Welt aus seinen Augen sehen, aber ich kann ihn bitten: »Erzähl mir mehr – was denkst du?« Und ich kann seine Wahrheit als ganze Wahrheit respektieren, nicht als abseitige Version meiner Wahrheit.

Aus diesem Grund bestätigt auch jede Studie, die uns untergekommen ist, die positive Korrelation zwischen Inklusivität, Innovation und Leistung. **Wieder gilt: Nur wenn verschiedene Perspektiven**

einbezogen, respektiert und gewürdigt werden, können wir uns ein vollständiges Bild von der Welt machen, von den Menschen, für die wir arbeiten, von ihren Bedürfnissen und davon, wie man Menschen erfolgreich dort abholen kann, wo sie stehen.

Mir gefällt sehr gut, wie Beyoncé das in der *Vogue*-Ausgabe vom September 2018 in ihrem in der Ich-Form verfassten Artikel formuliert hat:[54]

> Wenn Menschen in Machtstellungen auch weiterhin nur Leute einstellen und casten, die so ähnlich aussehen, ähnlich sprechen und aus denselben Vierteln stammen wie sie selbst, werden sie nie mehr Verständnis für Erfahrungen bekommen, die sich von ihren unterscheiden. Sie werden immer wieder dieselben Models buchen, dieselben Kunstwerke kuratieren, dieselben Schauspieler casten, und wir alle werden dadurch verlieren. Das Tolle an den sozialen Medien ist, dass sie absolut demokratisch sind. Dort hat jeder eine Stimme. Jede Stimme zählt und jeder hat die Chance, die Welt aus seiner Sicht darzustellen.

Für das Titelblatt der Zeitschrift wurde sie vom Fotografen Tyler Mitchell abgelichtet, der damit zum ersten afroamerikanischen Fotografen wurde, der in der 126-jährigen Geschichte der *Vogue* das Cover-Foto schießen durfte.

Setzen wir uns mit diesen Themen auseinander und spüren unsere blinden Flecken auf (die wir alle haben), müssen wir dabei ganz bewusst auf den Prozess der Panzerung achten: Wir können nicht empathisch sein, wenn wir unbedingt die Wissenden sein müssen. Können wir nicht die Lernenden sein, können wir auch keine Empathie praktizieren. Und um es mal freundlich, aber ganz deutlich zu sagen: Wenn wir die Wissenden sein müssen, ist Empathie nicht das Einzige, das dabei auf der Strecke bleibt. Weil Neugier die Voraussetzung ist für Auseinandersetzungen mit Verletzlichkeit, haben Menschen, die schon alles wissen, mit allen vier Bausteinen des Muts Probleme.

Empathiekompetenz Nummer 2: Wertfrei urteilen

Nicht zu werten, ist nicht leicht, denn die meisten Menschen urteilen gern. Es gibt zwei wissenschaftlich fundierte Methoden, um vorherzusagen, wann wir dabei sind, wertend zu urteilen: Wir urteilen in den Bereichen wertend, in denen wir besonders schamanfällig sind, und wir urteilen über solche Menschen wertend, die in diesen Bereichen schlechter dastehen als wir selbst. Stellen Sie also fest, dass Sie über das Erscheinungsbild anderer wertend urteilen, und wissen nicht, warum, dann ist das ein Hinweis darauf, dass das für Sie ein heikles Thema ist.

Wir sollten unbedingt analysieren, in welchen Situationen wir zu wertenden Urteilen neigen, denn daraus kann ganz schnell ein Teufelskreis der Scham werden. Wir schämen uns, weil wir über andere urteilen, und um uns von unseren verletzten Gefühlen zu befreien, urteilen wir über andere. Das beobachte ich oft in Organisationen. Der Fisch stinkt immer vom Kopf her, doch der Geruch zieht bis in die Nase der Verbraucher. Ich kenne kein Unternehmen mit von Scham und Werturteilen geprägter Kultur, das seine Kunden wirklich gut betreut.

Wertfrei zu urteilen, bedeutet, sich bewusst zu werden, auf welchen Gebieten wir selbst besonders verletzlich auf unsere eigene Scham und unsere eigenen Probleme reagieren. Die gute Nachricht: In Bereichen, in denen wir ein gesundes Selbstwertgefühl und ein solides Selbstvertrauen haben, urteilen wir nicht wertend. Je mehr davon wir uns aufbauen, desto besser können wir wertfrei urteilen.

Empathiekompetenz Nummer 3: Die Gefühle anderer verstehen
Empathiekompetenz Nummer 4: Kommunizieren, dass wir verstehen, was eine andere Person fühlt

Diese beiden Attribute fasse ich zusammen, denn, auf Kompetenzen heruntergebrochen, sind sie untrennbar miteinander verwoben. Um die Gefühle anderer zu verstehen und das auch zu kommunizieren, müssen wir uns unserer eigenen Gefühle bewusst sein. Im Idealfall bedeutet das: Wir können die Sprache der Gefühle fließend oder zumindest einigermaßen gut sprechen und sind in der Welt der Emotionen nicht fremd. Die allermeisten Menschen, die ich dazu befragt habe, fühlen sich in der Welt der Emotionen nicht wohl und beherrschen die Sprache der Gefühle alles andere als fließend.

Emotionale Kompetenz ist meines Erachtens ebenso wichtig wie Sprachkompetenz. Wenn wir nicht benennen und aussprechen können, was emotional in uns abläuft, können wir das auch nicht verarbeiten. Stellen Sie sich vor, Sie gehen zum Arzt, weil Sie unerträgliche Schmerzen in der rechten Schulter haben – so stark, dass Sie kaum atmen und sich nicht mehr aufrecht halten können. Doch als Sie in der Praxis ankommen, sind Sie mit Klebeband geknebelt und Ihre Hände sind hinter Ihrem Rücken gefesselt.

Die Ärztin möchte Ihnen gerne helfen, doch auf Ihre Frage, was passiert ist, bringen Sie nur »Mmf, mmf« heraus. Sie wollen ihr gern alles erklären, können aber nicht sprechen. Deshalb können Sie Ihre Beschwerden nicht beim Namen nennen, aussprechen oder beschreiben. Die Ärztin fordert Sie auf, ihr zu zeigen, was Ihnen fehlt, doch weil Ihnen die Hände gebunden sind, können Sie nur aufstehen und Ihren Blick immer wieder zur rechten Seite richten. Sie geben erstickte Laute von sich und springen hin und her, bis Sie und die Ärztin erschöpft aufgeben. Genau das passiert, wenn wir die Sprache der Gefühle nicht beherrschen. Es ist beinahe unmöglich, Gefühle zu verarbeiten, wenn wir sie nicht erkennen, benennen und über unsere Erfahrungen sprechen können.

Falls das noch nicht Grund genug dafür ist, sich damit auseinanderzusetzen und diese Sprache zu erlernen: Emotionale Kompetenz ist auch eine Voraussetzung für Empathie, Schamresilienz und die Fähigkeit, einen Neustart durchzuführen und sich nach einem Sturz wieder hochzurappeln. Wie sollen wir etwa wieder auf die Füße kommen, nachdem wir gestrauchelt sind, wenn wir die feinen, doch wesentlichen Unterschiede zwischen Enttäuschung und Wut, Scham und Schuld, Angst und Kummer nicht kennen? Und wenn wir diese

Emotionen an uns selbst nicht erkennen, kann uns das kaum bei anderen gelingen.

Wir stehen kurz vor dem Abschluss einer Studie über **emotionale Kompetenzen**. Hier der Trailer dazu. Stellen Sie sich bitte eingespielte Musik vor und die dramatische Stimme eines Sprechers: *In einer Welt, in der alle die Sprache der Gefühle verstehen, könnten wir an uns und anderen 30 bis 40 verschiedene Emotionen erkennen und benennen.* Die genaue Zahl halte ich noch zurück, weil wir die einzelnen Emotionen noch nicht abschließend bestätigt haben, doch man kann auf jeden Fall sagen: Wer die Sprache der Gefühle fließend spricht, kann mindestens 30 davon nennen.

Das letzte Attribut – zu kommunizieren, dass wir die Gefühle anderer verstehen – erscheint uns womöglich am riskantesten, denn schließlich können wir uns irren. Dann gilt: Nicht falls, sondern wenn wir danebenliegen, müssen wir den Mut haben, wieder von vorne anzufangen. Solange wir mit vollem Herzen dabei sind, aufmerksam hinschauen und neugierig bleiben, können wir unseren Kurs korrigieren. Deshalb gilt folgende Aussage von Therapeuten ja auch als häufiges Stereotyp: »Was ich bei Ihnen durchhöre, ist …« Damit räumen sie dem Patienten die Chance ein, zu sagen: »Nein. So habe ich das nicht gemeint. Ich bin nicht traurig. Ich bin verärgert.«

Wer kein Therapeut ist, könnte stattdessen sagen: »Tut mir leid, dass dieses Projekt nicht auf deinem Tisch gelandet ist. Das nervt sicherlich und muss frustrierend sein. Möchtest du darüber reden?« Mit so einer Frage vermitteln Sie Ihrer Kollegin, dass Sie für sie da sind und dass sie ihren Gefühlen freien Lauf lassen kann.

Weil Sie bereit sind, über Emotionen zu sprechen, hat Ihr Gegenüber die Chance, das richtigzustellen: »Genervt bin ich eigentlich gar nicht. Ich glaube, in Wirklichkeit ist mir das peinlich und ich bin enttäuscht. Ich meine, alle sagen, ich sei die Idealbesetzung dafür. Mir ist gar nicht in den Sinn gekommen, dass ich übergangen werden könnte. Jetzt muss ich allen erklären, warum das Projekt nicht mir zugeteilt wurde, dabei verstehe ich das selbst nicht.« Dieser Austausch allein baut schon die Verbundenheit und Übereinstimmung auf, die wir brauchen, um ein aussagekräftiges, vertrauensbildendes und sogar therapeutisches Gespräch zu führen.

DEN EISBERG UMSCHIFFEN

Ein Grund, aus dem Gefühle schwer zu erkennen und zu benennen sind, ist der Eisbergeffekt. Stellen Sie sich kurz einen Eisberg vor. Einen Teil davon können Sie über Wasser sehen, doch gut möglich, dass sich der Berg unter Wasser noch kilometerweit fortsetzt. Viele Emotionen, die wir verspüren, äußern sich an der Oberfläche durch Genervtheit oder Verschlossenheit. Unter der Oberfläche verbergen sich aber noch viele Nuancen und große Tiefe. Scham und Kummer sind zwei Beispiele für Emotionen, die schwer vollständig zu äußern sind, weshalb wir wütend oder verschlossen wirken.

Das ist aus einem Grund ein leicht nachvollziehbares Konzept: Den allermeisten Menschen fällt es leichter, wütend zu sein, als verletzt. Wut ist nicht nur einfacher auszudrücken als Verletzung, sondern wird in unserer Kultur auch eher akzeptiert. Wenn Sie also das nächste Mal dichtmachen oder sauer werden, fragen Sie sich selbst, was dahintersteckt.

Noch einmal: An erster Stelle kommt Empathie. Ich versetze mich in eine andere Person. Das bedeutet: Ich höre zu und lerne und weiß nicht schon alles vorher. Zweitens: Ich werte nicht. Und drittens und viertens: Ich versuche zu verstehen, welche Gefühle mein Gegenüber zum Ausdruck bringt, und kommuniziere, wie ich das verstanden habe.

Empathiekompetenz Nummer 5: Achtsamkeit

Das fünfte Element, die Achtsamkeit, ist eine Anleihe von Kristin Neff. Neff beschreibt sie als »ausgewogene Herangehensweise an negative Gefühle, sodass Gefühle weder unterdrückt noch übersteigert werden. (...) Wir können unseren Schmerz nicht ignorieren und gleichzeitig Mitgefühl haben. (...) Achtsamkeit setzt voraus, dass wir uns nicht zu sehr mit Gedanken und Gefühlen identifizieren, sodass wir uns in einer negativen Reaktivität verheddern und uns davon mitreißen lassen.«[55]

Als Wort finde ich »Achtsamkeit« aber mitunter etwas nervig, weshalb ich lieber »Aufmerksamkeit« verwende. Neffs Feststellungen zu Achtsamkeit – vor allem soweit sie sich darauf beziehen, uns nicht zu sehr mit unseren Gefühlen zu identifizieren oder in diese hineinzusteigern – decken sich exakt mit den Erkenntnissen aus unserer Arbeit. Zu grübeln und sich festzufressen, ist ebenso wenig hilfreich, wie gar nichts zu bemerken. Kurz gesagt versuche ich, Achtsamkeit zu praktizieren, indem ich aufmerksam darauf achte, was in solchen Gesprächen passiert und welche Gefühle sie in mir wecken, ich aber auch auf meine eigene Körpersprache und die meines Gegenübers achte. Emotionen wegzudrücken oder sich hineinzusteigern führt gleichermaßen zu empathischen Fehlleistungen.

WORAN MAN EMPATHIE ERKENNT

Seit ich Empathie unterrichte, begegne ich dem Verlangen nach mehr Gewissheit. Zu Anfang meiner Karriere als Dozentin fragte mich ein Student der Fachrichtung Soziale Arbeit, ob ich nicht einen Entscheidungsbaum für Empathie erstellen könne – nach dem Muster *Wenn jemand dies sagt, antworte ich das. Geht das Gespräch in eine bestimmte Richtung, passe ich mich an und sage jenes.* Da muss ich leider passen. Bei Empathie geht es um Verbundenheit, und das beste Navigationssystem ist, Verbindung aufzunehmen. Gehen wir bei unserem Versuch, jemandem beizustehen, fehl, verzeiht das Verbundenheit nicht nur, sondern ermöglicht auch einen raschen Richtungswechsel.

Ein Entscheidungsbaum für Empathie funktioniert deshalb nicht, weil jeder Mensch anders ist. Wenn Sie beispielsweise jemandem etwas Heikles anvertrauen, welche der folgenden Reaktionen möchten Sie erleben?

Blickkontakt suchen?
Wegschauen?
Sie an sich ziehen und umarmen?
Ihnen Abstand geben?
Sofort reagieren?
Ruhig bleiben und zuhören?

Wenn Sie 100 Menschen diese Fragen stellen, erhalten Sie 100 verschiedene Antworten. Die einzige Lösung ist: Verbindung aufnehmen und aufmerksam bleiben.

Nachdem ich Suzanne am Flughafen angeschaut und gesagt hatte: »Ich verstehe das nicht«, machte sie mir unmissverständlich klar, dass ich Ellens Spiel verpassen würde. Sie ging auf Abstand, blieb aber bei mir. Mich in den Arm zu nehmen, wäre keine gute Idee gewesen. Ich hätte sie vielleicht nicht zurückgestoßen oder in den Schwitzkasten genommen, doch der Impuls wäre da gewesen. Sie war ganz da, voll bei der Sache und kannte mich gut genug, um zu wissen, dass sie mir ins Gesicht sehen und sagen musste, dass ich es zu Ellens Spiel nicht schaffen würde, und dann einen Schritt zurücktreten und mir etwas Raum geben.

Suzanne und ich waren verbunden, nachdem wir den Tag zusammen in Fort Bragg verbracht hatten, doch das funktioniert auch, wenn Sie sich einem Menschen gegenüber empathisch zeigen, den Sie nicht so gut kennen. Engagieren Sie sich, bleiben Sie neugierig und bleiben Sie verbunden. Verabschieden Sie sich von der Angst, das Falsche zu sagen, dem Drang, alles in Ordnung zu bringen, und dem Wunsch, genau die richtige Antwort zu geben, die alles wieder gut macht (denn das wird nicht passieren). Sie müssen es nicht perfekt hinkriegen. Tun Sie es einfach.

Die Arbeit mit Führungskräften der Bill & Melinda Gates Foundation vor ein paar Jahren hat mir viel Spaß gemacht. Es war mir ein Vergnügen, Melinda Gates kennenzulernen, die sich in der Stiftung für Mutentwicklung starkmacht und Herausragendes leistet als Vorbild dafür, wie Empathie und Verletzlichkeit zusammenwirken, um eine Kultur der stärkeren Verbundenheit zu erzeugen.

Hier ein paar Hintergrundinformationen über Melinda Gates: Sie kam 1987 zu Microsoft und tat sich dort als Managerin in der Entwicklung von Multi-Media-Produkten hervor. Später wurde sie zur Geschäftsführerin für Informationsprodukte befördert. 1996 schied Melinda Gates aus dem Unternehmen aus, um sich ganz ihrer philanthropischen Tätigkeit und ihrer Familie zu widmen.

Gemeinsam mit Bill Gates prägt und genehmigt sie heute die Strategien der Stiftung, prüft ihre Ergebnisse und gibt der Organisation ihre Gesamtausrichtung vor. Gemeinsam treffen sie sich mit Zuwendungsempfängern und Partnern, um das Ziel der Stiftung, in den USA und weltweit für mehr Gleichheit zu sorgen, voranzutreiben. Melinda Gates weiß aus erster Hand, dass es entscheidende Verbesserungen der Gesundheit und des Wohlstands von Familien, Kommunen und Gesellschaften herbeiführen kann, wenn Frauen und Mädchen mehr Mitspracherecht bekommen. Aktuell konzentriert sich ihre Arbeit auf die Gleichstellung der Geschlechter als Weg zu sinnvollen Veränderungen.

Über ihre Erfahrungen mit Verletzlichkeit schreibt Melinda:

> Ich habe angefangen, mit Verletzlichkeit zu experimentieren, und bin, ehrlich gesagt, fassungslos angesichts der Reaktionen. Bill und ich treffen uns mehrmals im Jahr mit allen Beschäftigten der Stiftung. Diese Treffen sind für uns eine wichtige Gelegenheit, Verbundenheit zu unserem Team herzustellen. Unlängst bekannte ich auf einer dieser Sitzungen, dass Bill und ich für uns selbst Listen mit Verhaltensregeln führten – im Grunde über die Verhaltensweisen, an denen wir arbeiten mussten, um sicherzustellen, dass wir mit gutem Beispiel vorangehen. Danach sprachen mich so viele Leute an und erklärten mir, dass ich so offen über meinen persönlichen Verbesserungsbedarf gesprochen hatte, hätte Ihnen ein besseres Gefühl im Hinblick auf die Dinge gegeben, die sie selbst besser machen könnten.

Ich erzählte auf diesen Sitzungen erstmals auch ein bisschen mehr über meine Kinder. Dieses Thema hatte ich immer gemieden, weil ich es so persönlich fand. Doch es kam bei vielen Beschäftigten gut an, die ebenfalls versuchen, Arbeit und Familienleben unter einen Hut zu bringen – und die ebenfalls täglich in der Stiftung und als Eltern ihre Werte vorleben. Ich fühlte mich Einzelnen und der kollektiven Stiftungskultur stärker verbunden, weil ich bewusst Schritte unternommen hatte, um mich verletzlicher zu machen.

GELEBTE EMPATHIE

Wenn wir Schwierigkeiten haben und Verbundenheit und Empathie brauchen, müssen wir uns Menschen mitteilen, die uns annehmen, wie wir sind, mit allen unseren Stärken und Schwächen. Menschen, die es verdient haben, unsere Geschichte zu hören. Solche Menschen zu finden, erfordert Übung. Und dieser Mensch zu *sein*, ebenfalls. Wenn es um Empathie geht, kommt es auf den richtigen Menschen, den richtigen Zeitpunkt und das richtige Thema an.

Es sind sechs Barrieren für Empathie bekannt, die ihre praktische Anwendung ins Leere laufen oder sogar verfehlt erscheinen lassen. Jeder weiß, wie sich das anfühlt, wenn man jemandem etwas Persönliches mitteilt und sich dadurch verletzlich macht, etwa einen inneren Kampf oder auch etwas Aufregendes oder Erfreuliches, und man nicht den Eindruck hat, dass man gehört, gesehen oder verstanden wird. Das ist ein deprimierendes Gefühl. Man kommt sich bloßgestellt vor, manchmal bis zur Schamgrenze. Die klinische Bezeichnung dafür ist *Empathieversagen*, wenngleich ich *empathische Fehlleistung* bevorzuge, weil das nicht ganz so beschämend klingt.

Schauen wir uns die sechs größten empathischen Fehlleistungen an, die wir in der Regel begehen, um sie zu erkennen, wenn wir sie erleben, damit es uns bei künftigen Gelegenheiten besser gelingt, Verbundenheit zu Menschen herzustellen, die mit sich kämpfen.

Empathische Fehlleistung Nummer 1: Der Unterschied zwischen Mitleid und Empathie

Möchte Sie wissen, wodurch ich mich damals am Flughafen alleingelassen und noch schlechter gefühlt hätte? Durch Mitleid. Wenn Suzanne gesagt hätte: »Du Arme, du tust mir ja so leid.« Oder »Ich kann mir kaum vorstellen, wie schlimm das für dich sein muss.« Doch sie hat sich nicht *für* mich schlecht gefühlt, sondern meinen Schmerz *mitgetragen*.

Empathie ist echtes Mitgefühl. Mitleid bedeutet dagegen, das man jemanden bedauert. Aus Empathie entsteht Verbundenheit. Mitleid trennt. Für mich ist Empathie immer ein gesegneter Moment. Wenn jemand in einem tiefen Brunnen sitzt und von ganz unten ruft: »Es ist dunkel und unheimlich hier. Das ist mehr, als ich ertragen kann.«

Und wir schauen in die Tiefe und sagen: »Ich sehe dich.« Und dann steigen wir in dem Vertrauen hinab, dass wir auch wieder hinauskommen. »Ich weiß, wie es da unten aussieht. Du bist nicht allein.« Natürlich klettert man nicht hinunter, wenn man selbst nicht mehr zurückkann. In ein Loch zu springen, ohne sich daraus befreien zu können, zeugt von **zu enger Bindung**, von starker wechselseitiger Abhängigkeit. Sich mit einem anderen in den Kampf zu stürzen und dabei klare Grenzen zu ziehen zwischen Mein und Dein – das ist Empathie.

Mitleid wäre dagegen, wenn wir über den Rand in das tiefe Loch schauen und sagen würden: »Oje, das sieht ja furchtbar aus. Du tust mir sehr leid«, und unserer Wege gehen. Es gibt da einen lustigen Animationsfilm über den Unterschied zwischen Empathie und Mitleid, den die Royal Society for the Encouragement of Arts, Manufac tures and Commerce aus einem Ausschnitt aus einem Vortrag über Empathie erstellt hat, den ich in London gehalten habe – illustriert und animiert von der talentierten Katy Davis. Diesen können Sie sich auf brenebrown.com/videos/ anschauen.[56]

Das Wichtigste, was man jemandem in einer schwierigen Situation sagen kann, ist: »Me too.« Diese beiden Wörtchen haben eine solche Aussagekraft, dass Tarana Burke damit eine der bedeutsamsten Bewegungen unserer Zeit ins Leben rief und es nicht bei Worten beließ. Die Bewegung richtet sich gegen die weitverbreiteten sexuellen Belästigungen und Übergriffe, insbesondere am Arbeitsplatz, und ist ein gutes Beispiel dafür, wie Empathie Mut geben und tiefgreifenden Wandel bewirken kann.

»Me too« bedeutet: *Ich habe vielleicht nicht genau dasselbe erlebt wie du, doch ich weiß, wie es in dir aussieht, und du bist nicht allein.*

Mitleid wäre: *Oje, das ist ja furchtbar. Da tust du mir wirklich leid. Ich weiß nicht, was du da erlebt hast, und verstehe es auch nicht, aber ich billige dir zu, dass das gar nicht schön ist. Und eigentlich will ich es gar nicht wissen.*

Wieder offenbart sich der Unterschied zwischen Empathie und Mitleid: Bei Empathie fühlt man *mit* jemandem, Mitleid empfindet man *für* jemanden. Die empathische Reaktion wäre: *Ich verstehe, ich fühle mit dir und ich weiß, was in dir vorgeht.* Die mitleidige Reaktion wäre dagegen: *Du tust mir leid.*

Wenn Sie erreichen möchten, dass ein Wirbelsturm der Scham noch verheerender wütet, versuchen Sie es mit: »Ach je, du Arme.« Das entspricht der in den US-amerikanischen Südstaaten geläufigen Redensart: »Aww, bless your poor heart.« Hat jemand Mitleid mit uns, fühlen wir uns erst recht alleine. Fühlt jemand dagegen mit uns, verstärkt sich das Gefühl der Verbundenheit und der Normalität.

Empathische Fehlleistung Nummer 2: Nach Luft schnappen und entsetzt sein

In diesem Szenario hört sich eine Kollegin (oder ein Kollege) Ihre Geschichte an und schämt sich für sie. Sie schnappt vielleicht hörbar nach Luft und bekräftigt damit, dass Sie zu Recht außer Fassung geraten. Sie selbst ist entsetzt und außer sich. Erst tritt peinliches Schweigen ein, und dann müssen Sie auch noch Sorge tragen, dass sich Ihre Kollegin besser fühlt. Hier ein Beispiel: »Gestern habe ich endlich diesen Bericht abgeliefert und war total gespannt. Ich hatte so ein gutes Gefühl, doch dann rief mich mein Chef zu sich und erklärte mir, dass die letzten zwei Seiten fehlten. Ich hatte vergessen, sie beizufügen.«

Sie erhoffen sich von Ihrer Kollegin Zuspruch wie: »Ach ja, so was ist mir auch schon mal passiert. So ein Mist.« Stattdessen zieht die Betreffende hörbar die Luft ein und sagt: »Oh, mein Gott, ich wäre tausend Tode gestorben.« Und Sie versichern schnell: »Na, so schlimm ist das nun auch wieder nicht.« Und plötzlich finden Sie sich in der Rolle des Trösters wieder.

Empathische Fehlleistung Nummer 3: Der Sturz aus großer Höhe
In diesem Szenario braucht Sie ein Freund, weil Sie für ihn Würde und Authentizität verkörpern. So ein Mensch bringt Sie nicht weiter, weil er sich im Stich gelassen fühlt, wenn Sie sich als unvollkommen erweisen. Er ist enttäuscht. So einen Menschen ziehen Sie ins Vertrauen und erzählen ihm: »Meine Leistungsbewertung ist nicht so gelaufen, wie ich mir das ausgerechnet hatte. Irgendwie ... ich weiß nicht, ob da grade ein Sturm der Scham über mich hereinbricht oder was ... Ich fühle mich wie betäubt. Ich kann nicht glauben, dass ich in diesem Quartal so schlecht bewertet worden bin.«

Und er reagiert mit: »Das hätte ich nie von dir gedacht. Für mich bist du nicht der Mensch, der so eine Bewertung kriegt. Was ist denn passiert?« Und plötzlich spüren Sie: Da ist keine empathische Verbundenheit. Sie sehen sich in der Defensive, weil der andere von Ihnen enttäuscht ist. (Hinweis: Das passiert uns häufig in der Kindheit und ist eine maßgebliche Ursache für Perfektionismus.)

Empathische Fehlleistung Nummer 4: Block and Tackle
Bleiben wir in diesem Szenario bei der Leistungsbewertung. Diesmal fühlt sich Ihr Freund angesichts der Verletzlichkeit so unwohl, dass er schimpft: »Wie konntest du das zulassen? Was hast du dir nur dabei gedacht?« Oder er sucht einen Sündenbock. »Wer war das? Dem werden wir es schon zeigen. Oder wir schwärzen ihn an!« Das ist ein

gewaltiger empathischer Fehltritt. Ich wende mich an Sie, weil ich mit etwas zu kämpfen habe, und Sie machen es sich leicht, indem Sie sich der unbehaglichen Situation entziehen – und stattdessen auf jemand anderen sauer sind oder über mich urteilen. Nicht hilfreich.

Empathische Fehlleistung Nummer 5: Stiefel und Spaten
So reagiert eine Kollegin, die unbedingt alles schönreden muss, damit sie schnell in ihre Komfortzone zurückkann. So ein Mensch weigert sich anzuerkennen, dass Sie tatsächlich einen Fehler machen oder eine schlechte Entscheidung treffen können. Er sagt: »Ach, weißt du, so schlimm ist das doch gar nicht. Das kann nicht so schlimm sein. Ich weiß doch, wie toll du bist. Du bist einfach großartig.« Er will unbedingt erreichen, dass Sie sich besser fühlen, nicht wissen, wie es wirklich in Ihnen aussieht. Und er will auch nicht nachfühlen, was Sie ihm beschreiben. Das ist ziemlich befremdlich und klingt sehr nach Blabla.

Empathische Fehlleistung Nummer 6: Wenn du denkst, das war schlimm ...
In diesem Fall verwechselt Ihr Ansprechpartner Verbundenheit mit einer Gelegenheit, noch eins draufzusetzen. »Ach, das ist doch gar nichts. Ich erzähle dir mal von *meiner* Leistungsbewertung im vierten Quartal 1994.« Vergleiche zu ziehen oder einen Wettbewerb zu starten, ist aus folgenden Gründen heikel: Das Bedeutsamste, was Sie jemandem sagen oder von jemandem hören können, wenn es Probleme gibt, ist »Me too. Du bist nicht allein.« Und das ist etwas ganz anderes als »Ach ja? Ist mir auch schon passiert. Hör dir das mal an!«. Der Hauptunterschied zwischen den beiden Reaktionen liegt darin, dass Letztere den Fokus auf den anderen verschiebt.

SO SIND WIR

Die schlechte Nachricht: In Sachen Empathie kennen wir alle Menschen, die Defizite haben, und wir waren auch alle schon mal der

Mensch mit dem Defizit. Empathie ist eine Kompetenz. Hier die gute unglaubliche Nachricht: Wenn wir an unseren Kompetenzen arbeiten, können wir alle lernen, Empathie zu leben. Das ist ein großes Geschenk.

Hier ein paar Fragen, über die wir im Rahmen unserer Kompetenzerweiterung nachdenken sollten:

1. Sind unter diesen sechs Empathie-Fehlleistungen eine oder zwei, bei denen Sie absolut dichtmachen?
2. Wie fühlen Sie sich, wenn Sie jemandem etwas anvertrauen und an eine dieser Barrieren stoßen? Und wie wirkt sich das auf Ihre Verbundenheit mit diesem Menschen aus?
3. Drehen Sie den Spieß um: Wie stufen Sie Ihre eigene Empathiekompetenz ein?
4. Erkennen Sie sich in einer oder zwei der beschriebenen Reaktionen wieder und müssen das ändern?

Noch einmal: Wir alle haben im Freundes- und Kollegenkreis Menschen, die sich so verhalten. Und wir gehören auch *selbst* manchmal dazu. Es geht hier nicht um »wir und die anderen«. Das betrifft uns alle. Mich eingeschlossen. Und dabei vermittle ich diese Kompetenz schon seit 20 Jahren.

Mit Adleraugen beobachte ich mich selbst, wenn mir jemand eine Geschichte erzählt, die meine perfektionistischen Ängste weckt – vor allem wenn ich glaube, dass mich seine Situation irgendwie betrifft. Passiert das, bin ich äußerst anfällig für folgende eklatante empathische Fehlleistung: »Oh, mein Gott, wie konntest du nur?«

Mitleid kann ich ganz gut meiden, weil ich mich schon so lange wissenschaftlich mit Empathie und Mitleid auseinandersetze. »Ich bedaure dich« oder »Du tust mir leid« kommt mir nicht oft über die Lippen, vermutlich weil das Äußerungen sind, die bei mir selbst ganz schlecht ankommen. Mir begegnet auch häufig Enttäuschung, die im Mantel der Empathie daherkommt.

In einem Vortrag habe ich einmal gesagt: »Ich möchte einfach dreinschlagen.« In der anschließenden Diskussion meldete sich jemand und sagte: »Wissen Sie, das Bedürfnis dreinzuschlagen klingt mir nicht sehr nach vollem Herzen. Und was das angeht, sind Sie meine Ikone.«

Ich hakte sofort ein. »Sie sollten mich nicht zu Ihrer Ikone machen. Ich bemühe mich sehr, aus vollem Herzen zu leben, aber erklären Sie mich bitte nicht zu Ihrem Vorbild. Genau wie Sie bin ich auf dem Weg dorthin, habe es aber noch nicht geschafft.« Jeder Anspruch auf Perfektion ist eine empathische Fehlleistung.

Empathie ist keine leicht zu erwerbende Kompetenz, denn sie richtig gut zu beherrschen, erfordert Übung, und Übung bedeutet, dass man mehr als einmal total danebenliegt. Doch so ist Üben nun einmal. Wer nicht bereit ist, 3759-mal von der Freiwurflinie danebenzuwerfen, wird solche Würfe nie zuverlässig meistern.

Bei vielen unserer Empathie-Workshops bitten wir die Teilnehmer, ein Poster zu unterschreiben, auf dem steht:

Ich erkläre, dass ich Empathie praktizieren, es verpatzen, von vorne anfangen, es wiedergutmachen und noch einmal versuchen werde.

Das sollten Sie sich selbst, Ihrem Team, Ihren Freunden und Ihrer Familie versprechen. Sie haben keine Vorstellung, wie viel es anderen bedeuten kann, wenn Sie es noch einmal versuchen und sagen: »Du hast mir da etwas anvertraut, was dir sichtlich schwerfiel. Ich wünschte, ich hätte anders darauf reagiert. Du und das, was du mir mitgeteilt hast, sind mir wirklich wichtig. Darf ich es noch einmal versuchen?« Das ist mutige Führung.

WIE SIE MITGEFÜHL MIT SICH SELBST PRAKTIZIEREN KÖNNEN

Die größte Hürde für Empathie? Schauen Sie in den Spiegel. Der erste Schritt besteht darin, zu uns selbst freundlich zu sein und die Hypothese des Großmuts auch auf uns selbst auszudehnen, wenn wir etwas vergeigt haben. Wirklich geschafft haben wir es, wenn wir dem Drang widerstehen, uns selbst zu strafen oder zu beschämen.

Dr. Kristin Neff von der University of Texas in Austin, von der an anderer Stelle in diesem Abschnitt bereits die Rede war, leitet das Self-Compassion Research Lab und ist Autorin des Buches *Selbstmitgefühl: Wie wir uns mit unseren Schwächen versöhnen und uns selbst der beste Freund werden.* Sie schreibt über die drei Elemente, aus der sich die Übung zusammensetzt: Freundlichkeit uns selbst gegenüber, menschliche Verbundenheit und Achtsamkeit. Achtsamkeit haben Sie schon als Empathiekompetenz Nummer 5 weiter oben kennengelernt, von mir leicht abgewandelt in »Aufmerksamkeit«.[57]

Während Achtsamkeit bei Empathie und bei Selbstmitgefühl zum Tragen kommt, schreibt Neff, dass Selbstmitgefühl voraussetzt, uns nicht Gedanken und Emotionen zu eigen zu machen, die womöglich gar nicht unsere sind. Einfach formuliert: Fühlen Sie sich nicht für das verantwortlich, was andere sagen – nur für Ihre eigenen Äußerungen. In der Praxis heißt das: Sagen Sie einfach »Sie war so sauer« statt »Sie war so sauer auf mich«. Fixieren Sie sich nicht darauf, grübeln Sie nicht und verzetteln Sie sich nicht.

Neffs Definition von Freundlichkeit sich selbst gegenüber ist in sich geschlossen und selbsterklärend: »uns selbst freundlich und verständnisvoll zu begegnen, wenn wir leiden, versagen oder uns unzulänglich fühlen, statt unseren Schmerz zu ignorieren oder uns mit Selbstkritik zu geißeln«.[58] In meinem Leben übersetzt sich das in den einfachen Auftrag: **Sprich mit dir selbst so, wie du mit einem geliebten Menschen sprechen würdest.** Die meisten von uns beschämen, belächeln und kritisieren sich selbst in einer Weise, wie wir es nie mit anderen machen würden. Ich würde nie zu Ellen oder Charlie sagen: »Mein Gott, bist du dumm!« Zu mir selbst sage ich das aber bedenkenlos.

Ich will Ihnen ein reales Beispiel aus meinem Leben geben. Vor Kurzem hat mich ein Journalist für einen Artikel in einer Zeitschrift interviewt. In Interviews mit Medienvertretern fühle ich mich immer extrem verletzlich, weil ich nicht gut filtern, mich ans Skript halten und aufpassen kann, was ich sage. Das Szenario, in dem man sich fürs Protokoll äußert, ist so ganz anders als die Art von Interviews, die ich seit über 20 Jahren tausendfach führe und bei denen es darum geht, angstfrei und ungefiltert echten Erfahrungen auf die Spur zu kommen, indem man Verbundenheit herstellt, offen miteinander spricht und sich gegenseitig Dinge anvertraut. Ich verwende in meiner Forschungsarbeit grundsätzlich nur das, womit Sie einverstanden sind. Und Sie selbst werden nur erkennbar, wenn wir vorher darüber gesprochen haben, Sie zugestimmt und abgesegnet haben, wie ich Ihre Äußerungen wiedergebe.

Mitten im besagten zweistündigen Interview (das viel zu lang war) wurde ich gefragt, wie ich mehrere Prioritäten unter einen Hut bekomme. Ich antwortete: »Ach, das fällt mir verdammt schwer.« Allerdings drückte ich mich etwas deftiger aus. Sofort schob ich nach: »Oh, Verzeihung. Streichen Sie das bitte.«

Doch es war zu spät. Es war bereits »offiziell aufgezeichnet«. Mein Fehler. Ich war unvorsichtig gewesen.

Verstehen Sie mich bitte nicht falsch. Ich fluche viel. Das liegt in der mütterlichen Linie meiner Familie. Ich habe damit überhaupt kein Problem. Ich versuche lediglich, das nicht zu verschriftlichen. Ich glaube, das hat mit meiner Überzeugung zu tun, dass ein oder auch mehrere Schimpfwörter an der richtigen Stelle im Gespräch ihren Nutzen haben. Niedergeschrieben wirken sie aber gleich viel verletzender und unnatürlicher. Und sind sie auf ein T-Shirt gedruckt, das in der Öffentlichkeit getragen wird, reagiere ich darauf wie eine sittenstrenge Baptistendame aus Texas.

Steve behauptet, meine Ausdrucksweise sei heute deutlich schlimmer als bei meinem Eintritt ins Berufsleben und sie würde mit jedem Forschungsjahr schlechter. Die Menschen vertrauen mir die härtesten, herzzerreißendsten Momente ihres Lebens an, und sie nehmen dabei zum Glück kein Blatt vor den Mund. Sie formulieren so lebensnah, brutal und grob, wie es ihren Geschichten entspricht.

Als wäre das nicht genug, hat mir Steve auch noch den Spitznamen »die Borg« verpasst – aus *Star Trek*. Wie diese erdachten Drohnen, die andere Aliens kopieren und replizieren, habe auch ich die Neigung, die Akzente und Manierismen anderer zu übernehmen, wenn ich mehr Zeit mit ihnen verbringe. Vor ein paar Monaten sprach ich mit einem Mann, der seine Vorgesetzten dauernd als »absolute Arschlöcher« bezeichnete. Keine Woche später saß ich mit Steve in seinem Pick-up, als uns jemand die Vorfahrt nahm. Prompt sagte ich durch das geschlossene Fenster: »Was für ein absolutes Arschloch. Sei doch nicht so ein Arschloch, Mann!« Steve, der diesen Ausdruck schon 30 Jahre lang nicht mehr von mir gehört hatte, schüttelte nur den Kopf und lachte.

Wie dem auch sei, als mir klar wurde, dass mein Kraftausdruck auf Band verewigt war, sagte ich mir erst: »Du bist so blöd, Brené. Kannst du dich nicht mal zwei Stunden lang beherrschen?« Noch einmal, das würde ich nie zu einem Mitglied meiner Familie oder meines Teams sagen. Ihnen gegenüber würde ich etwas äußern wie: »Du bist fix und fertig, der Abgabetermin für dein Buch drängt und du bist überfordert. Halt also die Luft an und sei nicht so streng mit dir – du bist auch nur ein Mensch, und es ist absolut verständlich, dass dir der Gaul durchgegangen ist.«

Doch ich zerfleischte mich zwei Tage lang deshalb, bis Steve mich an der Schulter packte und mir genau das sagte. Nett zu sich selbst zu sein, ist Selbstempathie. Doch auch wenn es sich für mich komisch anfühlt, mit mir selbst wie mit jemandem zu sprechen, den ich liebe: Es funktioniert.

Ich bin auch ein großer Fan von Netts Definition unserer gemeinsamen Menschlichkeit als Einigkeit im Unbehagen, anstelle einer Weltanschauung, die davon ausgeht, dass »es nur mir so geht«. »Gemeinsame Menschlichkeit erkennt«, so schreibt sie, »dass Leid und persönliche Unzulänglichkeit Teil gemeinsamer menschlicher Erfahrungen ist – etwas, wie wir es alle mal erleben und nichts, was nur ›mir‹ passiert.«[59] Das ist eine der Grundlagen für Empathie und einer der Dreh- und Angelpunkte der »MeToo«-Bewegung. Je häufiger wir solche verbindenden Gespräche führen, desto stärker verinnerlichen wir, dass wir alle verbunden sind – im Guten wie im Schlechten.

Sie wissen ja, Empathie ist das wirkungsvollste Mittel zum Aufbau von Verbundenheit und Vertrauen, das wir haben, und das Gegenmittel gegen Scham. Gäbe man Scham in eine Petrischale und bedeckte sie mit subjektiven Werturteilen, Schweigen und Geheimnistuerei, hätte man den perfekten Nährboden für die Scham geschaffen. Darin könnte sie wachsen und gedeihen, bis sie in jeden Winkel und jeden Spalt Ihres Lebens eingedrungen wäre. Gäbe man zur Scham in die Petrischale aber reichlich Empathie hinzu, würde die Scham ihre Kraft verlieren und eingehen. Empathie schafft eine Umgebung, in der Scham nicht gedeiht – ein Umfeld, in dem sie nicht überleben kann, denn die Voraussetzung dafür ist, dass Sie glauben, Sie seien allein und das alles ginge nur Sie an.

Deshalb können Äußerungen wie die folgenden auch so viel bewirken:

- Ich bin bei dir.
- Ich weiß, wie schlimm sich das anfühlt.
- Mir geht es genauso.
- Ich nehme dich wahr. Du bist nicht allein.
- Ich war schon in einer ähnlichen Situation, und das ist wirklich nicht einfach.
- Ich glaube, viele Menschen haben das schon mal erlebt. Entweder sind wir alle normal oder wir haben alle einen Knall. So oder so, du bist nicht die Einzige.
- Ich verstehe, wie das ist.

EMPATHIE UND SCHAMRESILIENZ

Im Zuge unserer Arbeit an der Entwicklung von Empathieverständnis und -kompetenz wollen wir uns vier Elemente der Schamresilienz genauer anschauen. Empfinden wir Scham und können unsere Geschichte jemandem mitteilen, der empathisch und verständnisvoll reagiert, hat Scham keine Chance.

1. Scham und ihre Auslöser erkennen

Gibt es physische Anzeichen dafür, dass Sie in Scham verfallen sind und dieses Gefühl durchleben? Können Sie feststellen, welche Botschaften und Erwartungen Scham auslösen? Probanden mit besonders ausgeprägter Schamresilienz sind in der Lage, physische Symptome für Scham zu erkennen. Sie wissen um ihre Physiologie, und das ist eine wichtige Voraussetzung für Aufmerksamkeit. Ich sage immer: »Wenn ich mich schäme, spreche ich mit niemandem und schreibe auch keine Textnachrichten oder anderes – ich bin dann quasi ungenießbar«, bis ich emotional wieder auf die Füße gekommen bin.

Wenn wir wissen, was Scham ist, und uns ihrer bewusst sind, laufen wir nicht so schnell Gefahr, automatisch unseren **Schamschild** hochzufahren oder, was Linda Hartling und ihre Mitforscher am Stone Center in Wellesley als *Strategien der Entkoppelung* bezeichnen:[60]

Sich abwenden: sich zurückziehen, verstecken, zum Schweigen bringen und Geheimnisse in sich verschließen.

Sich zuwenden: versuchen, zu beschwichtigen und zu gefallen.

Sich dagegen wenden: versuchen, durch Aggressivität Macht über andere zu gewinnen und Scham mit Scham zu bekämpfen.

Wie jede Art von Panzerung ist auch diese eine ansprechende Form des Selbstschutzes, doch wir können dann nicht mehr authentisch sein und auch nicht aus vollem Herzen leben.

2. Kritisches Bewusstsein praktizieren

Scham funktioniert wie der Zoom einer Kamera. Empfinden wir Scham, sehen wir unser unzulängliches Selbst aus nächster Nähe, allein und problembeladen. Wir denken: *Nur mir geht es so. Mit mir stimmt etwas nicht. Ich bin allein.*

Verändern wir die Brennweite, sehen wir ein ganz anderes Bild. Wir erkennen, dass es vielen anderen genauso geht. Statt »Nur mir geht es so« denken wir plötzlich: *Ich glaub's ja nicht! Du auch? Ich bin ganz normal? Ich dachte, nur mir geht es so!* Sobald wir das Gesamtbild erkennen, können wir unsere Schamtrigger und die sozialen Erwartungen, aus denen sich Scham speist, leichter mit der Realität abgleichen.

3. Kontakt suchen

Einer der größten Vorteile, die es bringt, sich an andere zu wenden: Man erfährt, dass Erlebnisse, die uns das Gefühl vermitteln, ganz allein zu sein, in Wirklichkeit gang und gäbe sind. Ungeachtet dessen, wer wir sind, wie wir erzogen wurden oder woran wir glauben – wir alle fechten insgeheim stille Kämpfe aus, weil wir nicht gut genug sind und uns nicht richtig zugehörig fühlen. Wenn wir den Mut aufbringen, anderen unsere Erlebnisse mitzuteilen, und die Anteilnahme, uns ihre Geschichten anzuhören, dann treiben wir die Scham aus ihrem Versteck und beenden das Schweigen. Wenn wir nicht Kontakt aufnehmen, finden wir uns am Ende oft in Angst, Scham und Entfremdung wieder.

4. Scham aussprechen

Scham ist so mächtig, weil sie unaussprechlich ist. Aus diesem Grund befällt sie am häufigsten Perfektionisten. Es ist nämlich so einfach, uns zum Schweigen zu bringen. Gelingt es uns, genügend Schambewusstsein entstehen zu lassen, dass wir die Scham beim Namen nennen und aussprechen können, ziehen wir ihr buchstäblich den Boden unter den Füßen weg. Scham lässt sich nicht gern in Worte kleiden. Sprechen wir sie aus, geht sie ein. Gesprochene Worte und Geschichten bringen Licht in die Scham und vernichten sie. Wenn wir nicht darüber reden, wie wir uns fühlen, und nicht um das bitten, was wir brauchen, dann blocken wir oft total ab, leben die Scham aus oder beides.

Wenn wir lernen, Scham auszusprechen, erlaubt uns das auch, verschiedene der subtilen und sogar realitätsverzerrenden Ausdrücke der Scham zu erkennen. Diese Formulierungen werden verwendet, um andere zu beschämen und das zu verteidigen, wenn wir versuchen zu erklären, wie wir uns fühlen und was wir brauchen. Deshalb bin ich mittlerweile äußerst vorsichtig, wenn ich Kommentare höre wie diese:

- Du bist so sensibel.
- Mir war nicht klar, dass du so empfindlich bist.
- Ich wusste gar nicht, dass das für dich so ein Problem ist.
- Du gehst so in die Defensive.
- Da muss ich wohl künftig besser aufpassen, was ich in deiner Gegenwart sage.
- Das bildest du dir bloß ein.
- Du wirkst so feindselig.

Und Begriffe wie »Loser«, »Weichei« oder »Lahmarsch« habe ich ganz aus meinem Wortschatz gestrichen.

Ich bin auch kein Fan des Brutalen. Selbst dann nicht, wenn es um Ehrlichkeit geht. Ehrlichkeit ist die beste Strategie, doch Ehrlichkeit, die von Scham, Wut, Angst oder Verletzung motiviert ist, ist nicht ehrlich. Das ist in Wirklichkeit Scham, Wut, Angst oder Verletzung, die im Mantel der Ehrlichkeit daherkommt.

Nur weil etwas korrekt ist oder den Fakten entspricht, heißt das noch lange nicht, dass man es auf destruktive Weise einsetzen darf. »Tut mir leid. Aber ich sage dir nur die Wahrheit. Das sind nun mal die Tatsachen.«

Das Wichtigste, was Ihnen dieser Abschnitt vermitteln soll: Empathie ist das Herzstück der Verbundenheit – sie ist die Platine für die Gefühle anderer, über die gemeinsame Lebenserfahrungen laufen und die vermittelt, dass man damit nicht alleine steht. Mit anderen das Unbehagen auszuhalten, das entsteht, wenn sich jemand mit

Scham, Verletzung, Enttäuschung oder Leid auseinandersetzt, und der oder dem Betreffenden zu sagen: »Ich nehme dich wahr und kann das ertragen«, ist der Inbegriff des Muts. Das Beste daran: Empathie ist nicht genetisch in uns verankert. Wir können sie erlernen. Und das müssen wir, denn die Dichterin June Jordan hat geschrieben: »We are the ones we have been waiting for.«[61] Wir sind diejenigen, auf die wir gewartet haben.

SELBSTWAHRNEHMUNG UND
SELBSTLIEBE SIND WICHTIG.

Wie wir sind, so führen wir auch.

Fünfter Abschnitt:

NEUGIER UND GEERDETES SELBSTVERTRAUEN

Geerdetes Selbstvertrauen beschreibt den chaotischen Prozess, sich Dinge anzueignen und abzugewöhnen, zu üben und zu scheitern und auch diverse Fehlschläge zu überstehen. Solches Selbstvertrauen ist keine großspurige Arroganz, kein Imponiergehabe und stützt sich nicht auf irgendwelchen Schwachsinn. Es ist real, solide und fußt auf Selbstverständnis und Praxis. Haben wir einmal erlebt, wie Mut uns als Führungspersönlichkeiten verändern kann, können wir den schweren, erdrückenden Panzer abwerfen, der uns klein macht, und uns stattdessen mit geerdetem Selbstvertrauen wappnen, das uns aufrichtet und uns in unserem Bestreben unterstützt, Mut zu beweisen.

Dass wir unsere Selbstschutzmechanismen einfach so abstreifen und im Büro auch ohne sie klarkommen, ist nicht zu erwarten. Die meisten Menschen panzern sich schon in jungen Jahren, weil ihnen als Kind gar nichts anderes übrig bleibt. In manchen Fällen hat uns der Panzer tatsächlich davor geschützt, verletzt oder enttäuscht zu werden, und vor dem Gefühl bewahrt, unsichtbar zu sein oder keine Liebe zu verdienen. In manchen Situationen mussten wir uns selbst schützen, um physisch oder emotional sicher zu sein. Verletzlichkeit ist das schlimmste Opfer eines Traumas. Wachsen wir in einer unsicheren Umgebung auf, in der wir mit Rassismus, Gewalt, Armut, Sexismus, Homophobie und allgegenwärtiger Scham konfrontiert sind, kann Verletzlichkeit lebensgefährlich sein. Der Panzer bietet dann Sicherheit.

Wenn wir daran denken, wie die Millennials und Vertreter der Gen Z erzogen wurden, so gilt, dass sie oft von ihren Eltern gepanzert wurde, weil es diesen als Eltern und Menschen an Selbstvertrauen mangelte. Je besser geerdet das Selbstvertrauen der Eltern ist, desto wahrscheinlicher ist es, dass *sie ihr Kind auf seinen Weg vorbereiten*, indem sie es lehren, mutig zu sein, indem sie es loben und ihm Courage vorleben, statt zu versuchen, *ihm einen perfekten Weg zu bereiten*, indem sie alle Weichen stellen, nur Ergebnisse loben und sich ständig einmischen.

Wir haben der Auseinandersetzung mit Verletzlichkeit aus einem einfachen Grund unverhältnismäßig viel Zeit gewidmet: Sie ist *die* elementare Kompetenz für den Aufbau von Mut. Das geerdete Selbstvertrauen zu erwerben, um sich mit Verletzlichkeit und Unbehagen auseinanderzusetzen, statt sich zu panzern, wegzulaufen, abzublocken oder aufzugeben, bereitet Sie in jeder Hinsicht darauf vor, Ihre Werte zu leben, Vertrauen aufzubauen und aufstehen zu lernen.

Die Auseinandersetzung mit Verletzlichkeit als elementare Kompetenz mutiger Führung zu begreifen, ist unabdingbar. Eine großartige Analogie dafür ist der Aufbau sportlicher Leistungsfähigkeit.

Alle Sportarten stützen sich auf wichtige Grundlagen wie die Kompetenzen, die jedem Teilnehmer vom ersten Tag an eingetrichtert werden, an dem er sich zu einem Kurs anmeldet oder einer Mannschaft beitritt. Wenn ich an meine Erfahrungen mit Tennis und Schwimmen denke, erinnere ich mich sofort an Gedanken wie »Na los, schwimmen wir um die Wette! Ich hab's satt, 50-mal hintereinander die Rollwende zu üben«, oder: »Ich hab keine Lust mehr, noch ein einziges Mal mit meinem Schläger in Volley-Position über diesen verdammten Platz zu turnen. Ich will endlich spielen!« Doch erst die Entwicklung grundlegender Kompetenzen durch disziplinierte Übung vermittelt

Sportlern das geerdete Selbstvertrauen, das sie brauchen, um größere Wagnisse einzugehen.

Dasselbe gilt für Führungskräfte: Diszipliniert zu üben, wie man sich mit Verletzlichkeit auseinandersetzt, vermittelt ihnen die Kraft und das emotionale Durchhaltevermögen, mutig zu führen.

Geht es im Sport in einem Spiel heiß her und man steht unter Druck, muss man in der Lage sein, auf Gelerntes zurückzugreifen, um liefern, Leistung bringen und Erfolg haben zu können. Wer genügend Rollwenden und Schläge geübt hat, dessen Muskeln erinnern sich an die Mechanik solcher Bewegungen. Verfügen wir über das geerdete Selbstvertrauen, uns auf die mit der Zeit entwickelten Kompetenzen zu verlassen, können wir uns auf höhere Ziele, Ambitionen und Herausforderungen konzentrieren. Ein gutes Beispiel dafür sind meine Versuche, Billard zu spielen.

Ich fand immer, dass das ziemlich leicht aussah. Dass ich es als Collegestudentin nicht so gut konnte, schrieb ich dem Umstand zu, dass ich mit einem Bier in einer und einer Zigarette in der anderen Hand zum Stoß ansetzte. Doch Chaz, den Sie ja bereits kennengelernt haben, spielt Pool auf Wettbewerbsniveau und hat mir die Illusion genommen, dass es die Partyatmosphäre war, die mir im Weg stand. Offenbar war ich so schlecht, weil ich nur ein paarmal gespielt hatte, und die Spieler, bei denen alles so einfach aussieht, kennen die Grundlagen des Spiels in- und auswendig.

Plant ein Poolspieler seinen nächsten Stoß, berücksichtigt er dabei stets drei Faktoren: Winkel, Geschwindigkeit und Drall. Ob es ihm gelingt, den geplanten Stoß auch auszuführen, hängt davon ab, ob er über das grundlegende Können verfügt, den Ball mit der Pomeranze zuverlässig und immer wieder so zu treffen, dass der Stoß in Gang gesetzt wird. Das bedeutet: Gute Billardspieler widmen sich Hunderte von Stunden dem Aufbau dieser grundlegenden Kompetenz, den Ball richtig zu treffen. Ganz zu schweigen von der nicht minder mühsamen Arbeit, einen guten »Bock« zu formen, sich die richtige Stoßtechnik anzueignen und einen stabilen Stand zu finden. Für eine häufige Grundübung wird eine leere Flasche verwendet. Dazu legt der Spieler eine leere Limoflasche hin und übt, die Spitze des Queue in den Flaschenhals zu schieben, ohne die Flasche zu bewegen. Da ist nicht viel Spielraum für Fehler.

Natürlich sieht man während eines Turniers keine Flaschen auf dem Billardtisch, aber Sie dürfen mir glauben: Die besten Spieler haben ihre Stöße, Manöver und Bewegungen stundenlang geübt. Unter Druck verfügen sie dann über die nötige Kraft und das Durchhaltevermögen, zehn Stunden lang zu spielen, und sie haben genügend Vertrauen in ihre Grundlagen, um sich auf die Strategie und die Entscheidung für den jeweiligen Stoß zu konzentrieren.

Lauren, unsere Leiterin für Facilitator Community Engagement and Research, hat früher in Schottland professionell Fußball gespielt und war im Aufbaustudium meine Studentin. Sie erklärte mir, beim Fußball sei die Grundkompetenz die Ballkontrolle. Sie erzählte, dass es schon seit ihrer Kindheit Trainer gebe, die Spieler den Ball millionenfach mit verschiedenen Teilen des Fußes berühren ließen. Selbst noch als Profisportlerin übte sie stundenlang mit einem Partner Pässe mit verschiedenen Teilen des Fußes.

Sie beschrieb das folgendermaßen: »Den Garten unseres Hauses in Schottland säumte eine 1,20 Meter hohe Ziegelmauer. Ich stellte mich vor einen Mauerabschnitt, suchte mir einen Ziegelstein aus und versuchte, diesen mit dem Ball zu treffen. Das tat ich stundenlang, immer wieder mit einem anderen Ziegelstein. Die ganze Zeit über arbeitete ich nur an meiner Ballkontrolle.«

Wie in Chaz' Geschichte über solide Grundlagen, die es einem ermöglichen, sich auf größere Herausforderungen zu fokussieren, meinte auch Lauren: »Man muss den Ball aus dem Effeff beherrschen, damit man im Spiel den Kopf heben und mitkriegen kann, was vor sich geht. Man muss das Feld lesen können und sich die nächste Aktion strategisch zurechtlegen, noch bevor man überhaupt in den Ballbesitz gelangt. Man braucht absolutes Vertrauen in die eigene Kompetenz, damit man sich auf andere Dinge konzentrieren kann.«

In heiklen Gesprächen, auf harten Sitzungen und bei emotional aufgeladenen Entscheidungen brauchen Führungskräfte geerdetes Selbstvertrauen, um ihren Werten treu zu bleiben, um zu antworten, statt emotional zu reagieren, und um aus ihrem Selbstverständnis heraus zu agieren, nicht aus Selbstschutz. Verfügen wir über die Kompetenz, in einer Auseinandersetzung Spannung und Unbehagen auszuhalten, können wir anderen mit Fürsorge und Aufmerksamkeit begegnen, aufgeschlossen und neugierig bleiben und den Herausforderungen gerecht werden.

In diesem Jahr hatte ich Gelegenheit, mit Nutanix zusammenzuarbeiten, einem Anbieter von Cloud-Software für Unternehmen aus dem Silicon Valley. In meinen Gesprächen mit dem Gründer, Chairman und CEO Dheeraj Pandey fielen mir nicht nur dessen Überzeugung von der Bedeutung von Verletzlichkeit in der Personalführung auf, sondern auch die Gründe dafür. Dheeraj erklärte mir, dass Führungskräfte, die nicht die Kompetenz besitzen, sich auf Verletzlichkeit einzulassen, nicht in der Lage seien, die Spannung der Widersprüche auszuhalten, die jeder unternehmerischen Tätigkeit innewohnen. Seine Beispiele für solche Widersprüche, die von Führungskräften Verletzlichkeit verlangen, decken sich mit den Äußerungen der Probanden:

- Optimismus und Paranoia,
- das Chaos regieren lassen (der Akt des Aufbaus) und das Chaos unter Kontrolle bringen (der Akt der Skalierung),
- ein großes Herz und schwere Entscheidungen,
- Demut und unerbittliche Entschlossenheit,
- Tempo und Qualität in der Entwicklung von Neuerungen,
- linke und rechte Gehirnhälfte,
- Einfachheit und Auswahl,
- global denken, lokal handeln,
- Ehrgeiz und Liebe zum Detail,
- groß denken, aber klein anfangen,

- kurz- und langfristige Perspektive,
- Marathons und Sprints oder der aus mehreren Sprints bestehende Marathon beim Unternehmensaufbau.

Dheeraj verriet mir: »Führungskräfte müssen sich die Kompetenz aneignen, diese Spannungen auszuhalten, und das Geschick entwickeln, den Drahtseilakt des Lebens zu absolvieren. Letztlich ist Führungsqualität die Fähigkeit, in der Doppelbödigkeit von Widersprüchen und Gegensätzen voranzukommen.«

Auseinandersetzungskompetenz zu entwickeln, ist nicht einfach. Doch das muss es ja auch nicht sein. Eine zunehmende Zahl von Studien bestätigt, was die meisten von uns schon lange wissen, nur nie wahrhaben wollten: **Was man leicht lernen kann, vermittelt keine starken Kompetenzen.** In einem Artikel in der Zeitschrift *Fast Company* schreiben Mary Slaughter und David Rock vom NeuroLeadership Institute:[62]

> Leider geht der Trend in vielen Organisationen dahin, Lernprozesse so einfach wie möglich zu gestalten. Aus Rücksicht auf ihre viel beschäftigten Mitarbeitenden entwickeln Unternehmen Schulungsprogramme, die jederzeit ohne Voraussetzungen und oft auf mobilen Geräten absolviert werden können. Die Folge sind leichte, unterhaltsame Schulungsprogramme, von denen die Beschäftigten schwärmen (sodass ihre Entwickler Vertriebsvorteile haben), die aber in Wirklichkeit keine bleibenden Kenntnisse vermitteln. Schlimmer noch, solche Programme können Arbeitgeber sogar dazu veranlassen, bei der Optimierung auf irreführende Kennzahlen zu setzen – etwa auf maximale »Likes«, »Shares« oder hohe »Net Promoter Scores«, die schnell zusammenkommen, wenn die Programme Spaß machen und gut von der Hand gehen, aber nicht, wenn sie anspruchsvoll sind. Bei der Konzeptionierung steht dann nicht im Vordergrund, wie effektiv solche Programme sind oder ob sie ein Verhalten verändern können, sondern nur, wie gut sie ankommen.

Dabei ist es in Wirklichkeit so, dass Lernen Mühe machen muss, wenn es etwas bringen soll. Das bedeutet nicht, dass grundsätzlich alles kontraproduktiv ist, was das Lernen leichter macht – oder dass Lernen grundsätzlich effektiv ist, wenn es keinen Spaß macht. Das Stichwort ist **erwünschte Schwierigkeit.** So, wie Sie Muskelkater bekommen, wenn Sie Ihren Körper kräftigen, so sollte auch Ihr Gehirn mit Missempfindungen reagieren, wenn es lernt. Vielleicht schwirrt Ihnen eine Weile der Kopf – doch das ist nicht verkehrt.

Zu lernen, sich mit Verletzlichkeit auseinanderzusetzen, ist Arbeit. Und Verletzlichkeit wird sich niemals angenehm anfühlen. Sich darin zu üben, bedeutet: Bricht Verletzlichkeit über uns herein, hören wir in unserem Ohr die Stimme des geerdeten Selbstvertrauens. »Das ist jetzt schwer, unbehaglich und unbequem. Du weißt nicht, was daraus wird, aber du bist stark und du hast eingeübt, was nötig ist, um kreativ zu bleiben und das auszuhalten.«

Geerdetes Selbstvertrauen = Auseinandersetzungskompetenz + Neugier + Übung

Wir haben da viele neue Begriffe, Kompetenzen und Tools ins Spiel gebracht, und Sie können sich sicherlich schon denken, dass ihnen allen dieselbe DNA zugrunde liegt: **Neugier.**

Neugier ist gelebte Verletzlichkeit und gelebter Mut. Forscher finden Belege dafür, dass Neugier mit Kreativität, Intelligenz, Steigerung der Lernfähigkeit und der Gedächtnisleistung und Problemlösung zusammenhängt. Eine in der Ausgabe des Fachblatts *Neuron* vom 22. Oktober 2014 veröffentlichte Studie deutet darauf hin, dass sich die Chemie im Gehirn verändert, wenn wir Neugier an den Tag legen.[63] Das hilft uns, Informationen leichter aufzunehmen und zu speichern. Doch Neugier ist unbequem, weil damit Unsicherheit und Verletzlichkeit verbunden sind.

In seinem Buch *Curious: The Desire to Know and Why Your Future Depends on It* schreibt Ian Leslie: »Neugier ist schwer erziehbar. Sie mag keine Regeln oder geht zumindest davon aus, dass alle Regeln nur vorläufig gelten – nur so lange, bis sie von klugen Fragen in der Luft zerrissen werden, auf die bisher noch keiner gekommen ist. Sie nimmt nicht gern den regulären Weg, sondern geht lieber Umwege, macht ungeplante Abstecher oder ändert spontan ihre Richtung. Kurz, Neugier weicht gern vom vorgezeichneten Pfad ab.«[64]

Genau aus diesem Grund führt Neugier in der Auseinandersetzungskompetenz zu geerdetem Selbstvertrauen. Wir fürchten uns vor schwierigen Gesprächen, weil wir nicht beeinflussen können, wie sie verlaufen oder ausgehen. Und wir fahren förmlich aus der Haut, wenn wir nicht schnell genug eine Lösung finden. Als wäre eine schlechte Lösung, die uns handeln lässt, besser, als noch länger in der Unsicherheit der Problemerkennung zu verharren.

Einstein zählt zu unseren besten Mentoren, was Neugier und Selbstvertrauen anbelangt. Zwei seiner Zitate mag ich ganz besonders:

»Hätte ich eine Stunde, um ein Problem zu lösen, würde ich 55 Minuten über das Problem nachdenken und 5 Minuten über Lösungen.«[65]

Außerdem soll er gesagt haben: »Ich bin gar nicht so besonders klug, ich befasse mich nur länger mit Problemen.«[66]

Der Besserwisser in uns (unser Ego) möchte schneller als jeder andere eine Antwort finden, auch wenn diese vielleicht gar nicht das eigentliche Problem berührt. Oder er denkt: *Ich will darüber nicht reden, weil ich nicht sicher bin, worauf das hinausläuft oder wie die Leute darauf reagieren. Vielleicht sage ich nicht das Richtige oder habe nicht die richtigen Antworten.*

Die Neugier sagt dagegen: *Keine Sorge. Ich habe nichts dagegen, wenn es hoch hergeht. Ich bin bereit, ganz gleich, wo uns das hinführt. Und ich bleibe so lange am Ball, bis wir dem Problem auf den Grund gegangen sind. Ich muss nicht die Antworten wissen oder das Richtige sagen. Ich muss nur zuhören und weiter Fragen stellen.*

Hier ein paar **Aufhänger für Auseinandersetzungen und Fragen**, die wir verwenden:

1. Wie ich mir das denke ... (Mit Abstand das wirkungsvollste Auseinandersetzungswerkzeug in der freien Welt. Es hat alle Facetten meines Lebens verändert. Wir gehen darauf in dem Kapitel »Aufstehen lernen« noch näher ein.)
2. Ich bin neugierig auf ...
3. Erzähl mir mehr davon.
4. So habe ich das nicht erlebt (anstatt »Du siehst sie [ihn, es, das] falsch).«
5. Ich frage mich ...
6. Erkläre mir ...
7. Geh mit mir durch, ...
8. Wir kommen beide nicht weiter. Erkläre mir, warum das für dich so ein leidenschaftliches Thema ist.
9. Sag mir, warum das für dich nicht passt/funktioniert.
10. Von diesen Annahmen gehe ich aus – und du?
11. Welches Problem wollen wir denn lösen? Manchmal befinden wir uns mitten in einer langwierigen Auseinandersetzung, und jemand sagt mutig: »Moment mal. Ich sehe nicht klar. Welches Problem wollen wir denn eigentlich lösen?« In 90 Prozent der Fälle merken wir, dass wir nicht auf einer Wellenlänge sind, weil wir den Prozess der Problemerkennung übersprungen und eine Sitzung anberaumt haben, um die Lösung für ein Problem zu finden, das wir erst noch definieren müssen.

Manchmal beginnen die besten Auseinandersetzungen mit einem 30-minütigen Gespräch, in dem wir die Fakten feststellen, und der Verabredung, uns in ein paar Stunden oder am nächsten Tag (zu lange sollten Sie damit allerdings nicht warten) noch einmal zusammenzusetzen. Ich führte unlängst ein Gespräch mit zwei Kolleginnen über eine geplante Schulung. Wir hatten uns hingesetzt und sie hatten kaum den Plan vorgelegt, da wusste ich schon: Das würde schwierig werden. Wir hatten vollkommen unterschiedliche Ansichten. Ich sagte nur: »Wir gehen da von total anderen Voraussetzungen aus. Warum nehmen wir uns nicht 20 Minuten und setzen uns damit auseinander, wie wir zu unseren Standpunkten gelangt sind? Dann können wir morgen noch einmal darauf zurückkommen und uns auf eine Herangehensweise einigen.«

»Lasst uns Schritt für Schritt durchgehen, auf welche Annahmen ihr euch stützt.«

»Wie seit ihr auf diesen Plan gekommen?«

»Was ist eurer Ansicht nach das Ziel dieser Schulung?«

»Erklärt mir, welche Vorteile ihr in diesem Ansatz seht.«

Zehn Minuten später war uns klar, dass wir ganz unterschiedliche Ziele anvisierten, andere Prioritäten hatten und uns bei unserer Arbeit nicht auf dieselben Daten stützten.

Meine Kollegin sagte: »Wow. Das hat uns jetzt wirklich weitergebracht. Suchen wir uns jetzt noch die Informationen zusammen, die uns entgangen sind, und lasst uns morgen gemeinsam Ziele und Prioritäten bestimmen.« *Fantastisch!*

Ein weiteres hilfreiches Werkzeug der Neugier ist es, darauf zu achten, wo sich **Horizontkonflikte** abzeichnen. Unsere Rolle diktiert uns, dass wir uns auf den Organisationshorizont fokussieren sollen. Als Gründerin und CEO wird von mir erwartet, dass ich den langfristigen Kurs für das Unternehmen bestimme. Ich versuche dann die Grätsche zwischen einem Zehnjahreshorizont und der aktuellen Situation. Für andere Führungskräfte in meinem Team gelten andere Zeithorizonte. So könnte jemand aus dem operativen Geschäft auf einen Zeitraum von sechs Monaten fokussiert sein, weil das dem Zeitrahmen für eine wichtige Produkteinführung entspricht.

Effektive Führung setzt voraus, dass wir Verantwortung dafür übernehmen, die verschiedenen Standpunkte zu respektieren und zu nutzen, und neugierig darauf bleiben, wie diese mitunter in Konflikt geraten können. Wird eine Auseinandersetzung schwierig, ist uns klar, dass wir prüfen müssen, ob es Deckungsprobleme beim Horizont gibt. Wir dürfen zwar unterschiedliche Standpunkte haben und müssen nicht unbedingt denselben Kenntnisstand über jedes Organisationsdetail haben, doch wir alle sollten den aktuellen Zustand der Organisation realistisch einschätzen. Horizontkonflikte sind kein Freibrief dafür, die Organisation als Ganzes aus dem Blick zu verlieren. Ich darf mich nicht so auf ein Fünfjahresziel einschießen, dass ich darüber ein Kulturproblem übersehe, das wir lösen müssen.

DURCH NEUGIER UND LERNEN ZUR GRÖSSE

Bei meinen Recherchen und meiner Arbeit an *Laufen lernt man nur durch Hinfallen* erfuhr ich, dass das häufigste Hindernis für Neugier ein »ausgetrockneter Brunnen« ist. In seinem Artikel »The Psychology of Curiosity« aus dem Jahr 1994 stellte George Loewenstein seine Informationslückenperspektive auf die Neugier vor.[67] Loewenstein, Professor für Wirtschaftswissenschaft und Psychologie an der Carnegie Mellon University, bezeichnete Neugier als das Gefühl der Benachteiligung, das wir erleben, wenn wir eine Wissenslücke entdecken und uns darauf fokussieren.

Das Wichtige an dieser Perspektive: Das bedeutet, dass wir über einen bestimmten Wissensstand oder ein Bewusstsein verfügen müssen, bevor wir neugierig werden können. Wenn wir etwas gar nicht wahrnehmen oder nichts darüber wissen, können wir keine Neugier entwickeln. Loewenstein erklärt, dass es längst nicht ausreicht, Menschen dazu zu animieren, Fragen zu stellen, um sie neugierig zu machen. Er schreibt: »Um Neugier zu einem bestimmten Thema zu wecken, kann ein bisschen ›Starthilfe‹ nötig sein«.[68] Wir müssen faszinierende Informationen einsetzen, um Interesse zu wecken, damit die Leute neugierig werden.

Und hier die gute Nachricht: Wenn Sie dieses Buch bis hierher gelesen haben, haben Sie schon ausreichend Starthilfe bekommen und können loslegen. Vielleicht wissen wir nicht genug oder haben nicht genug Übung, um jede Auseinandersetzung optimal zu bewältigen, doch wir wissen auf jeden Fall so viel, dass unsere Neugier geweckt wird. Und das ist noch nicht alles: Immer mehr Wissenschaftler sehen einen Zusammenhang zwischen der Zunahme des Wissens und der Neugier – je mehr wir wissen, desto mehr wollen wir wissen.

Ich möchte Ihnen anhand zweier Fallbeispiele demonstrieren, wie Auseinandersetzungskompetenzen und geerdetes Selbstvertrauen, die bewirken, dass der Panzer abgelegt werden und Neugier aufkommen kann, im Zusammenspiel eine Organisation grundlegend verändern können. Das erste Beispiel stammt von Stefan Larsson, das zweite von Dr. Sanée Bell.

Stefan Larsson ist ein gestandener Einzelhandelsmanager, der zuletzt als CEO der Ralph Lauren Corporation tätig war. Ihm wird der Turnaround der kultigen amerikanischen Bekleidungsmarke Old Navy zugeschrieben, als er mit seinem Team über zwölf Quartale in Folge fortlaufend Wachstum verbuchte und den Umsatz innerhalb von drei Jahren um eine Milliarde US-Dollar steigerte. Außerdem bekleidete er 14 Jahre lang eine wichtige Führungsposition bei dem schwedischen Moderiesen H&M, der in dieser Zeit zu einer der drei führenden Modemarken weltweit avancierte, mit globalen Niederlassungen in 44 Ländern und einem Umsatzplus von drei Milliarden auf 17 Milliarden US-Dollar.

Beim Lesen dieser Fallstudie werden Sie erkennen, welche Rolle die Verletzlichkeit als Grundlage für die folgenden drei Kompetenzspektren spielt: unsere Werte vorleben, Vertrauen wagen und aufstehen lernen.

Stefan Larsson schreibt:

> Als ich die Leitung von Old Navy übernahm, war die Marke schon mehrere Jahre im Niedergang. Wir mussten uns auf die ursprüngliche Vision zurückbesinnen. Wir verbrachten mehrere Tage im Archiv und gruben den ursprünglichen Wortlaut der Mission aus, die darin bestand, jeder Familie Zugang zum auf-

strebenden amerikanischen Stil zu verschaffen. Das mussten wir nur noch in die Tat umsetzen! Als wichtigste Komponente, die es zu knacken galt, und als größter Erfolgstreiber erwies sich der Umbau der Organisationskultur. Die einst von unternehmerischem Denken geprägte, dynamische und auf Mitbestimmung beruhende Kultur war nach mehreren Jahren voller Leistungsprobleme gekennzeichnet von hierarchischem, politischem und angstgesteuerten Silodenken.

Die meisten Teammitglieder waren sich unserer kollektiven Herausforderungen bewusst. Sie wussten genau, was wir tun mussten und was uns dabei im Weg stand. Doch nur wenige trauten sich, ihre Erkenntnisse oder Bedenken in größerem Rahmen zu äußern oder entsprechend zu handeln, weil sie befürchteten, sich selbst oder andere dadurch in ein schlechtes Licht zu rücken. Um den Turnaround der Marke zu schaffen, war unser Auftrag in erster Linie, eine Kultur des Vertrauens aufzubauen.

Damit begannen wir mit ein paar Zielen, die sich als maßgebliche Treiber unseres Erfolgs erweisen sollten:

- Als Erstes führten wir wöchentliche Lernsitzungen für unsere 60 Spitzenmanager ein: Sie setzten sich jede Woche für zwei Stunden als Team zusammen. Dabei galt die Prämisse, Ergebnisse nicht mehr als gut oder schlecht zu bewerten, sondern zur Kenntnis zu nehmen, daraus zu lernen und schnell besser zu werden. Unser Ziel war, mehr zu lernen als unsere Mitbewerber. Es gab keine Schuldzuweisungen mehr, wir hörten damit auf, Ergebnisse als gut oder schlecht abzustempeln, und fragten uns stattdessen fortlaufend: »Was wollen wir eigentlich erreichen, was ist bisher passiert, was lernen wir daraus und wie schnell können wir das besser machen?«
- Wir führten vierteljährliche Town-Hall-Meetings und unternehmensweite Konferenzgespräche durch, bei denen wir, bezogen auf unsere Vision und den Plan, den wir erarbeitet

hatten, regelmäßig offen über Ergebnisse, Erkenntnisse und Verbesserungen sprachen.
- Als Managementteam fanden wir uns physisch in einem großen Raum mit Glaswänden (und ganz bewusst nicht abgeschlossenen Türen) mitten in der Firmenzentrale zusammen, um Offenheit, Vertrauen und Teamwork zu fördern. Diesen Raum nutzten wir, um unseren Ansatz und unsere Haltung visuell zu spiegeln. Außerdem forderten wir alle Teammitglieder, ungeachtet ihrer Stellung in der Organisation, dazu auf, vorbeizukommen und uns ihre Anregungen und Verbesserungsvorschläge zu allem mitzuteilen, was wir taten (oder unterließen).

Schon bald kamen von allen Seiten immer mehr Ideen, wie wir das Unternehmen optimieren konnten. Anfangs zögerten die Leute noch und glaubten nicht, dass es wirklich keine Schuldzuweisungen mehr geben würde, doch mit der Zeit meldeten sie sich bei Versammlungen zu Wort und stellten Fragen, auf die sie keine Antwort wussten, oder teilten die Ergebnisse von Initiativen mit, die nicht den erwarteten Erfolg gebracht hatten (was zuvor als »Fehlschlag« gegolten hätte, aber jetzt als »Lernprozess« bezeichnet wurde).

Wir alle zeigten uns untereinander verletzlicher. Es entstand mehr wechselseitiges Vertrauen, denn schließlich saßen wir ja alle im selben Boot. Als Managementteam fokussierten wir uns darauf, Fragen zu stellen, zu experimentieren und fortlaufende Verbesserungen voranzutreiben, bis unsere Maßnahmen griffen. Statt darüber nachzudenken, ob ein Ergebnis gut oder schlecht war, entwickelten wir eine »fehlschlagsichere« Arbeitsweise. So konnten wir Rückschläge verkraften und uns darauf konzentrieren, dazuzulernen, statt Schuldige zu suchen. Als wir die Angst vor Misserfolgen und Verurteilungen abgebaut hatten, konnten wir allmählich mehr lernen und leisten als unsere besten Mitbewerber.

Dadurch gelang es uns, über zwölf Quartale in Folge auf einem äußerst schwierigen Markt Wachstum zu erzielen und unseren

Umsatz innerhalb von drei Jahren um eine Milliarde US-Dollar zu steigern. Als Chef bin ich besonders stolz darauf, dass es gelungen ist, meinem Team zu ermöglichen, aus Verletzlichkeit eine Stärke zu machen, eine Kultur des Vertrauens, der Offenheit und der Zusammenarbeit zu fördern und uns mental auf lebenslanges Lernen umzupolen. Heute, zwei Jahre nach meinem Wechsel an die Spitze eines anderen Unternehmens, erhalte ich immer noch E-Mails von Teammitgliedern, die mir mitteilen möchten, was sie gelernt haben und wie sie das Gelernte auf dem Weg zur Exzellenz weiter voranbringt. Diese E-Mails zeigen, dass wir wirklich etwas bewegt haben.

Mir gefällt der Gedanke, durch das, was wir lernen, wirklich Herausragendes zu leisten. Ich habe das schon in Organisationen auf der ganzen Welt beobachtet, wenn Menschen bereit waren, sich verletzlich zu machen. Ein weiteres großartiges Beispiel liefert die folgende Fallstudie von Dr. Sanée Bell. Sie leitet die Morton Ranch Junior High in Katy, Texas. Seit 2005 ist sie an dieser Schule für die Elementar- und Sekundarstufe zuständig. Sie unterrichtete Englisch in der Middle School und in der Highschool und trainierte auch die Basketballmannschaft der Mädchen. Sanée wurde 2015 zur ISD-Grundschuldirektorin des Jahres gekürt.

Sanée Bell schreibt:

Menschen führen ist schwer. Als Führungspersönlichkeit für Erwachsene, Kinder und eine Schulgemeinschaft zuständig zu sein, ist noch schwerer. Die Aufgaben einer Schuldirektorin sind komplex, anspruchsvoll und erfüllend zugleich, und sie machen einsam. Als ich meine wagemutige Führungsreise antrat, war ich bereits erfolgreiche Schulleiterin. In meiner zweiten Amtszeit als Direktorin tauchte ich tief in dieses Projekt ein, Führung zu wagen, und merkte, dass ich erst an der Oberfläche all dessen gekratzt hatte, was damit zusammenhing.

Diese persönliche und berufliche Entwicklung veränderte auf dreierlei Weise ganz konkret, wie ich als Schulleiterin arbeitete: Ich lernte, Verletzlichkeit zu praktizieren, Selbstbewusstsein zu entwickeln und bekam die Werkzeuge an die Hand, um heikle Gespräche zu führen. Heute bilden diese drei Fokusbereiche die grundlegenden Komponenten meines Führungsansatzes.

Verletzlichkeit praktizieren

Ich richte mich als Führungspersönlichkeit inzwischen nach dem alten Sprichwort »People don't care how much you know until they know how much you care«. (Wie viel du weißt, interessiert andere erst, wenn sie wissen, wie interessiert du bist.) Und das kann man anderen meiner Erfahrung nach leichter nahebringen, wenn man offen mit der eigenen Geschichte umgeht. Praktizierte Verletzlichkeit hat mir den Mut gegeben, meinen Mitarbeitenden meine persönliche Geschichte zu erzählen – dass ich in situationsbedingter Armut aufwuchs, in einem zerrütteten Elternhaus. Hören sie, welche gewaltigen Hürden ich auf meinem Weg nehmen musste, können sie besser verstehen, warum ich mich so für ein förderliches schulisches Umfeld einsetze.

Als Führungskraft streife ich mein Privatleben nicht mehr an der Bürotüre ab. Tatsächlich hat es mich für meine Schüler, mein Team und die ganze Schulgemeinschaft ansprechbarer und nahbarer gemacht, dass ich offen über mich erzähle und aus verschiedenen Perspektiven und Erfahrung heraus führe. Indem ich offen mit meiner Geschichte umgehe und mit meinen Gründen dafür, Führungsverantwortung zu übernehmen, kann ich meinen Leuten besser begreiflich machen, worauf ich hinauswill, wofür ich brenne und warum ich mich so für Mut einsetze. Ich habe damit auch anderen erlaubt, Verletzlichkeit zu praktizieren, mutig über ihren Lebensweg zu sprechen und diesen verantwortungsbewusst zu gehen.

Selbstbewusstsein entwickeln

Mangelt es mir als Führungskraft an Selbstbewusstsein und verliere ich den Kontakt zu den Absichten, die hinter meinen Gedanken, Gefühlen und Handlungen stehen, dann schränke ich meinen Blickwinkel ein und begrenze die Erkenntnisse, die ich den Menschen vermitteln kann, die ich führen soll. Weil ich Tagebuch führe und mir Feedback von anderen einhole, bin ich heute in der Lage, meine Führungskompetenz so zu mehren und zu optimieren, dass ich besser auf die Bedürfnisse meines Lehrkörpers, meiner Schüler und der Schulgemeinschaft eingehen kann. Mir Zeit zu nehmen, um in aller Ruhe nachzudenken, ist inzwischen fester Bestandteil meiner Arbeitswoche.

Sich auf schwierige Gespräche einlassen

Meine Arbeit hat mich erkennen lassen, dass es nicht möglich ist, die intellektuellen Unterschiede zwischen einzelnen Schülergruppen anzugehen, ohne ständig heikle Gespräche zu führen.

Ich wusste, wir mussten unbedingt dringend über die »So haben wir das schon immer gemacht«-Mentalität hinwegkommen, die an unserer Schule viele an den Tag legten. Um das zu erreichen, musste ich solche emotional aufgeladenen Gespräche führen und brauchte Unterstützung. Wer, wenn nicht ich? Und wann, wenn nicht jetzt?

Meine Strategie bestand darin, gezielt genügend Vertrauen und Verbundenheit aufzubauen, um Fragen der Gleichheit anzusprechen und mich dafür einzusetzen, denjenigen, die normalerweise nicht gehört werden, zu helfen, die nötigen Fähigkeiten und das geerdete Selbstvertrauen zu erwerben, um an solchen schwierigen Gesprächen teilzunehmen. Ich investierte in den Aufbau hochleistungsfähiger, verbundener Teams durch auf Stärken basierende Beurteilungen und die Einschätzung ihrer Arbeitspersönlichkeit. Und ich entwickelte strukturierte Protokolle für schwierige Gespräche einschließlich einer Fortschrittsprüfung.

Ich setze mich dafür ein, Probleme anzupacken, die unsere Mission, unsere Vision und unsere Werte gefährden, und ich fordere alle anderen dazu auf, auf alle Faktoren hinzuweisen, die die Kultur in unserer Organisation existenziell bedrohen. Wir freuen uns über alles, was funktioniert, und ändern die Dinge, die unserer Organisation keinen Mehrwert bringen.

Ich veränderte das Narrativ unserer Schule, indem ich durch verteilte, kooperative Führung mit anderen gemeinsam mehr Einfluss gewann und andere dazu befähigte, zu führen. Mir selbst als Mensch treu zu bleiben, meinen Werdegang zu respektieren und zu meiner Geschichte zu stehen, hat mir letztlich die Chance eröffnet, meine Führungsposition mit mehr Tiefgang und Bedeutung auszufüllen.

Weitere Werkzeuge zur Auseinandersetzung

Sie wissen ja: Weitere Ressourcen zur Auseinandersetzung mit Verletzlichkeit finden Sie auf dem *Dare to Lead*-Hub auf brenebrown.com. Dort können Sie sich ein Arbeitsbuch herunterladen, ein Glossar und Bilder ebenso wie Videos zu Rollenspielen, die Sie sich beim Aufbau Ihrer Auseinandersetzungskompetenz anschauen können.

Ob Sie sich für das Arbeitsbuch oder die Videos entscheiden, den Wert von Rollenspielen, Übungen und Aufzeichnungen, die Sie zu wichtigen Sitzungen oder Gesprächen mitbringen, sollten Sie auf keinen Fall unterschätzen. Ich praktiziere das alles jeden Tag.

Ich habe einmal für einen Chef gearbeitet, der zu mir sagte: »Sie stützen sich auf Notizen?«, als er sah, wie ich während eines ausgesprochen schwierigen Gesprächs einen Blick in meine Aufzeichnungen warf.

Ich sagte: »Ja. Ich habe über dieses Gespräch sehr lange nachgedacht. Es ist mir unheimlich wichtig, und ich wollte sichergehen, dass ich Ihnen auch alles sage, was ich mir dazu überlegt habe.«

Er rutschte auf seinem Stuhl hin und her, und ich machte mich darauf gefasst, meine Methode verteidigen zu müssen.

Doch da sagte er: »Das ist gar keine so schlechte Idee. Schreiben Sie sich nur Stichpunkte auf oder formulieren Sie ganze Sätze?«

Am Ende sind wir eben alle nur Menschen. Menschen, Menschen, Menschen.

Zweiter Teil:

UNSERE WERTE LEBEN

Menschen, die Führung wagen und dabei ihre Werte leben, sprechen unangenehme Dinge grund-sätzlich aus.

Die Arena, in der wir antreten – vor allem in den dunklen, schweren Momenten, wenn wir versuchen, wirklich mutig zu sein –, kann uns verwirren und überfordern: Da gibt es Ablenkungen, Störgeräusche, ein hektisch blinkendes Ausgangszeichen, das uns einen schnellen Ausweg aus der unangenehmen Situation verspricht, und die Zyniker auf der Tribüne. In solchen Auseinandersetzungen, wenn die Kritiker besonders laut und grob werden, ist die Versuchung groß, sich richtig ins Zeug zu legen – zu versuchen, sich zu beweisen, alles richtig zu machen, Leistung zu bringen und zu gefallen. Gott weiß, dass das für mich sehr wichtig ist. Wir können uns entweder anstrengen, um der Masse zu zeigen, dass wir es verdient haben, in der Arena zu stehen, oder wir lassen uns ins Bockshorn jagen. So oder so: Was andere denken, ist uns nicht gleichgültig und kann unsere Bemühungen vereiteln.

In den Momenten, in denen die Stimme der anderen für uns wichtiger wird als unsere eigene, vergessen wir, warum wir eigentlich angetreten sind. Wir denken nicht an unsere Werte. Oftmals wissen wir gar nicht genau, wie diese aussehen, oder können sie nicht benennen. Doch wer sich über seine Werte nicht im Klaren ist, wer nicht weiß, woran er sich orientieren oder worauf er sich fokussieren sollte, wer sich nicht von einem Licht leiten lässt, das ihm sagt, wofür er steht, den können die Zyniker und Kritiker in die Knie zwingen.

In den meisten Fällen sind es unsere Werte, die uns dazu bringen, die Arena zu betreten. Um ihretwillen sind wir bereit, unsere Komfortzone zu verlassen und etwas zu wagen. Treten wir an, geraten ins Straucheln oder kommen zu Fall, dann müssen wir uns auf unsere Werte berufen können als Grundlage für unser Engagement, vor allem, wenn wir schwitzend und blutend im Staub liegen.

Mit den Werten hat es Folgendes auf sich: Mut erfordert, dass wir unseren Panzer und unsere Waffen beim Betreten der Arena ablegen. Doch wir müssen uns nicht mit leeren Händen in ein heikles Gespräch oder eine schwierige Auseinandersetzung begeben.

Die mutigen Führungspersönlichkeiten, mit denen wir gesprochen haben, standen jedenfalls nie mit leeren Händen in der Arena. Neben Kompetenzen und Werkzeugen zur Auseinandersetzung verfügten sie stets über klare Werte. Diese Klarheit ist eine große Hilfe – wie der Nordstern in dunklen Zeiten.

Dem *Oxford English Dictionary* zufolge sind Werte »Verhaltensprinzipien oder -normen; das, was uns nach eigener Beurteilung im Leben wichtig ist«. Im Rahmen unserer Arbeit vereinfache ich die Definition: **Ein *Wert* ist eine Lebens- oder Denkweise, die uns besonders wichtig ist.**

Die eigenen Werte leben bedeutet, dass wir uns nicht nur dazu bekennen, sondern sie auch praktizieren. Wir reden nicht nur, wir handeln auch entsprechend – wir wissen genau, woran wir glauben und was uns wichtig ist, und wir achten darauf, dass sich unsere Absichten, Äußerungen, Gedanken und Verhaltensweisen mit diesen Überzeugungen decken.

Die eigenen Werte zu leben, erfordert einige Vorbereitung. Überlegungen, für die sich die wenigsten von uns die Zeit nehmen. Dieser Teil des Buches ist von mir zwar keinesfalls als Arbeitsbuch gedacht, doch er wird sozusagen zur Arbeit im Buch. Ich begleite Sie durch die drei Schritte und lasse Sie an manchen meiner (guten wie schlechten) Erfahrungen teilhaben. Lassen Sie sich darauf ein, mache ich jede Wette, dass Sie schon nach ein paar Seiten mehr über sich selbst wissen als zuvor und auch darüber, wie Sie Ihre Werte leben können.

Schritt 1: Werte, die wir nicht benennen können, können wir auch nicht leben.
Der erste Schritt, um unsere Werte zu leben, besteht darin, herauszufinden, was uns am wichtigsten ist. Was ist unser Polarstern? Welche Werte sind uns heilig? Wir können nur darauf hinarbeiten, in Einklang mit unseren Werten zu leben, wenn wir uns die Zeit nehmen, uns zu fragen, was uns am meisten bedeutet, und das klar zu benennen.

Wenn ich in Organisationen darüber spreche, werde ich stets gefragt: »Soll ich meine beruflichen oder meine persönlichen Werte ermitteln?« Das Problem dabei: **Wir haben nur einen Wertekanon.** Unsere Werte verändern sich nicht, nur weil der Kontext ein anderer ist. Wir müssen so leben, wie es dem entspricht, was wir für besonders wichtig halten, ganz gleich in welchem Umfeld oder welcher Situation. Die Herausforderung dabei, unsere Werte zu leben, stellen natürlich die Momente dar, in denen diese mit den Werten unserer Organisation, unserer Freunde, eines Fremden in der Schlange an der Supermarktkasse oder im Wahllokal oder auch unseren Angehörigen in Konflikt geraten.

Nachstehend folgt die Liste der Werte, auf die wir uns bei unserer Arbeit stützen. Wie Sie sehen, sind Zeilen freigelassen, damit Sie Werte eintragen können, die wir möglicherweise ausgelassen haben. Ihre Aufgabe ist nun, sich daraus die beiden Werte herauszupicken, die Ihnen am allerwichtigsten sind. Ich weiß, das ist nicht einfach, denn fast jeder, dem wir diese Aufgabe stellen (mich eingeschlossen), möchte am liebsten 10 bis 15 Werte wählen. Ich kann Ihnen die Aufgabe etwas erleichtern durch den Vorschlag, zunächst diese 15 Werte anzukreuzen. Doch am Ziel sind Sie erst, wenn Sie bei zwei zentralen Werten angelangt sind.

Der Grund dafür: Die Probanden, die die größte Bereitschaft zeigten, sich mit Verletzlichkeit auseinanderzusetzen und Mut zu praktizieren, knüpften ihr Verhalten nicht an zehn Werte, sondern an einen oder zwei. Das ist aus mehreren Gründen nachvollziehbar. Erstens sehe ich das so ähnlich wie Jim Collins: »Wer mehr als drei Prioritäten hat, hat gar keine.«[69] Ist Ihnen alles auf der Liste wichtig, kommen Sie irgendwann an den Punkt, an dem Sie gar nichts richtig antreibt. Das Ganze ist dann nur eine Auflistung von Wohlfühlbegriffen.

Werteliste

Abenteuer
Altruismus
Anerkennung
Anpassungsfähigkeit
Arbeitsplatzsicherheit
Ausgewogenheit
Authentizität
Beitrag
Dankbarkeit
Demut
Die/der Beste sein
Dienst
Diversität
Effizienz
Ehrgeiz
Ehrlichkeit
Einfachheit
Einfallsreichtum
Einzigartigkeit
Elternschaft
Engagement
Erfolg
Ernsthaftigkeit
Etwas bewirken
Etwas zurückgeben
Exzellenz
Fairness
Familie
Finanzielle Stabilität
Freiheit
Freizeit
Freude
Freundlichkeit
Freundschaft
Frieden
Führung
Fürsorge
Geduld
Gemeinschaft
Gerechtigkeit
Gesundheit
Glaube
Gleichheit
Gleichmut
Großzügigkeit
Harmonie
Hartnäckigkeit
Hoffnung
Höflichkeit
Humor
Initiative
Inklusion
Integrität
Intuition
Karriere
Kompetenz
Kooperation
Kreativität
Leistung
Lernen
Liebe
Loyalität
Macht
Mitgefühl
Moral
Mut
Natur
Neugier
Nützlichkeit
Offenheit
Optimismus
Ordnung
Patriotismus
Persönliche Erfüllung
Reisen
Respekt
Risikobereitschaft
Schönheit
Schutz
Selbstachtung
Selbstdisziplin
Selbstvertrauen
Selbstverwirklichung
Sicherheit
Sparsamkeit
Spaß
Spiritualität
Sportsgeist
Stolz
Teamwork
Tradition
Umwelt
Unabhängigkeit
Verantwortlichkeit
Verantwortung
Verantwortungsbewusstsein
Verbundenheit
Vergebung
Verletzlichkeit
Vermächtnis
Vermögen
Verständnis
Vertrauen
Vision
Wachstum
Weisheit
Wissen
Wohlergehen
Würde
Zeit
Zufriedenheit
Zugehörigkeit
Zuhause
Zukunftsfähigkeit
Zusammenarbeit
Zuverlässigkeit

Ihre eigenen Werte:

____

____

Zweitens habe ich schon über 10 000 Menschen durch diesen Prozess begleitet, und wenn diese bereit waren, weiterzumachen, bis sie die lange Liste auf zwei Begriffe eingedampft hatten, gelangten sie stets zu demselben Schluss, den ich zu meinem persönlichen Werteprozess zog: Meine beiden zentralen Werte liegen dort, wo all die »zweitrangingen« angekreuzten Werte auf die Probe gestellt werden.

In meinem Leben funktioniert das so: Meine beiden Kernwerte sind Glaube und Mut. »Familie« nicht anzukreuzen, ging mir total gegen den Strich. Doch als ich tiefer in die Materie eindrang, merkte ich, dass mir meine Familie zwar das Wichtigste im Leben ist, doch dass sich diese Hingabe aus Glaube und Mut speist.

Wenn ich beispielsweise auf eine aufregende berufliche Chance verzichte, weil ich im Rahmen unserer Fahrgemeinschaft an der Reihe bin, meine und andere Kinder zu befördern, dann brauche ich dafür Glaube und Mut. Für Sie mag das anders sein, doch mich kostet es einigen Mut, Nein zu sagen, ohne dass mich die Angst davon abbringt, jemand könnte mich für undankbar halten, weil ich eine solche Chance ablehne. Und ich brauche einen starken Glauben, um mir vor Augen zu führen, dass es andere Chancen geben wird, wenn ich nur tue, was für mich das Richtige ist. Manchmal bete ich mir in solchen Momenten einfach vor: *Wenn ich dieses Boot verpasse, war es nicht meins.*

Unsere Werte sollten für uns so konkret, untrüglich, präzise, eindeutig und unangreifbar sein, dass wir eigentlich gar keine Wahl haben. Sie definieren schlicht und ergreifend, wer wir in unserem Leben sind. Wir wissen in solchen schwierigen Momenten, dass wir uns dann richtig entscheiden und nicht für den bequemen Weg. Denn das ist **Integrität: Wenn uns Mut vor Bequemlichkeit geht. Wenn uns wichtiger ist, uns für das Richtige zu entscheiden, nicht für das, was mehr Spaß macht oder schneller oder leichter geht. Wenn wir unsere Werte auch praktizieren, nicht nur predigen.**

Entscheiden Sie sich für einen oder zwei Werte – für die Überzeugungen, die Ihnen am wichtigsten und teuersten sind, Ihnen helfen, sich im Dunklen zurechtzufinden und Ihnen das Gefühl geben, etwas Sinnvolles zu tun. Wenn Sie sie lesen, sollten Sie sich ganz stark damit identifizieren können. Versuchen Sie, sich dabei nicht an Eigenschaften zu klammern, die Ihnen antrainiert wurden, an Worte, die sich für Sie niemals wahr anfühlten.

> Fragen Sie sich:
> *Definiert mich das?*
> *Bin ich im Idealfall so?*
> *Ist das ein Filter, den ich verwende, um schwierige Entscheidungen zu treffen?*

Schritt 2: Wenn Werte nicht mehr leere Worte sind, sondern Verhalten prägen

Warum verdrehen wir die Augen, wenn andere von ihren Werten sprechen? Weil alle gern große Reden schwingen, aber nur *sehr wenige* Menschen diesen auch gerecht werden. Das nervt. Und es sind nicht nur Einzelne, die mehr versprechen, als sie halten. Unserer Erfahrung nach haben ganze zehn Prozent aller Organisationen ihre Werte in vermittel- und beobachtbare Verhaltensweisen umgesetzt, die herangezogen werden, um Beschäftigte zu schulen und in die Pflicht zu nehmen. *Zehn Prozent.* (Und ja, ich gebe es zu: Gelegentlich drücke ich mich etwas geschwollen aus.)

Wenn Sie sich nicht die Zeit nehmen, um Werte von Idealvorstellungen in Verhaltensweisen zu übersetzen, wenn Sie Ihren Leuten nicht beibringen, was sie wissen müssen, um sich so zu präsentieren, dass es diesen Werten entspricht, und wenn Sie dann keine Kultur schaffen, in der Sie sich wechselseitig in die Pflicht nehmen, um auf diese Werte ausgerichtet zu bleiben, dann sollten Sie sich besser gar nicht erst zu Werten bekennen. Denn dann sind diese nur ein schlechter Witz. Makulatur. Leere Worte eben.

In diesem zweiten Schritt des Prozesses zum Leben unserer Werte müssen wir drei oder vier Verhaltensweisen definieren, die unseren

Werten zugrunde liegen, und drei oder vier »schiefe Verhaltensweisen« – solche nämlich, zu denen wir neigen, obwohl sie unseren Werten zuwiderlaufen. Werden Sie dabei konkret. Dass es drei oder vier sein müssen, hat keine tiefere Bedeutung. Das sind einfach so viele, dass wir etwas weiter denken müssen als an das Naheliegendste, aber nicht so weit, dass wir nur noch mechanisch Verhaltensweisen auflisten.

Die beste Methode ist, an einen der Momente zu denken, als Sie in der Arena standen und so gehandelt haben, dass Sie sich mit Ihren Werten im Reinen fühlten oder eben nicht. Ich zum Beispiel finde mich häufig auf den sozialen Medien in Auseinandersetzungen um Fragen der sozialen Gerechtigkeit wieder. Die Leute hinterlassen mir Kommentare wie: »Bleib beim Schreiben – Immigration ist nicht dein Thema«, oder: »Rede nicht so viel über Rassismus.« Solche Einstellungen höre ich auch manchmal auf meinen öffentlichen Veranstaltungen in den Fragerunden heraus.

Dann fühle ich mich durch meinen einen Kernwert, nämlich Mut, dazu aufgefordert, aufzustehen und für meine Überzeugungen einzutreten. Wenn mir gegenüber oder in meiner Gegenwart etwas geäußert wird, was ich rassistisch, sexistisch oder homophob finde, dann lache ich darüber nicht, auch dann nicht, wenn alle anderen lachen. Ich bitte die Betreffenden, solche Äußerungen in meiner Nähe zu unterlassen. Das tue ich nicht aus Selbstgerechtigkeit oder weil ich der »bessere Mensch« sein möchte – glauben Sie mir, manchmal würde ich den Betreffenden viel lieber einen bösen Blick zuwerfen und meiner Wege gehen. Aber ich mache den Mund auf, weil Mut zu meinen zentralen Werten gehört, und damit ich mich physisch, emotional und spirituell wohlfühle, *verlangt* der Mut von mir, dass ich ihm Rechnung trage, indem ich meine Komfortzone verlasse und meine Stimme erhebe.

Liegt mir ein Thema am Herzen, dann schreibe ich darüber und stelle Beiträge auf sozialen Medien ein. Hinterlassen Sie mir dann einen beschämenden Kommentar oder äußern sich mir oder anderen in meiner Community gegenüber hasserfüllt, dann lösche ich die Äußerungen und sperre Sie für meine Seite. Eine meiner Verhaltensweisen im Zusammenhang mit Mut ist, *nicht zu schweigen, wenn etwas richtig ist. Es ist nicht meine Aufgabe, dafür zu sorgen, dass sich andere wohlfühlen oder von allen gemocht werden.*

Mein anderer Wert, der Glaube, hat mich im letzten Jahr vor große Probleme gestellt, denn eine meiner diesbezüglichen Verhaltensregeln ist, *in jedem Menschen das Angesicht Gottes zu erkennen.* Brrr. Das bedeutet, ich darf nicht die Menschen ablehnen, sondern höchstens ihre Vorstellungen. Statt sie zu beschämen und zu beschuldigen, muss ich sie in die Verantwortung nehmen. *Dabei ist so ein Vorwurf schnell gemacht, während es viel Zeit kostet, jemanden in die Pflicht zu nehmen. Das macht überhaupt keinen Spaß.* Ich habe es damit versucht, den Glauben so auszulegen, dass ich Gott im Angesicht der Menschen wiederfinde, die ich mag und deren Ansichten ich teile. Das hat nur einen Tag gedauert, denn ich verwandelte mich dadurch ganz schnell in einen Menschen, der mir selbst unsympathisch war, und ich konnte Gott in mir nicht mehr finden.

Eine weitere meiner Verhaltensregeln in Glaubensfragen ist, *Sprache nicht zu entmenschlichen.* Diesen Wert versuche ich, nun schon bald 20 Jahre lang zu leben. Inzwischen zucke ich zusammen, wenn ich etwa Entmenschlichendes höre, egal von welcher Seite. Und ich zucke oft und muss regelmäßig Auszeiten aus den sozialen Medien nehmen. Am schwierigsten wird es für mich, wenn ich mich gezwungen sehe, jemandem klare Worte zu sagen, der politisch in meinem Lager steht und entmenschlichende Sprache damit rechtfertigt, dass »wir doch die Guten sind«.

Wir alle wissen, wie es sich anfühlt, wenn man seinen Werten nicht treu bleibt. Wir alle wissen, was das für ein Gefühl ist, schweigend in der persönlichen Komfortzone zu verharren, statt seine ureigenen Überzeugungen zu äußern. Ich stelle meine Werte laufend auf die Probe. Ich sehe, wie weit ich sie dehnen und bedrängen kann, bevor ich dagegen verstoße. Dabei bin ich bestimmt nicht vollkommen. Und ich habe oft Angst. Wie wir alle.

Doch denken Sie an Menschen, die etwas wirklich Schlimmes erlebt haben – vielleicht an einen Freund oder eine Kollegin, deren Partner, Mutter oder Kind verletzt oder getötet wurde. Wir wissen in solchen Fällen: Wir müssen uns melden, um nachzufragen und zu sehen, wie wir helfen können. Doch stattdessen weichen wir aus. Wir gehen so lange immer wieder am Telefon vorbei, bis wir uns schließlich einreden können, dass es jetzt peinlich spät wäre, um noch anzurufen.

Das fängt an mit: »Sicher, ich sollte anrufen. Aber vermutlich sitzen sie gerade beim Essen. Ich versuche es später.« Mehrere Stunden vergehen. »Na ja, jetzt ist ja schon Schlafenszeit. Ich rufe morgen an.« Am nächsten Morgen wachen Sie auf mit dem Gedanken: »Sicher rennt ihnen die Familie jetzt noch die Bude ein. Ich rufe in ein paar Tagen an, wenn es ruhiger wird.« Und wie fühlen wir uns, wenn wir diesen Anruf nie erledigen und den Betroffenen dann zwei oder drei Wochen später im Supermarkt über den Weg laufen? Die meisten Menschen schämen sich und fühlen sich ganz und gar nicht integer. Auf meiner Liste mit Verhaltensregeln zum Thema Mut steht etwas, was meine Mutter uns Kindern schon in unserer Jugend beigebracht hat: *Tritt für Menschen ein, die leiden, und schau nicht weg*.

Aufgrund meiner Erfahrungen und dessen, was ich von den mutigen Führungspersönlichkeiten gelernt habe, die ich befragt habe, entscheide ich mich grundsätzlich für die fünf bis zehn Sekunden Unbehagen. Damit mir nicht eines Tages, wenn ich in meine Einfahrt einbiege und meinen Wagen parke, einfällt, was ich da getan oder unterlassen habe und wie ich mit dieser verpassten Chance, etwas zu tun oder zu sagen, meine wichtigsten Werte verraten habe. Ein weiteres Verhalten, das ich mutig finde: *Mut vor Bequemlichkeit zu stellen*.

Da ist noch eine kleine Geschichte über diese Sekunden des Unbehagens, die ich Ihnen nicht vorenthalten möchte. Vor ein paar Jahren führte ich ein Experiment durch, um herauszufinden, wie lange dieses intensive akute Unbehagen anhält. Nachdem ich das mehrere

Wochen lang untersucht hatte, kam ich auf acht Sekunden. In den meisten Situationen geht es um acht Sekunden, in denen man sich wirklich unwohl fühlt. Ich sagte zu Steve: »Meine Güte, das ist ja wie beim Bullenreiten! Man muss acht Sekunden durchhalten!« Wenn ich heute etwas Unangenehmes auf mich zukommen sehe, denke ich immer an »Amarillo by Morning« von George Strait:[70]

> *But I'll be looking for eight*
> *When they pull that gate.*

Also bitte, acht Sekunden sind doch zumutbar, oder? Vielleicht fühlen Sie sich noch etwas länger unwohl, doch das Schlimmste haben Sie dann hinter sich. Es folgen ein paar Fragen und Stichwörter, die Ihnen bei der Umsetzung Ihrer Werte helfen sollen.

Wert Nummer 1: ______________________________

1. Welche drei Verhaltensweisen fördern Ihren Wert?
2. Welche drei schiefen Verhaltensweisen bringen Sie von Ihrem Wert ab?
3. Nennen Sie ein Beispiel dafür, als Sie diesen Wert richtig ausgelebt haben.

Wert Nummer 2: ______________________________

1. Welche drei Verhaltensweisen fördern Ihren Wert?
2. Welche drei schiefen Verhaltensweisen bringen Sie von Ihrem Wert ab?
3. Nennen Sie ein Beispiel dafür, als Sie diesen Wert richtig ausgelebt haben.

Schritt 3: Empathie und Mitgefühl mit sich selbst: Die beiden besten Plätze in der Arena

Eine der größten Herausforderungen in einem Arenamoment sind die Menschen auf der Tribüne, insbesondere die abgebrühten Inhaber von Saisontickets, die bei jedem Wetter auftauchen. In der Arena gibt es jede Menge Sitzplätze, doch auf diese Plätze sollten wir besonders achten. Die Scham hat nämlich auch zwei Saisontickets. Die Schamkobolde sind grundsätzlich paarweise unterwegs, damit sie Sie von beiden Seiten in die Zange nehmen können: *»Du bist nicht gut genug«* und *»Was glaubst du eigentlich, wer du bist?«*. Ganz in der Nähe sitzen Defizit und Vergleich. Mit Defizit meine ich die innere Stimme, die Ihnen sagt: *»Nie genug Zeit, Geld, Liebe, Aufmerksamkeit …«* Der Vergleich erklärt Ihnen dagegen: *»Schau nur, andere können das viel besser als du.«*

Besondere Vorrechte genießen die Logenplätze. Dort sitzen die Leute, die die Arena gebaut haben. Und zwar zum Nutzen der Menschen, die ihnen in Ethnie, Gesellschaftsschicht, sexueller Orientierung, Fähigkeit und Status ähnlich sind. Solche Menschen haben bereits bestimmt, wie Ihre Chancen stehen, und zwar anhand von Stereotypen, Falschauffassungen und Angst. Das müssen wir zur Kenntnis nehmen und darüber sprechen. **Ganz gleich, für welche Werte Sie sich entscheiden, mutige Führungspersönlichkeiten, die ihre Werte leben, halten nicht den Mund, wenn es unangenehm wird.**

Es gibt da ein unglaublich wichtiges, unbequemes und mutiges Gespräch, das jede Führungskraft und jede Organisation der Welt unbedingt führen sollte: das Gespräch über Privilegien. Es ist nämlich so: Betrete ich die Arena, teile ich nicht die Erfahrungen anderer, die in derselben Arena antreten. Ich bin weiß. Ich bin heterosexuell. Ich bin gebildet. Auf der Tribüne sitzen viele Leute, die von mir erwarten, dass ich Erfolg habe, und die mich anfeuern. Habe ich Baustellen zum Thema Gender? Ganz bestimmt. Aber mein Ausgangspunkt ist deutlich privilegierter als der anderer. Denken wir an die Arena, müssen wir Faktoren wie Ethnie, Alter, Geschlecht, Gesellschaftsschicht, sexuelle Orientierung, physische Voraussetzungen und kognitive Fähigkeiten berücksichtigen, um nur ein paar zu nennen.

Seit fünf Jahren habe ich kein Unternehmen mehr erlebt, in dem einen die Leute nicht hinter vorgehaltener Hand fragen: »Das ist ja alles gut und schön, aber wie sollen wir über Rassismus sprechen?« Meine Antwort: »*Hören Sie doch erst mal zu.* Sie werden eine Menge Fehler machen und es wird superpeinlich. Man kann dieses Thema auch nicht ansprechen, ohne dass Kritik laut wird. Aber es nicht anzusprechen, geht gar nicht.« Sich Gesprächen über Privilegien und Unterdrückung zu entziehen, weil man sich dabei unwohl fühlt, ist der Inbegriff der Privilegiertheit.

Schweigen ist nicht mutige Führung. Schweigen ist auch nicht Bestandteil einer von Mut geprägten Kultur. Flagge zeigen und in heiklen Gesprächen Mut beweisen ist kein Weg, der sich vorzeichnen lässt. Eine mutige Führungspersönlichkeit ist nicht jemand, der alle Antworten parat hat oder der für schwierige Themen immer die richtigen Worte findet. Eine mutige Führungspersönlichkeit ist vielmehr jemand, der sagt: *Ich nehme dich wahr. Ich höre dich. Ich kenne nicht alle Antworten, aber ich höre zu und stelle Fragen.* Und das kann jeder. Wir können auch alle Empathie fördern. Wenn wir wirklich gute Arbeit leisten wollen, müssen wir diese heiklen Gespräche unbedingt ausführlicher gestalten. Wir müssen gegen Heimlichtuerei, Sprachlosigkeit und vorgefasste Urteile angehen. Nur so lässt sich Scham aus der Arbeitswelt vertreiben. Nur so können wir den Weg frei machen, um in der Arena die Leistung zu zeigen, die unseren wichtigsten Werten Rechnung trägt, und nicht den Panikmachern auf der Tribüne.

Die wichtigsten Plätze in der Arena, auf die wir uns vor allem in schwierigen Situationen konzentrieren müssen, sind für Empathie und Mitgefühl mit uns selbst reserviert. Auf dem Sitz (oder den Sitzen) für Empathie brauchen wir nur einen oder zwei Menschen, die unsere Werte kennen und unsere Bemühungen, diese in die Tat umzusetzen, unterstützen. Der für Selbstmitgefühl reservierte Platz ist für uns gedacht. Er soll uns bewusst machen: Wenn wir uns nicht selbst anfeuern können, sollten wir das auch nicht von anderen erwarten. Wenn unsere Werte für uns keine Priorität besitzen, können wir das auch von anderen nicht verlangen.

1. Wer kennt Ihre Werte und unterstützt Sie in Ihren Bemühungen, diese zu leben?
2. Wie sieht die Unterstützung durch diesen Menschen aus?
3. Was können Sie als Akt des Mitgefühls mit sich selbst tun, um sich bei der harten Arbeit, Ihre Werte zu leben, zu unterstützen?
4. Welche Frühindikatoren oder Warnzeichen dafür gibt es, dass Sie Ihre Werte nicht mehr leben?
5. Wie fühlt es sich an, wenn Sie Ihre Werte leben?
6. Wie wirkt es sich darauf aus, wie Sie Feedback geben und erhalten, wenn Sie Ihre beiden zentralen Werte leben?

Ich habe großes Glück, denn nach meinem Eindruck besetzt die Empathie in meiner Arena nicht nur einen Platz, sondern gleich einen ganzen Tribünensektor. Auf dem Empathieplatz sitzt Steve. Selbst wenn er weiß, dass es unser Privatleben belasten wird, wenn ich ein Thema aufgreife, ist er trotzdem der Erste, der zu mir sagt: »Du musst das machen. So bist du, und deshalb liebe ich dich. Also lass uns die Ohren steifhalten und loslegen.« Meine Schwestern und mit zunehmendem Alter auch meine Kinder sitzen in der Empathiekurve oft auf dem heißen Stuhl. Es ist nicht immer so einfach, jemanden zu unterstützen, der in der Öffentlichkeit steht. Sie wissen, dass es manchmal grausame und sogar angsteinflößende Gegenreaktionen auslösen kann, wenn man den Mund aufmacht. Mein Team in der Firma bildet ebenfalls eine größere Gruppe in meiner Empathieabteilung. Ohne diese Menschen könnte ich es nicht schaffen.

Unterstützung kann ganz unterschiedliche Formen annehmen – Liebe, Aufmunterung, klare Worte, Grenzsetzung und gelegentlich auch ein »Nein, das unterstütze ich nicht, und zwar aus folgendem Grund«.

Mitgefühl für Sie selbst lässt sich leicht in einer Liste zusammen schreiben, aber schwer in die Tat umsetzen. Für mich hat das viel mit Schlaf, gesunder Ernährung, Sport und Verbundenheit zu tun.

Darum ging es auch in der Geschichte von der Gehirnerschütterung. Der beste Prädiktor dafür, dass ich meine Werte lebe, ist, wenn ich physisch, spirituell und emotional gut in Form bin.

Lebe ich meine Werte nicht, so erkenne ich das daran, dass ich ... *Trommelwirbel ... für mich ist das eine ganz wichtige Sache* ... reizbar werde. Das ist mein Barometer und mein Frühwarnsystem. Sozusagen mein Kanarienvogel im Bergwerksschacht. Er macht sich bemerkbar, wenn ich den Mund halte, um niemanden zu verärgern. Oder wenn mir die Arbeit wichtiger wird als mein Wohlergehen. Und er wird richtig laut, wenn ich mir keine vernünftigen Grenzen mehr setze.

Glaube und Mut machen viel Arbeit. Sie haben nun schon weit genug in dieses Buch hineingelesen, um zu wissen, wie viel Mühe und Kompetenz es erfordert, mutig zu sein. Beim Glauben ist es dasselbe. Meine bevorzugte Definition für Spiritualität stammt von meinem Freund und Mentor Pittman McGehee. Er ist Analytiker nach Jung, Geistlicher der Episkopalkirche und Autor, dessen Werke mir unheimlich viel gegeben haben. »Spiritualität ist die tief empfundene Sehnsucht der Menschen, im Alltag Transzendenz zu erfahren – die Erwartung, im Gewöhnlichen das Außergewöhnliche zu erleben, in der nüchternen Realität das Wunder und als Profanität getarnt das Sakrale«, so Pittman.[71]

Mein Glaube will täglich praktiziert werden. Mein Leben ist zu kurz, um mich auf Twitter von Fremden in irgendwelchen Unsinn hineinziehen zu lassen. Ich habe zu viel damit zu tun, in der Realität das Wunder zu finden (und bin mir sicher, gerade verschickt mein E-Mail-Konto wieder eine automatische Abwesenheitsnotiz). Merke ich, dass ich wertvolle Zeit vergeude, ärgere ich mich und werde wütend auf mich. Und wenn Sie jetzt denken: *Vielleicht ist die Auseinandersetzung auf Twitter ja das Sakrale, als Profanität getarnt*, dann bin ich noch nicht ganz zu Ihnen durchgedrungen.

Wie es sich anfühlt, wenn ich meine Werte lebe: Meine Einstellung zu dieser Frage hat sich im Laufe der Jahre verändert. Früher dachte ich, wir würden es grundsätzlich daran merken, dass uns Entscheidungen leichtfallen, wenn wir in Einklang mit unseren Werten leben. Als Führungskraft habe ich jedoch erlebt, dass das Gegenteil zutrifft: Ich weiß, dass ich meine Werte lebe, wenn mir Entscheidungen ziemlich schwer- oder sehr schwerfallen. Ich wünschte, es wäre einfach, das Richtige zu tun, aber das ist nur selten der Fall. Inzwischen erwarte ich keine wunderbaren Momente mehr. Stattdessen bin ich auf stille Momente aus, in denen ich in mir ruhe und mich stark fühle. Und meistens auch müde. Um Leonard Cohen zu zitieren, wie ich das in heiklen Momenten in der Arena oft tue: »Love is not a victory march. It's a cold and it's a broken hallelujah.«[72]

Auf gelebte Werte abgestimmtes Feedback

Eine der größten Herausforderungen, vor allem im Beruf, ist es, den eigenen Werten auch dann treu zu bleiben, wenn wir Feedback geben und bekommen.

Für *Verletzlichkeit macht stark* habe ich eine Checkliste für ein konstruktives Feedback entwickelt, die an dieser Stelle wiederaufgegriffen werden soll.[73] Diese Liste habe ich auf der Grundlage unserer Recherchen für dieses Buch erstellt und kann erfreut berichten, dass sie sich auch in der Überprüfung anhand neuer Daten zum Thema Führung bewährt hat.

Sie verrät Ihnen, ob Sie die richtigen Voraussetzungen mitbringen. Sind Sie mental in der geeigneten Verfassung, um sich hinzusetzen und anderen Feedback zu erteilen?

1. Ich weiß, dass ich Feedback geben kann, wenn ich bereit bin, neben Ihnen zu sitzen statt Ihnen gegenüberzusitzen.

Ob wir uns jemandem gegenübersetzen, ist keine rein logistische Frage. Daraus spricht, dass wir Beziehungen von Haus aus als gegnerisch betrachten. Es mag in Ordnung sein, sich einem anderen gelegentlich gegenüberzusetzen, doch wenn sowieso schon etwas Größeres zwischen Ihnen steht, dann schafft der massige Schreibtisch nur noch mehr Distanz. Außerdem symbolisiert er ein Machtgefälle.

2. Ich weiß, dass ich Feedback geben kann, wenn ich gewillt bin, das Problem gemeinsam mit Ihnen anzuschauen, statt es zwischen uns zu stellen (oder es Ihnen zuzuschieben).
Wenn ein größeres Problem zwischen zwei Menschen steht, dann ist das etwas ganz anderes, als wenn die beiden nebeneinandersitzen und das Problem vor sich haben, sodass sie es aus demselben Blickwinkel betrachten. Das erfordert oft andere Formulierungen – nicht »Das sehen Sie falsch«, sondern »Da muss sich etwas ändern«. Es ist physisch, kognitiv, emotional und spirituell eine vollkommen andere Erfahrung, wenn jemand an Ihrer Seite sitzt und Ihnen über eine Hürde hinweghilft, als wenn er auf Ihren Anteil an dem Problem hinweist.

3. Ich weiß, dass ich Feedback geben kann, wenn ich zuhören, Fragen stellen und akzeptieren kann, dass ich den Sachverhalt vielleicht nicht voll verstehe.
Im Zuge eines Feedback-Gesprächs vergessen wir oft, dass wir eigentlich aus der Neugier heraus vermitteln und Fakten feststellen sollten, keine Vorträge halten. Halten wir Vorträge, fokussieren wir uns in der Regel darauf, den Termin hinter uns zu bringen und in jede Sitzung eine Lektion einzubauen. Wir möchten dieses schwierige Feedback oder heikle Gespräch gern abhaken und keinesfalls auf mehrere Sitzungen ausdehnen. Stattdessen sollten wir uns auf unser geerdetes Selbstvertrauen berufen: »So sehe ich das. Und daraus schließe ich Folgendes. Dazu habe ich viele Fragen. Können Sie mir das erklären?« Gehen Sie dann tiefer, machen Sie sich Notizen und stellen Sie Fragen, gefolgt von: »Ich brauche ein bisschen Zeit, um darüber nachzudenken. Können wir morgen weitersprechen? Ich komme auf Sie zu, wenn es noch Fragen gibt. Haben Sie noch Fragen, können Sie sich natürlich gern an mich wenden.«

4. Ich weiß, dass ich Feedback geben kann, wenn ich anerkennen will, was Sie tun, statt Ihre Fehler auseinanderzupflücken.
Dieser Teil kann schwierig werden. Manchmal gibt es eine Krise. Manchmal ist das Produkt der Arbeit oder eine Leistung termingebunden und entwickelt sich nicht erwartungsgemäß. In solchen Momenten wirkt es nicht unbedingt authentisch, wenn Sie sich hinsetzen und sagen: »Hey, vielen Dank, dass Sie sich die Zeit nehmen. Hier drei Sachen, die Sie gut machen«, obwohl Sie am liebsten sofort zur Sache kommen und sagen würden: »Da hakt es, und um 17 Uhr ist Abgabetermin.« Doch Letzteres bringt Sie nicht weiter. Ich muss immer an Ken Blanchards weise Worte dazu denken, dass es so viel mehr bewirkt, wenn man Menschen darauf hinweist, dass sie Dinge gut machen, statt nur gefrustet ihre Fehler aufzuzählen. Es dauert zwei Minuten, zu sagen: »Ich weiß, das müssen wir um 17 Uhr abgeben, und die Zusammenfassung ist wirklich super gelungen. Doch an den Tabellen müssen wir noch einiges ändern. Wie kann ich Ihnen dabei helfen?«

5. Ich weiß, dass ich Feedback geben kann, wenn ich Ihre Stärken erkenne, und wie Sie sie einsetzen können, um Ihre Herausforderungen anzugehen.
Ich halte einen auf Stärken beruhenden Feedback-Stil für den besten Ansatz. Dabei berufen Sie sich auf verschiedene Stärken oder besondere Fähigkeiten des oder der Betreffenden, die in der aktuellen Situation noch nicht zum Tragen kommen. »Eine Ihrer Stärken ist die Liebe zum Detail. Sie achten auf jede Kleinigkeit, und das ist für unser Team enorm viel wert. Wie ich es sehe, haben Sie diese Stärke in diesem Fall noch nicht eingebracht, und das brauchen wir.« Sind Sie so aufgebracht, dass es Ihnen nicht gelingt, auch nur eine einzige positive Eigenschaft des oder der Betreffenden anzuführen, sind Sie nicht in der richtigen Verfassung, um gutes Feedback zu erteilen. Dann müssen Sie Ihre emotionale Reaktion erst wieder in den Griff bekommen.

6. Ich weiß, dass ich Feedback geben kann, wenn ich Sie in die Pflicht nehmen kann, ohne Sie zu beschämen oder zu beschuldigen.
Leider wachsen viele von uns in Familien auf, in denen Feedback nur in einer von zwei Verpackungen vorkommt – als Beschämung oder Beschuldigung. Produktives, respektvolles Feedback zu erteilen, ist eine Kompetenz, die nur die wenigsten von uns erlernt haben. Es kann nützlich sein, sich ein Gespräch im Vorfeld zurechtzulegen und sich zu überlegen, wo es an Beschämung grenzt. Wenn Sie wissen, dass Sie an diese Grenze geraten können, sind Sie mental besser gerüstet, das zu vermeiden.

7. Ich weiß, dass ich Feedback geben kann, wenn ich gewillt bin, für meinen Teil die Verantwortung zu übernehmen.
Solange Sie nicht bereit sind, Verantwortung zu übernehmen, und überzeugt sind, dass Sie gar nicht zu dem Problem beigetragen haben, sind Sie nicht bereit, Feedback zu geben. Wie in dem »Aufruf zum Mut« beschrieben, habe ich noch keine Situation erlebt, die Feedback erfordert hätte, in der die Person, die das Feedback erteilt, nicht selbst einen Teil der Verantwortung getragen hätte.

8. Ich weiß, dass ich Feedback geben kann, wenn ich Ihnen aufrichtig für Ihre Bemühungen danken kann, statt Sie für Ihre Fehler zu kritisieren.
Nutzen Sie jede Gelegenheit, gute Nachrichten zu verkünden: »Ich möchte Ihnen gern ein Feedback zu dem Telefonat geben. Ich finde, Sie haben das richtig gut gemacht, wie Sie den Zeitrahmen für diese Projekt mit unseren Kunden abgesteckt haben. Ich weiß, das war nicht einfach, und ich finde, Sie haben das großartig hinbekommen.«

9. Ich weiß, dass ich Feedback geben kann, wenn ich darüber sprechen kann, wie die Lösung dieser Herausforderungen zu Ihrem Wachstum und Ihren weiteren Möglichkeiten beiträgt.
Stellen Sie sich darauf ein, im Kontext eines produktiven Feedbacks und der Karriereentwicklung notwendige Veränderungen anzuspre-

chen. »Die von mir geforderte Veränderung hängt direkt mit Ihren in unserem Gespräch thematisierten persönlichen Entwicklungsbereichen oder persönlichen Herausforderungen zusammen.« Sie müssen Ihre Feststellungen unbedingt mit Aspekten verknüpfen, die für Ihre Gesprächspartner wichtig sind.

10. Ich weiß, dass ich Feedback geben kann, wenn ich die Verletzlichkeit und Offenheit vorleben kann, die ich mir von Ihnen wünsche.

Erwarten Sie, dass sich andere aufnahmebereit zeigen, dann präsentieren Sie sich selbst am besten aufgeschlossen, neugierig, verletzlich und voller Fragen. Sie haben hier eine Vorbildfunktion für das erwünschte Verhalten. Sie können an sich selbst nicht andere Erwartungen und Standards anlegen. Wollen Sie jemandem mit einem harten Feedback auf die Sprünge helfen, dürfen Sie selbst nicht defensiv oder reserviert wirken. Dann prallt Ihr Feedback von Ihrem Gegenüber ab, das ebenfalls defensiv, reserviert und bereit ist, jemandem Beine zu machen.

Neben dieser Checkliste müssen wir auch daran denken, wie wir unsere Werte leben, wenn wir Feedback geben und bekommen. Bevor ich Feedback erteile – ganz gleich ob an mir direkt unterstellte Personen, andere Führungskräfte oder externe Geschäftspartner –, überlege ich mir genau, wie ich in dem Gespräch wahrgenommen werden möchte. Die schmerzlichsten Erfahrungen mit schwierigen Interaktionen sammeln wir dann, wenn wir mit unseren Werten nicht in Einklang stehen und nicht integer bleiben können.

Ich führe kein Feedback-Gespräch, ohne meine zentralen Werte einzubringen. Insbesondere gilt das für Mut. Das heißt, ich entscheide mich im Zweifel nicht für meine Komfortzone und gegen Respekt und Ehrlichkeit. Höflichkeit den Vorrang vor Respekt zu geben, ist respektlos. Zweitens gestehe ich anderen zu, Gefühle zu haben, ohne mich für diese Gefühle verantwortlich zu fühlen. Teile ich anderen etwas Unangenehmes mit, muss ich ihnen Raum geben für ihre Gefühle, welcher Art diese auch sein mögen. Ich darf sie dafür nicht abstrafen, nur weil ich mich dabei unwohl fühle. Ich darf auch nicht versuchen, sie vor diesen Gefühlen in Schutz zu nehmen oder zu retten, denn das hat nichts mit Mut zu tun, und es ist auch nicht meine Aufgabe. Zudem verhindert es gutes Feedback.

WIE MAN FEEDBACK RICHTIG ENTGEGENNIMMT

Auch dabei spielen unsere zentralen Werte eine Rolle, allerdings eine ganz andere. Die vordringliche Frage ist: *Wie bleiben wir auf unsere Werte ausgerichtet, wenn wir Feedback erhalten, ungeachtet der Kompetenz derjenigen Person, die dieses Feedback erteilt?*

Einer der schwierigsten Fäden, die sich durch unser Leben ziehen, besteht darin, dass wir von Geburt an Feedback erhalten: von Eltern, Lehrern, Geistlichen, Trainern, Professoren und dann noch 30 oder 40 Jahre lang von Chefs, Vorgesetzten und Kollegen. Richtig Feedback zu erteilen, ist eine Kunst, die manche beherrschen. Andere nicht.

Doch wir müssen in der Lage sein, Feedback anzunehmen – ganz gleich, wie es erteilt wird –, und es produktiv umzusetzen, und zwar aus einem ganz einfachen Grund: Wer richtig gut werden will, braucht Feedback. Dabei ist ganz egal, worin – und ob wir wirklich Herausragendes erreichen wollen oder nur eine Grundbefähigung. Feedback ist stets die Voraussetzung.

Solche Rückmeldungen anzunehmen, ist aus mehreren Gründen schwierig. Zum einen kommen sie manchmal von Leuten, die sie nicht gut vermitteln können. Zum Zweiten gilt: Selbst wenn sie von kompetenter Stelle kommen, wissen wir nicht, in welcher Absicht. Drittens können wir, wenn wir selbst Feedback erteilen, entsprechend planen und uns genau überlegen, was wir sagen oder tun werden. Bekommen wir dagegen Feedback, sind wir unter Umständen absolut unvorbereitet. Da sucht uns jemand im Büro auf oder ein Kunde ruft an und sagt: »Hören Sie, wir haben Ihr Angebot durchgesehen und finden es indiskutabel. Das ist überhaupt nicht das, was uns vorschwebt. Und auf keinen Fall wollten wir so viel Geld für Ihr Projekt in die Hand nehmen.« Das ist Feedback. Fühlt sich das produktiv an? Ist es einfach, aufgeschlossen und aufnahmebereit zu bleiben? Nicht wirklich und schon gar nicht ab dem Wort »indiskutabel«.

Es gibt aber verschiedene Taktiken, um damit umzugehen. Erhalten wir Feedback, können wir ein Verhaltensmuster oder einen Satz zum Vorsagen finden, der unsere Werte stützt und uns über den Moment hinweghilft. Meiner lautet: Erhalte ich Feedback und möchte auf Mut als meinen Grundwert ausgerichtet bleiben, sage ich mir: »Ich habe den Mut, mir das anzuhören.« Das sage ich mir durchaus auch mehrmals: »Ich habe den Mut, mir das anzuhören. Ich muss das nicht alles annehmen oder mich damit belasten, aber ich habe den Mut, es mir anzuhören.«

Noch etwas sage ich mir gern mehrmals vor, vor allem, wenn mir gegenüber (oder neben mir) jemand sitzt, der nicht so gut Feedback erteilen kann: »Da ist etwas Wertvolles dran. Da ist etwas Wertvolles dran. Nimm mit, was dir etwas bringt, und vergiss den Rest.«

Der dritte Satz, den ich mir vorsage, selbst wenn der Mensch, der mir das Feedback erteilt, durchaus kompetent ist und das Gespräch entsprechend produktiv, ich aber trotzdem erschüttert bin, weil ich nicht gerne höre, was er zu sagen hat: »Nur Übung macht den Meister. Nur Übung macht den Meister.« Ich kriege laufend Feedback darüber, wie ich spreche, wie ich mich bei öffentlichen Auftritten kleide oder wie ich auf Videos wirke. Ich muss mir immer wieder ins Gedächtnis rufen, dass die Menschen, die mir solche Rückmeldungen geben, mit unserer Arbeit des Bestmögliche erreichen möchten. Dadurch, was ich mir selbst vorsage, wenn es hart auf hart kommt, bleibe ich in meinem Grundwert verankert: dem Mut.

Einer unserer ehemaligen Kursteilnehmer, der Wissen als zentralen Wert angab, erklärte, Feedback sei für ihn ein wichtiges Instrument, um sich selbst besser kennenzulernen: »Ich bin immer neugierig darauf, was ich zu hören bekomme, weil ich weiß. Ich kann daraus lernen oder mein vorhandenes Wissen nutzen, um besser zu werden und mich selbst besser zu kennen.« Ich fragte eine Dame, die Familie als ihren zentralen Wert bezeichnete, wie sie mit Feedback umgehe. Ihre Antwort bewegte mich: »Ich gehe so damit um, wie ich in den Augen meiner Nichte gerne wirken würde: Ich bleibe ruhig und respektvoll, höre zu, lasse mich nicht entmutigen und stelle Fragen.«

Es braucht auch eine gewisse Übung, um präsent zu bleiben, ohne in die Defensive zu gehen. Das zu schaffen, ist an sich schon ein großer Erfolg, weil man sich innerlich eigentlich abschotten möchte. Wenn mir mein Körper signalisiert: »Das fühlt sich weder sicher noch gut an, am besten machst du die Schotten dicht«, dann höre ich nicht mehr zu und murmle nur noch unverbindlich: »Mhm, mhm, alles klar.«

Denken Sie an Ihr letztes Feedback-Gespräch, in dem Sie defensiv reagiert haben. Physische Anzeichen dafür sind: vor der Brust verschränkte Arme (oder in den Hosentaschen versenkte Hände), ein trockener Mund. Typische Denkmuster: auf alles achten, womit man nicht einverstanden ist (»Die haben sich meine Version der Geschichte ja noch gar nicht angehört«, »Die sehen nicht das große Ganze«). Emotionale Signale sind: Nervosität, Frust, Überforderung.

Finden wir uns häufig in dieser Lage wieder, müssen wir unbedingt daran arbeiten, uns Verhaltensmuster und Sätze zum Vorsagen zu erarbeiten, die uns anders auftreten lassen, damit wir Neugier leben, Fragen stellen, die Sichtweise anderer erfahren und das Gesprächstempo bremsen können. Sind wir wirklich überfordert mit der Situation, müssen wir es schaffen, das Gespräch zu vertagen, um später über das Problem zu sprechen.

Das ultimative Ziel beim Erhalten von Feedback ist eine gekonnte Mischung aus verantwortungsbewusstem Zuhören, Einbeziehen und Reflektieren. Sind wir in der Lage, das Unbehagen vollständig anzuerkennen und auszuhalten, verschafft uns das Macht, sowohl beim Erteilen als auch beim Entgegennehmen von Feedback. Erhalte ich kritisches Feedback und sitze nur da und fühle mich erschlagen von allem, was ich nicht so gut mache oder worin ich versagt habe, darf ich ruhig sagen: »Wissen Sie, das ist ein bisschen viel auf einmal. Wenn wir uns auf einen Punkt konzentrieren und genauer darauf eingehen und über die anderen Fragen ein andermal sprechen könnten, wäre ich dazu gerne bereit. Aber im Moment kann ich das alles gar nicht aufnehmen.« Das ist produktiv, respektvoll und mutig.

Weil Mut für mich ein zentraler Wert ist, erlaube ich mir, zu sagen: »Ich brauche eine Pause.« Oder: »Sie verhalten sich so, dass ich gar nicht hören kann, was Sie sagen. Ich verstehe, dass Sie verärgert sind, und das ist okay, aber wir müssen einen anderen Weg finden, das zu klären, denn im Moment bin ich ganz in der Defensive.« Für mich ist das Mut, sich so zu verhalten – um mehr Zeit zu bitten, anbieten, später noch einmal darüber zu sprechen, nachhaken. Wenn Sie nach einem schwierigen Feedback-Gespräch sagen können: »Ich bin verbunden geblieben, mutig, authentisch und neugierig«, dann ist das allein schon mutig und ein Erfolg.

Ich möchte diesen Abschnitt über Feedback mit einer Geschichte von Natalie Dumond abschließen, Chief Culture Officer bei Miovision. Dieser Spezialist für Smart-City-Technologie stellt Daten, Tools und Erkenntnisse für Kommunen bereit, die diese brauchen, um Verkehrsstaus zu verringern, intelligente städteplanerische Entscheidungen zu treffen und die Verkehrssicherheit zu erhöhen. Die Geschichte ist ein überzeugendes Beispiel dafür, wie sich eine funktionierende Feedback-Kultur entwickeln lässt.

Natalie Dumond schreibt:

> Wie viele Organisationen kämpft auch Miovision seit Jahren damit, eine Methode zu finden, um das Leistungsmanagement – konkret das leistungsbezogene Feedback – so zu gestalten, dass es sinnvoll ist und jeder und jedem Beschäftigten wertvolle Perspektiven bietet. Als wir mit der Arbeit daran begannen, setzten wir umständliche Leistungsformulare mit Sternen als Ratingsys-

tem und Kompetenzlisten ein. Als das Formular eingeführt war, ergänzten wir es schließlich um 360-Grad-Perspektiven, was passiv-aggressives Verhalten zu fördern schien. Die Mitarbeitenden überlegten nervös, was wohl über sie gesagt wurde.

Personalabteilung und Teamleitungen mussten das Programm überwachen, um sicherzustellen, dass auch alle teilnahmen. Doch das war noch nicht alles. Den Teamleiterinnen und Teamleitern fehlte das nötige Rüstzeug, um schwierige Gespräche zu führen. Also vermieden sie diese entweder komplett oder führten sie mehr schlecht als recht. Insgesamt brachte das ganze Programm gar nichts. Vor allem war es für die Beschäftigen weder sinn- noch wertvoll. Das Programm pflegte und förderte nicht die Verhaltensweisen, die wir in der Organisation sehen wollten – Vertrauen, Verletzlichkeit, Neugier, positive Absichten und Selbstbewusstsein.

Nach jahrelangen Anläufen, ein sinnvolles System zum Leistungsmanagement zu entwickeln, beschlossen wir, das alles abzuschaffen und etwas Radikales, Verletzliches zu versuchen. Wir ließen die Belegschaft ans Steuer und platzierten die Teamleitungen auf dem Beifahrersitz. Feedback und Entwicklung wurden damit zur Aufgabe aller. Durch mutiges Feedback wollten wir eine Kultur des Vertrauens schaffen, in der Beschäftigte Verletzlichkeit lebten und in Einzelgesprächen Feedback von Kolleginnen und Kollegen einholten. Wir hatten eine Kultur im Sinn, in der die Beschäftigten den Mut und die Kompetenz besitzen würden, ihren Kolleginnen und Kollegen auch unangenehme Dinge zu sagen, und in der Vorgesetzte erkennen würden, wie wertvoll Offenheit ist und wie schwierige Gespräche die persönliche Entwicklung förderten.

Es gelang uns, diesen Ansatz umzusetzen, und inzwischen ist er Teil unserer Kultur. Die Vision und Inspiration für dieses Programm entstammt dem Daring-Leadership-Programm von Brené, vor allem unser Fokus auf mutigem Feedback. Diese Arbeit lehrte uns, dass Feedback, wenn es etwas bewirken sollte, mit vollem Herzen Problemen auf den Grund gehen musste und dass wir entsprechende Verletzlichkeitskompetenzen lehren und fördern mussten. Wir schulen Beschäftigte und Vorgesetzte auch weiterhin darin, mit Mut und Herz zu führen, und wir bringen ihnen bei, wie man mutig Feedback erteilt und entgegennimmt. Auf diese Weise bauen wir eine Kultur des Vertrauens, der Neugier, der positiven Absichten und des Selbstbewusstseins auf – eine Kultur, die gut gedeiht.

Heute können Sie bei Miovision ein Programm zum Leistungsmanagement sehen, in dessen Rahmen sich Mitarbeitende fortlaufend wechselseitig Feedback geben. Dabei passiert nichts anonym, heikle Gespräche sind ganz normal, und der gesamte Prozess wird von der Belegschaft gelenkt. Den Beschäftigten bleibt auch überlassen, wie sie erhaltenes Feedback einbeziehen möchten. Wir empfehlen ihnen, sich auf das Feedback einzulassen und ihren Vorgesetzten mitzuteilen, was sie von ihren Kolleginnen und Kollegen erfahren haben, damit diese sie entsprechend coachen können. Wir möchten wirklich erreichen, dass sich unsere Beschäftigten für ihre Leistung verantwortlich fühlen und authentische Beziehungen zu ihren Kolleginnen und Kollegen entwickeln. Gleichzeitig sollen sie eine Mentalität der laufenden Weiterentwicklung pflegen.

Eine maßgebliche Voraussetzung für den Erfolg unseres Programms sind Schulungen von Vorgesetzten und Beschäftigten, die ihnen vermitteln, wie mutiges Feedback aussieht und ankommt. Wir bieten unseren Leuten Workshops an, auf denen sie üben können, einander in Echtzeit Feedback zu geben, um ihren »Feedback-Muskel« zu kräftigen. Für eine Organisation ist es ungeheuer befreiend, wenn Beschäftigte Verantwortung für ihre eigene Leistung und ihr Feedback übernehmen. Es hat enorme Wirkung, wenn man Führungskräfte so aufstellt, dass sie zu fähigen Coaches werden, die dafür gerüstet sind, unangenehme Gespräche zu führen. Wir haben festgestellt, dass dieser Ansatz für alle Beschäftigten die richtigen Verhaltensweisen aufbaut und fördert und jeden dazu auffordert, seinen Mut zu leben.

KNOW MY VALUES = KNOW ME. NO VALUES = NO ME

Gemeinsame Werte sind ein hocheffektives Mittel, um im Team Vertrauen und Verbundenheit aufzubauen. Ich bilde mir viel auf meine Verbundenheit zu den Menschen ein, die ich führe. Doch nachdem wir einen Vormittag lang über unsere jeweiligen beiden Werte gesprochen und einander verschiedene der Fragen aus dem vorstehenden Abschnitt beantwortet hatten, merkte ich: Man kennt einen Menschen erst richtig, wenn man sich die Zeit nimmt, seine Werte zu verstehen. Eine mir direkt unterstellte Mitarbeiterin war noch relativ neu und hatte zu kämpfen, weil sie sich in unserer Kultur noch nicht zugehörig fühlte. Ich probierte Verschiedenes aus, doch nichts schien wirklich zu fruchten.

In einem unserer Gespräche über Werte erfuhr ich, dass sie Verbundenheit als einen ihrer Werte angab. Als eine Verhaltensweise, die diesem Wert zugrunde lag, führte sie an: wenn man sich Zeit nimmt für kleine, zwischenmenschliche Zeichen der Verbundenheit und Verbundenheit nicht nur auf kollegialer Basis zu arbeitsbezogenen Fragen herstellt. Für sie gehörte zum Beispiel dazu, morgens vorbeizuschauen und Hallo zu sagen oder Interesse am Privatleben zu zeigen. So einfach war das. Ich bin auch sehr für solche kleinen Momente der Verbundenheit, pflegte diese früher aber nicht regelmäßig. Inzwischen mache ich das, und das bringt mir ebenso viel wie ihr. Für sie veränderte das unsere Beziehung maßgeblich.

Ein weiteres Beispiel dafür, wie gemeinsame Werte eine Beziehung stärken können, lieferte mein Freund Chaz. Ehrlich gesagt kennen wir uns schon so lange, dass ich mir nicht vorstellen konnte, noch engere Verbundenheit herzustellen. Doch als er seinen Job als CFO bei einer sehr erfolgreichen Werbeagentur quittierte, um für mich zu arbeiten, gab es ein paar schwierige Veränderungen. Im Zuge unseres Wertegesprächs erfuhr ich, dass Finanzstabilität einer seiner Werte war. Jetzt denken Sie vermutlich: *Das ist gut nachvollziehbar – er ist ja ihr CFO und gehört zu ihren engsten Vertrauten.* Aber ehrlich, für mich kam das absolut überraschend. Und wenn ich große Risiken eingehen oder viel Geld in neue Unternehmen stecken wollte, kam es mir so vor, als bremse er und stelle Millionen von Fragen, weil er mir nicht vertraute oder es für seine Aufgabe hielt, mir solche Dinge auszureden. Als ich hörte, dass es sich für ihn dabei um einen Wert handelte – nicht nur um seinen Job –, war ich den Tränen nahe. Seither ist das eine Eigenschaft, die ich ganz besonders an ihm schätze. Mein Vertrauen in ihn ist so groß, dass mir ganz warm ums Herz wird, wenn ich nur daran denke. Wir kennen einen Menschen erst dann wirklich, wenn wir seine Werte kennen.

Ich habe diese Übung schon mit Führungsteams in der ganzen Welt durchgeführt, die zum Teil bereits über 20 Jahre zusammenarbeiteten und total überrascht waren, als sie hörten, welche Werte ihren Teammitgliedern wichtig waren – darunter auch Menschen, mit denen sie Freundschaften verbanden. Das letzte Jahr haben wir mit einer wirklich tollen Übung abgeschlossen. Jeder im Unternehmen sollte dieses Buch lesen. Wir baten jedes Team, eine 20-minütige Präsentation zur Verfassung des Teams am Jahresende zu erstellen, in die zwei oder drei Erkenntnisse aus diesem Buch einfließen sollten. Bei dieser Aktion kam stark der Universitätsprofessor durch – andere einbeziehen und ihnen etwas beibringen ist die beste Methode, aus einem Buch Gelerntes zu verinnerlichen. Zu Beginn der zweitägigen Veranstaltung schrieben alle Teilnehmenden ihre beiden Werte auf große Poster. Im Verlauf der beiden Tage schrieben alle Beteiligten auf jedes Poster einen Grund, aus dem sie die Betreffenden schätzten, und schilderten, wie diese ihre Werte lebten. Das war absolut fantastisch. Ich habe mein Poster noch. Es hängt in meinem Arbeitszimmer und dient mir als Gedächtnisstütze.

DER WERTE-OPERATIONALISIERINATOR

In Sachen Innovativität ist Dr. Heinz Doofenshmirtz mein absoluter Favorit. Der in Drusselstein geborene Doofenshmirtz hat Evil Incorporated gegründet, ein Unternehmen, dessen Mission es ist, in der gesamten Tri-State-Area Chaos zu stiften und Doofenshmirtz' Interessen durchzusetzen.

Sehen Ihre Kinder gern die Disney-Zeichentrickserie *Phineas und Ferb* (2007 bis 2015, RIP), dann wissen Sie, von wem ich spreche. Kennen Sie die Serie nicht, sollten Sie das dringend ändern. Heinz Doofenshmirtz ist nur einer von vielen großartigen Charakteren. Was ich an Doofenshmirtz besonders mag: Alle seine Erfindungen enden auf *-inator*. Hier ein paar Beispiele, sozusagen als kleiner Nachholinator für alle Uneingeweihten:

Der Pop-up-inator – mit dem er versucht, seine persönlichen üblen Pop-up-Anzeigen praktisch überall in der Tri-State-Area zu platzieren.
Der Dodo-Bird-Incubator-inator – mit dem er versucht, einen schrecklichen Monstervogel zu erschaffen, der ihm helfen soll, die Tri-State-Area zu übernehmen.
Der Salt-Water-Taffy-inator – mit dem er versucht, alle Kinder in der Tri-State-Area mit Karies zu infizieren.
Der Chicken-Soup-inator – mit dem er versucht, ein Feinkostgeschäft zu ruinieren, in dem man ihn nicht bedienen wollte.

Natürlich können wir nie mit Doofenshmirtz konkurrieren, doch mein Team und ich haben einen Werte-Operationalisierinator entwickelt. Viele der Unternehmen, mit denen wir zusammenarbeiten, haben uns schon um Unterstützung gebeten bei der Operationalisierung ihrer Werte zur Umsetzung kompetenzgestützter Verhaltensweisen, die gelehrt, beobachtet und bewertet werden können. Wir haben zwar keine Maschinc mit Riesentrichter, geschweige denn irgendeinen coolen Algorithmus (jedenfalls noch nicht), aber wir verfügen über eine Sammlung aus mehreren Hundert Verhaltensweisen, die sich zu den am häufigsten übernommenen Organisationswerten zusammenfügen.

Ich will Ihnen ein Beispiel aus unserer Organisation geben. Bei der Brené Brown Education and Research Group sind wir aufgefordert, die folgenden Werte zu leben:

Mutig sein.
Die Arbeit voranbringen.
Auf uns und andere achten.

Jeder dieser Werte wurde zu Verhaltensweisen operationalisiert, zu denen wir alle verpflichtet sind. Jede dieser Verhaltensweisen wird von den Beschäftigten und ihren Vorgesetzten anhand einer Likert-Skala bewertet (von 5 bis 1, immer bis nie) und dann in einer Reihe von Einzelgesprächen das ganze Jahr hindurch abgeglichen. In diesen Gesprächen geht es um die Ermittlung von Stärken und Entwicklungsmöglichkeiten, Bereiche, in denen Beschäftigte Coaching benötigen, und Situationen, in denen sie sich als Mentor anbieten oder andere unterstützen könnten.

»Mutig sein« bezieht sich auf die Arbeit zum Aufbau von Mut, die in diesem Buch geschildert wird. Hier ein Beispiel für drei Verhaltensweisen, die diesem Wert zugrunde liegen:

- Ich setze anderen klare Grenzen.
- Ich lasse mich auf schwierige Gespräche, Meetings und Entscheidungen ein.
- Ich spreche mit anderen, nicht über sie.

»Die Arbeit voranbringen« dreht sich um Verantwortung für die eigene Tätigkeit. Drei entsprechende Verhaltensweisen sind:

- Ich übernehme Verantwortung für die Erfahrungen unserer Gemeinschaft und der Verbraucher.
- Ich bin verantwortlich für die Energie, die ich einbringe. Deshalb arbeite ich an einer positiven Einstellung.

- Ich übernehme die Verantwortung dafür, mich an dieses schnelllebige Umfeld anzupassen.

»Auf uns und andere achten« hat damit zu tun, wie wir mit uns selbst und anderen umgehen:

- Ich begegne meinen Kolleginnen und Kollegen respektvoll und empathisch, indem ich gegebenenfalls zeitnah und professionell auf sie eingehe.
- Ich praktiziere im Team und im Kollegenkreis Dankbarkeit.
- Ich nehme Rücksicht auf die Zeit anderer.

Sie sehen, wie dieser Prozess hehre, subjektive Werte hernimmt, verwirklicht und in die Tat umsetzt. *Klarheit ist fair. Unklarheit ist unfair.*

Der Prozess setzt nicht nur klare Erwartungen, sondern vermittelt uns auch eine gemeinsame Sprache und eine klar definierte Kultur. Er hilft uns, bereits im Einstellungsverfahren festzustellen, ob Bewerber in unsere Kultur passen, und liefert uns unmissverständliche Verhaltensstandards, wenn es Probleme gibt, die nicht leistungsbedingt sind.

Operationalisierte Werte sorgen außerdem für produktive Entscheidungen. Bleiben Werte unklar, wirkt das oft lähmend oder wir werden, was nicht minder gefährlich ist, dadurch zu impulsiv. Operationalisierte Werte stehen hinter dem, was ich als idealen Entscheidungsprozess empfinde: einen durchdachten und entschlossenen.

Melinda Gates, die uns in diesem Buch wiederholt ihre Erfahrungen mit mutiger Führung schildert, schreibt dazu:

> Es ist so viel einfacher, mit Konflikten umzugehen, wenn man sein Team in ein Gespräch über Werte einbinden kann. Menschen, und da schließe ich Bill und mich nicht aus, entwickeln manchmal einen Hang zu bestimmten Taktiken. Doch wenn man gezwungen

> ist, diese Taktiken an zentrale Werte zu knüpfen und sie anderen zu erklären, kann man selbst die eigenen Annahmen besser hinterfragen und anderen dabei helfen, deren Annahmen infrage zu stellen. Unser grundlegendes Leitprinzip ist Gerechtigkeit. Sind wir also verschiedener Meinung darüber, ob wir beispielsweise mehr Geld für unvollkommene Werkzeuge ausgeben sollen, die jetzt schon Leben retten, oder lieber bessere Werkzeuge finden, um später mehr Leben zu retten, können wir uns immer daran orientieren, inwieweit die jeweilige Taktik dem zentralen Wert der Gerechtigkeit entspricht.
>
> Es ist nämlich so: In solchen Diskussionen gibt es nicht die eine richtige Antwort. Jede Seite hat ihre Argumente. Doch wenn ich aus der Gerechtigkeitsperspektive argumentiere, empfinde ich meine Einschätzungen und die Gründe dafür als solider. Manchmal gehen wir in eine andere Richtung, als sie mir ursprünglich vorschwebte, doch normalerweise habe ich damit kein Problem, weil ich erkennen kann, inwiefern andere meinen, dass die von ihnen bevorzugten Lösungen der Gerechtigkeit Vorschub leisten. Legt man den Fokus auf Werte, so führt das zu viel produktiveren Gesprächen – und es verschafft einem ein Gefühl der Genugtuung. Man hat den Eindruck, gehört worden zu sein, ganz gleich, zu welchen Entscheidungen solche Gespräche letztlich führen.

Die Operationalisierung von Werten zwingt uns darüber hinaus, Klarheit darüber zu gewinnen, welche Kompetenzen oder Kompetenzkombinationen die Werte unterfüttern. Ein großartiges Beispiel dafür ist der Wert, »gute Absichten zu unterstellen«. Das ist ein sehr beliebter Wert, der von vielen verschiedenen Organisationen übernommen wird, wie wir beobachten. Es bedeutet im Grunde, dass wir die Absichten, Äußerungen und Handlungen anderer möglichst großzügig positiv interpretieren.

Das klingt recht einfach, doch ich befasse mich jetzt schon seit Jahren mit diesem Thema und kann Ihnen sagen: Diese Kompetenz ist gar nicht so leicht zu erwerben und zu praktizieren. Ich kann Ihnen auch sagen, dass ich noch nicht einmal erlebt hätte, wie die eigentlichen Kompetenzen, die der Unterstellung guter Absichten zugrunde liegen, in einer Organisation, die diesen Wert hochhält, erklärt oder vermittelt wurden. Welche grundlegende Kompetenz liegt vor, wenn wir anderen nur das Beste unterstellen? Man muss Grenzen setzen und wahren. Welche elementare Überzeugung stützt die Annahme, dass andere in bester Absicht handeln? Die Überzeugung, dass die Menschen ihr Bestes geben. Wir gehen darauf noch im Einzelnen näher ein, aber Sie sollten von vornherein wissen, dass nur die wenigsten über die Kompetenz verfügen, Grenzen zu setzen – und nur etwa 50 Prozent der von uns Befragten glauben, dass der Mensch grundsätzlich sein Bestes gibt. Sie merken schon: Dieser Wert lässt sich zwar problemlos auf ein Firmenposter drucken, doch ihn zu praktizieren, ist weitaus schwieriger. Werfen wir zunächst einen Blick auf das Setzen von Grenzen.

Menschen, die anderen beste Absichten unterstellen, haben die klarsten Grenzen. Dazu gehören die teilnahmsvollsten und großzügigsten Menschen, mit denen ich im Laufe meiner beruflichen Karriere gesprochen habe. Wie sich zeigt, unterstellen wir Menschen besonders schlechte Absichten, wenn diese unsere Grenzen nicht beachten. Dann drängt sich förmlich der Eindruck auf, dass sie gezielt versuchen, uns zu enttäuschen. Dagegen bringen wir viel Verständnis für Menschen auf, die wissen und respektieren, was geht und was nicht geht.

Deshalb bezeichnen wir diesen Wert auch als **Living BIG** (BIG steht für Boundaries, Integrity und Generosity, also Grenzen, Integrität und Großzügigkeit). Gute Absichten lassen sich nur unterstellen, wenn sich Menschen selbst fragen:

Welche Grenzen müssen für mich gelten, damit ich integer bleibe und die Absichten, Äußerungen und Handlungen anderer positiv interpretiere?

Hängen in Ihrem Unternehmen Poster mit Werten im Flur, ohne dass Sie sich näher mit den zugrunde liegenden Verhaltensweisen auseinandersetzen und diese den Menschen nahebringen, sollten Sie sie am besten gleich der Papiertonne überantworten, denn dadurch wird Vertrauen zerstört.

Neben Grenzen stützt sich die Unterstellung guter Absichten auch auf die zentrale Überzeugung, dass Menschen nach Kräften ihr Bestes geben und nicht faul oder demotiviert sind oder sogar gezielt versuchen, uns zu ärgern. Natürlich sind wir alle in der Lage, uns zu verändern und uns weiterzuentwickeln, doch die Unterstellung guter Absichten setzt die Überzeugung voraus, dass die Betreffenden das in diesem Moment wirklich versuchen.

Ich forsche schon seit Jahren an diesem Konzept. Fragt man andere, ob sie glauben, dass sich alle bemühen, ihr Bestes zu geben, hört man entweder ein nachdrückliches »auf keinen Fall« von Menschen, die zu sich so hart sind wie zu anderen, oder ein quasi entschuldigendes »Das glaube ich tatsächlich« von Leuten, die sich stärker in Selbstmitgefühl und Empathie üben. Der entschuldigende Ton kommt meines Erachtens daher, dass sie wissen: Ihre Ansicht entspricht heutzutage nicht der gängigen Meinung. Dazwischen gibt es wenig. Ich gehörte früher zur »Auf keinen Fall«-Fraktion und berichte höchst ungern, dass die ersten Studien Folgendes ergaben: Die Menschen, die wir in die Kategorie »mit vollem Herzen« eingestuft hatten, fanden sich zuverlässig im »Ja, ich glaube, dass die Menschen ihr Bestes geben«-Lager wieder, und die anderen, die aktiv mit Perfektionismus zu kämpfen hatten, wie ich, in der »Auf keinen Fall«-Gruppe. Dieses Muster trifft auch noch angesichts unseres neuen Schwerpunkts auf mutige Führung zu. Mutige Führungspersönlichkeiten gehen von der Annahme aus, dass die Menschen nach Kräften ihr Bestes geben. Führungskräfte, die mit ihrem Ego, ihrem Panzer und/oder mangelnden Kompetenzen zu kämpfen haben, unterstellen das nicht.

Bei mir war es letztlich Steves Reaktion, die mich von meinem sturen »Auf keinen Fall«-Standpunkt abbrachte. Als ich ihn frage, ob er glaube, dass Menschen nach ihren Möglichkeiten ihr Bestes geben, sagte er: »Ich glaube nicht, dass man das mit Sicherheit sagen kann. Aber eines weiß ich: Mein Leben ist leichter, wenn ich von der Annahme ausgehe, dass jeder Mensch sein Bestes gibt, so gut er eben kann.«

In *Laufen lernt man nur durch Hinfallen* berichte ich vom Ergebnis einer Übung, die ich manchmal mit Teilnehmenden durchführe. Diese will ich Ihnen hier nicht vorenthalten, weil sie so gut zeigt, worauf es ankommt. Für die Übung bitten wir die Teilnehmenden, den Namen einer Person aufzuschreiben, die sie frustriert, enttäuscht und/oder verärgert hat. Dann bringen wir die These ins Spiel, dass die betreffende Person ihr Bestes gegeben hat. Die Antworten decken ein breites Spektrum ab. »Quatsch«, sagte einer. »Wenn der wirklich tut, was er kann, dann bin ich ja ein totaler Unmensch und muss sofort aufhören, ihn zu drangsalieren, und ihm stattdessen helfen.« Eine Frau meinte: »Wäre das so, und meine Mutter gibt tatsächlich ihr Bestes, würde ich das sehr traurig finden. Ich wäre dann eher deprimiert als sauer. Deshalb fällt es mir leichter zu glauben, dass sie mich mit Absicht im Stich lässt, als bedrückt der Tatsache ins Auge zu sehen, dass meine Mutter nie der Mensch sein wird, den ich brauche.«

Führungskräfte finden diese Aufgabe fast immer kompliziert, denn sie vermuten sofort: Wenn ihre Leute ihr Bestes geben, muss es wohl an ihrer Führungskompetenz hapern. Ihre Strategien, Druck zu machen und immer auf denselben Themen herumzureiten, müssen durch die schwierigeren Aufgaben ersetzt werden, ihr Team zu schulen, Wissenslücken neu zu bewerten, Zuständigkeitsbereiche zu verändern oder Leute zu entlassen.

So verrückt das klingt, viele von uns verharren lieber in der Verärgerung, Enttäuschung oder Frustration, die entsteht, weil sie glauben, dass andere sich keine Mühe geben, als sich einem heiklen Gespräch über echte Defizite zu stellen. Eine der tiefgründigsten Reaktionen auf diese Übung kam aus einer Fokusgruppe von Führungskräften aus West Point. Ein Offizier zweifelte an, »ob das auch so stimmt«, und fragte immer wieder: »Sind Sie hundertprozentig sicher, dass dieser Mensch wirklich tut, was er kann?«

Als ich das mehrfach bejaht hatte, holte der Offizier tief Luft und sagte: »Dann muss ich den Felsblock versetzen.«

Ich wusste nicht, was er meinte. »Was soll das heißen, Sie müssen den ›Felsblock versetzen‹?«

Er schüttelte den Kopf. »Ich muss aufhören, dagegenzutreten. Ich muss ihn versetzen. Wir leiden beide darunter. Er ist nicht der Richtige auf seinem Posten, ganz gleich, wie sehr ich ihn auch dränge oder auf ihn einwirke. Er muss auf einen Posten versetzt werden, auf dem er einen Beitrag leisten kann.«

Wenn wir anderen gute Absichten unterstellen, bedeutet das *nicht*, dass wir ihnen nicht mehr helfen, Ziele zu setzen, oder dass wir nicht mehr erwarten, dass sie sich weiterentwickeln und verändern. Wir verpflichten uns lediglich, unseren Respekt für andere und unser Urteil über sie ausschließlich davon abhängig zu machen, was sie unserer Ansicht nach leisten sollten – und respektieren sie stattdessen so, wie sie sind, und nehmen sie in die Verantwortung für das, was sie tatsächlich leisten. Das gilt übrigens auch für uns selbst. Sind wir überfordert und haben Probleme, müssen wir unterstellen: *Ich tue im Moment mein Bestes.*

Die Verhaltensweisen und Kompetenzen, die scheinbar einfachen Werten zugrunde liegen, sind nicht immer so komplex wie diejenigen, auf die sich die Unterstellung guter Absichten gründet. Sie sind allerdings fast immer komplexer, als wir annehmen. Möchten wir gerne werteorientiert arbeiten, müssen wir unsere Werte in Verhaltensweisen und Kompetenzen übersetzen, die sich vermitteln und beobachten lassen. Und wir müssen uns der schwierigen Aufgabe stellen, uns und andere in die Pflicht zu nehmen, damit unser Auftreten mit unseren Werten in Einklang steht.

Im nächsten Teil kommt der Operationalisierinator noch häufiger zum Einsatz, wenn wir das Konzept des Vertrauens beleuchten. Für den Moment müssen Sie sich nur merken, dass es in der Arena keine Garantien gibt. Wir werden kämpfen. Wir werden auch versagen. Es wird dunkle Stunden geben. Doch wenn wir klar vermitteln, welche

Werte uns bei unseren Bemühungen leiten, aufzutreten und gesehen zu werden, dann finden wir immer zum Licht. Dann wissen wir, was es bedeutet, mutig zu leben.

Dritter Teil:

VERTRAUEN WAGEN

Integrität ist, wenn Mut vor Bequemlichkeit kommt.

WENN MAN SICH FÜR DAS ENTSCHEIDET, WAS RICHTIG IST – NICHT FÜR DAS, WAS SPASS MACHT, SCHNELL GEHT ODER LEICHTFÄLLT. INTEGRITÄT BEDEUTET, SICH NICHT NUR ZU SEINEN WERTEN ZU BEKENNEN, SONDERN DIESE AUCH ZU LEBEN.

Ich habe schon erlebt, wie das Wort »Vertrauen« einen Menschen mit offenem Herzen in Sekunden vollkommen verwandelt hat. Schon die leiseste Andeutung, dass jemand unsere Vertrauenswürdigkeit anzweifelt, reicht aus, um den Lockdown der Verletzlichkeit in Gang zu setzen. Da kann man förmlich zusehen. ***Schilde oben? Check. Panzer an? Check. Herz geschlossen? Check. Verteidigungssysteme aktiviert? Check.***

Sind wir erst im Lockdown, können wir nichts mehr aufnehmen oder verarbeiten, denn das limbische System hat übernommen, und wir befinden uns emotional im Überlebensmodus. Wir möchten alle gern glauben, dass wir vertrauenswürdig sind, obwohl viele von uns ironischerweise Probleme haben, anderen zu vertrauen. Die meisten Menschen halten sich selbst für absolut vertrauenswürdig, trauen aber nur einer Handvoll Kolleginnen und Kollegen. Das geht mathematisch nicht auf, denn sich selbst für vertrauenswürdig halten und von anderen als vertrauenswürdig wahrgenommen werden, sind zwei Paar Schuhe.

Charles Feltmans Definitionen von Vertrauen und Misstrauen decken sich eins zu eins mit den Angaben unserer Probanden zum Thema. In seinem Buch *The Thin Book of Trust* definiert Feltman Vertrauen als »Entscheidung für das Risiko, dass etwas Ihnen Wertvolles durch die Handlungen anderer verletzt werden könnte«.[74] Misstrauen beschreibt er als den Beschluss, dass »etwas mir Wichtiges bei diesem Menschen in dieser (oder einer beliebigen) Situation nicht gut aufgehoben ist«.[75]

Wer diese Definitionen auch nur gelesen hat, versteht schon viel besser, warum uns Gespräche über Vertrauen zu ganz anderen Menschen machen. Wie schrecklich wäre es wohl, wenn jemand sagen würde: »Brené, was mir wichtig ist, ist bei dir in dieser, oder eigentlich jeder, Situation nicht gut aufgehoben.« Für mich wäre das furchtbar, denn, ob es stimmt oder nicht, es bedroht, wie ich mich in einer der wichtigsten Dimensionen eines sozialen Wesens selbst sehe: ohne Vertrauen keine Verbundenheit.

Weil es nicht einfach ist, über Vertrauen zu sprechen, und weil solche Gespräche schnell aus dem Ruder laufen können, vermeiden wir diese Auseinandersetzung gern. Das ist aber noch gefährlicher. Erstens gilt: Haben wir Vertrauensprobleme und verfügen nicht über die Werkezeuge oder Kompetenzen, darüber direkt mit der oder dem Betroffenen zu sprechen, führt das dazu, dass wir nicht *mit* ihnen, sondern *über* sie reden. Außerdem hat es auch eine Menge kräftezehrender Ausweichmanöver zur Folge. Beides stellt in unserer Organisation einen schwerwiegenden Verstoß gegen unsere Werte dar und ich wette, auch gegen die meisten unserer persönlichen Werte.

Zweitens ist Vertrauen der Klebstoff, der Teams und Organisationen zusammenhält. Ignorieren wir Vertrauensprobleme, so geht das zulasten unserer eigenen Leistung und zulasten des Erfolgs unseres Teams und unserer Organisation. Diese These wird von zahlreichen Studien untermauert.

In einem im *Harvard Business Review* erschienenen Artikel von Stephen M. R. Covey und Doug R. Conant – zwei Führungskräfte, die geprägt haben, wie ich als Führungspersönlichkeit aufzutreten versuche – beschreiben die beiden, wie Dougs vordringliche Mission in seinem erstaunlichen zehnjährigen Turnaround der Campbell Soup Company darin bestand, Vertrauen zu erwecken.[76] Sie zitieren Informationen aus der jährlichen Liste der 100 besten Arbeitgeber (»100 Best Companies to Work For«). Die Recherchen von *Fortune* belegten, dass »das Vertrauen zwischen Vorgesetzten und Beschäftigten das primäre definierende Merkmal der besten Arbeitgeber« ist und dass Unternehmen, die mit einem hohen Vertrauensniveau aufwarten, »die durchschnittlichen Jahreserträge des S&P 500 um den Faktor drei übertreffen«.

Mein Lieblingszitat aus diesem Artikel ist:[77]

Die wenigsten Führungskräfte würden der Vorstellung widersprechen, dass Vertrauen eine notwendige Voraussetzung für herausragende Leistungen ist, doch längst nicht genug erkennen, wie wichtig es ist. Und viel zu viele betrachten Vertrauensbildung fälschlicherweise als »Soft Skill« oder »sekundäre Kompetenz«. Unserer gemeinschaftlichen Erfahrung nach ist Vertrauen der eine Faktor, der alles verändert. Es ist kein schmückendes Beiwerk, sondern ein absolutes Muss. Ohne Vertrauen kann jeder Bereich Ihrer Organisation buchstäblich verfallen. Mit Vertrauen ist alles möglich – allen voran: laufende Verbesserungen und nachhaltige, messbare, konkrete Ergebnisse auf dem Markt.

Vertrauen, das man hören kann

Wenn Vertrauen also ein »absolutes Muss« ist und viele Führungskräfte Gespräche über Vertrauen »unbedingt vermeiden wollen«, wie sieht dann die Lösung aus?

Werden Sie konkret. Statt pauschal über Vertrauenswürdigkeit zu schwadronieren und von *Vertrauen* zu sprechen, müssen wir auf ganz bestimmte Verhaltensweisen hinweisen. Wir müssen in der Lage sein, genau festzustellen, wo ein Vertrauensbruch vorliegt, und diesen anzusprechen. Je klarer wir uns äußern, desto wahrscheinlicher kommt unsere Botschaft auch an und desto eher können wir Feedback zum Verhalten erteilen, nicht zum Charakter, und echte Veränderungen bewirken.

Angenommen, mein Chef Javier zitiert mich in sein Büro, um mir zu sagen: »Mir ist klar, dass du total enttäuscht bist, weil du diese Beförderung nicht bekommen hast. Doch es gibt da ein paar Vertrauensprobleme, die deinem Aufstieg in eine leitende Funktion im Weg stehen.«

So eine Äußerung bringt alles mit, um mir Angst und vermutlich auch Scham einzujagen und mich in die Defensive zu drängen. Die Wahrscheinlichkeit ist groß, dass darüber das gesamte Vertrauensverhältnis zu Bruch geht, das wir uns bis dahin aufgebaut hatten. *Wie kann es sein, dass ich erst jetzt, nachdem mir die Beförderung durch die Lappen gegangen ist, davon erfahre, dass da offenbar ein Charakterproblem vorliegt – und warum?* Ich habe dieses Beispiel gewählt, weil das jeden Tag passiert. Wir haben solche Manschetten, über Vertrauen zu sprechen, dass unsere Teammitglieder so lange nichts von einem Problem ahnen, bis es irreversible Folgen hat. Das ist absolut tödlich für die Moral.

Mit unserer Vertrauensforschung setzten wir bei einer äußerst interessanten Frage an, die wir beantworten wollten: *Worüber sprechen wir eigentlich, wenn wir »Vertrauen« sagen?* Was, wenn wir dieses große Reizwort in seine anatomischen Bestandteile – also die Elemente, die es definieren – zerlegen könnten, sodass mir Javier, wenn er mich zu sich ruft, um mir zu erklären, warum ich nicht befördert wurde, ein paar umsetzbare Strategien an die Hand geben könnte, um die nötigen Veränderungen herbeizuführen? Besser noch, er hätte schon vor der Entscheidung mit mir sprechen und mir sagen können: »Du müsstest dein Verhalten in den folgenden konkreten Punkten ändern, wenn du bei der Vergabe dieser Leitungsfunktion berücksichtigt werden möchtest. Lass uns einen Plan aufstellen.«

Um konkret zu werden, befasste sich unser Team näher mit *Vertrauen* und ermittelte sieben Verhaltensweisen, die die Anatomie des Vertrauens bilden. *An dieser Stelle muss ich mich noch einmal für den Operationalisierinator bedanken.* Mir ist für die Verhaltensweisen, die Vertrauen definieren, ein Akronym eingefallen: BRAVING. Die englische Bezeichnung für diese Faktoren finde ich sehr treffend, weil sie uns deutlich macht, dass es sich beim Vertrauen um einen Prozess handelt, der mit Verletzlichkeit und Mut zu tun hat.

BRAVING und was dazugehört

Beim Stamm der Asaro aus Papua-Neuguinea gibt es eine Redensart, die mir aus dem Herzen spricht: »Wissen ist so lange nur ein Gerücht, bis es in Fleisch und Blut übergegangen ist.«[78] Und die einzige mir bekannte Möglichkeit, das zu erreichen, besteht darin, es anzuwenden, zu scheitern, dazuzulernen und wieder von vorne anzufangen. Die **BRAVING-Liste** ist das erste und wichtigste Instrument zur Auseinandersetzung – ein Leitfaden für Gespräche mit Kolleginnen und Kollegen, der uns unter dem Aspekt der Neugier, des Lernens und der ultimativen Vertrauensbildung durch das Gespräch führt. Wir arbeiten gerade an der Entwicklung einer Vertrauensbewertung für Teams und an einem Instrument, das es Ihnen ermöglicht, Ihre persönliche Vertrauenswürdigkeit anhand von sieben Verhaltensweisen zu messen. Wenn Sie mehr darüber erfahren möchten, können Sie sich auf dem *Dare-to-Lead*-Hub auf brenebrown.com genauer informieren.

Wir verwenden diese Liste im Kollegenkreis ganz ähnlich, wie wir über Werte sprechen. Jeder füllt für sich zur Bestandsaufnahme das sogenannte BRAVING Inventory aus. Im Anschluss finden dann Einzelgespräche darüber statt, inwieweit sich Eindrücke decken oder nicht. Es ist ein Beziehungsprozess, der, richtig und in einem sicheren Rahmen ausgeführt, Beziehungen verändern kann.

Schauen wir uns die sieben Elemente an. Manche sind selbsterklärend, andere etwas erklärungsbedürftig. Dazu mehr am Ende der Liste.

Boundaries (Grenzen): Du respektierst meine Grenzen. Wenn du nicht sicher bist, was geht und was nicht, fragst du nach. Du bist auch bereit, Nein zu sagen.

Reliability (Zuverlässigkeit): Du stehst zu deinem Wort. Am Arbeitsplatz bedeutet das: Du bist dir deiner Möglichkeiten und Grenzen bewusst, versprichst nicht zu viel und bist in der Lage,

deine Zusagen einzuhalten und ein Gleichgewicht zwischen widerstreitenden Prioritäten herzustellen.
Accountability (Rechenschaftspflicht): Du übernimmst Verantwortung für Fehler, entschuldigst dich und machst sie wieder gut.
Vault (Tresor): Du gibst keine Informationen oder Erfahrungen weiter, zu deren Weitergabe du nicht befugt bist. Ich muss sicher sein können, dass du Vertrauliches für dich behältst und dass du mir keine vertraulichen Informationen über andere weitergibst.
Integrity (Integrität): Dir ist Mut wichtiger als deine Komfortzone. Du entscheidest dich für das Richtige – nicht für das, was Spaß macht, schnell geht oder leichtfällt. Und du lebst deine Werte, statt dich nur dazu zu bekennen.
Nonjudgment (Unvoreingenommenheit): Ich kann dich um alles bitten, was ich brauche, und du kannst mich um alles bitten, was du brauchst. Wir können unvoreingenommen darüber sprechen, wie wir uns fühlen. Und wir können einander um Hilfe bitten, ohne ein Werturteil fürchten zu müssen.
Generosity (Großzügigkeit): Wir legen Absichten, Äußerungen und Handlungen anderer möglichst großzügig positiv aus.

Erklärung zu *Vault*: Eine meiner wichtigsten Erkenntnisse betraf die Feinheiten der Vertraulichkeit. Rollen wir das Gespräch mit Javier über Vertrauen noch einmal neu auf – speziell, wie er mir mitteilt, dass ich nicht befördert werde. Statt zu sagen: »Es gibt da ein paar Vertrauensprobleme«, sagt er diesmal. »Es gibt da ein paar Probleme mit der Vertraulichkeit.«

Fassungslos entgegne ich ihm: »Bei uns kursieren viele vertrauliche Informationen, und ich habe noch nie etwas nach außen getragen, was du mir anvertraut hast.«

Er nickt und erwidert: »Das glaube ich dir. Aber du kommst häufig in mein Büro und teilst mir Dinge mit, zu deren Weitergabe du nicht befugt bist.«

Diese Seite der Vertraulichkeit vergessen die Leute oft. Wie viele von Ihnen haben schon erlebt, dass Ihr Vertrauen nicht enttäuscht wurde, Ihnen dafür aber Informationen mitgeteilt wurden, die die oder der Betreffende nicht hätte weitergeben dürfen? Bekommt Ihr Vertrauen dadurch einen Knacks? Obwohl ich keinen Beleg dafür habe, dass die- oder derjenige mein Vertrauen missbraucht hat, frage ich mich doch, ob sie oder er es schafft, vertrauliche Informationen für sich zu behalten, ohne sie zwanghaft weiterzugeben.

In Bezug auf Geheimnisse sind unsere Impulse leicht zu durchschauen. Viele von uns glauben an den Mythos, dass Klatsch oder geteilte Geheimnisse Verbundenheit herstellen. Das ist aber nicht so. Betrete ich das Büro eines Kollegen und plaudere Vertrauliches aus, entsteht vielleicht ein Moment der Verbundenheit, doch diese ist nicht echt. Sobald ich sein Büro verlassen habe, wird sich der Kollege denken: *Ich muss mir genau überlegen, was ich Brené anvertraue. Sie überschreitet Grenzen.*

Erklärung zu *Integrität*: Der Begriff »Integrität« mag abgenudelt und verwaschen sein und stand in den 90er-Jahren möglicherweise auf zu vielen Inspirationsplakaten. Das schmälert aber nicht seine Bedeutung. Bei meinen Recherchen für *Laufen lernt man nur durch Hinfallen* suchte ich eifrig nach einer Definition von Integrität, aus der hervorging, was uns die Daten sagten. Keine erfasst alle drei Eigenschaften, die wir aus den Daten herauslasen, weshalb ich folgende Definition aufstellte:

Integrität ist, wenn Mut vor Bequemlichkeit kommt. Wenn man sich für das Richtige entscheidet – nicht dafür, was Spaß macht, schnell geht oder leichtfällt. Und wenn man seine Werte lebt und sich nicht nur dazu bekennt.

In unserer heutigen, von Spaß, Tempo und Leichtigkeit geprägten Kultur ist das die größte Hürde für Integrität. Abkürzungen lassen sich leicht rechtfertigen, wenn es dann schneller oder billiger geht. Doch so funktioniert Integrität nicht. Ich kann mit Sicherheit sagen, dass ich in meinem Leben noch nichts Bedeutendes erreicht habe, was mir nicht schwergefallen wäre und keine Zeit gekostet hätte. Integrität ist ein wichtiger Punkt. Der Eindruck, sie fehle oder es bestehe auch nur eine Tendenz dazu, Abkürzungen zu nehmen, macht sofort misstrauisch.

Eines der besten Instrumente, um diese neuen Kompetenzen und Werkzeuge in der Praxis einzusetzen, ist, sich einen **Sparringspartner für Integrität** zu suchen – jemanden am Arbeitsplatz, der uns als Gradmesser dafür dient, dass wir integer handeln. Das sollte ein Mensch ein, mit dem wir sprechen können, wenn wir nicht sicher sind, ob wir im letzten Schlagabtausch eine gute Figur gemacht haben, oder wenn wir ein heikles Gespräch durchspielen möchten. Ich habe am Arbeitsplatz zwei solche Sparringspartner, mit denen ich täglich Rollenspiele durchführe, Themen noch einmal durchspreche und gemeinsam übe. Baut man zusammen mit einem Partner oder im Team Mut auf, hat das mehr Wirkung als im Alleingang.

Erklärung zu *Nonjudgment*: Das ist ein schwieriges Element. Das Bedürfnis, Werturteile abzugeben, ist bei den meisten Menschen sehr ausgeprägt. Interessanterweise können wir dieses aus wissenschaftlicher Sicht quantifizieren: Es gibt zwei Variablen, die anzeigen, wann und wen wir bewerten. In aller Regel suchen wir uns dafür jemanden aus, der in einem bestimmten Bereich, in dem wir besonders schamanfällig sind, schlechter abschneidet als wir: *Schau dir den an. Ich kriege vielleicht nichts auf die Reihe, aber er noch viel weniger*. Aus diesem Grund ist dieses Thema für Eltern so ein Minenfeld. Als Eltern versagen wir ständig und es ist eine gewaltige Erleichterung, wenn andere noch mehr Probleme haben, auch wenn sie nur fünf Minuten anhält.

Kommen wir noch einmal auf den Filter der Schamanfälligkeit zurück. Kommt er zum Tragen, haben wir Angst vor dem Urteil anderer, weil wir zu wenig wissen oder zu wenig verstehen. Wir bitten ungern um Hilfe. Und da wird es kritisch. Wir baten 1000 Führungskräfte, anerkennenswerte Verhaltensweisen aufzulisten: Womit verdienen sich die Mitglieder Ihres Teams Ihr Vertrauen? Die häufigste Antwort: indem sie um Hilfe bitten. Menschen, die das in der Regel nicht tun, so die von uns befragten Führungskräfte, würden sie keine wichtigen Aufgaben übertragen, weil sie sich nicht darauf verlassen könnten, dass diese bei Bedarf aufschreien und um Unterstützung bitten würden. Klare Sache.

Lehnen wir es ab, um Hilfe zu bitten, werden wir feststellen, dass wir nur solche Projekte übertragen bekommen, bei denen unsere Vorgesetzten sicher sind, dass wir sie bewältigen können. An uns wird nichts delegiert, das unsere Kapazitäten oder Kompetenzen überschreiten könnte, weil unsere Vorgesetzten nicht glauben, dass wir um Hilfe nachsuchen, wenn wir überfordert sind. Ich beobachte das in meinem Team ständig: Ich vergebe wichtige Projekte einfach deshalb an die Teammitglieder, denen ich am meisten vertraue, weil ich weiß: Wenn sie nicht weiterkommen, etwas nicht verstehen, ihnen die Arbeit über den Kopf wächst oder sie etwas nicht einsehen, kommen Sie damit zu mir. Das gibt mir Sicherheit beim Delegieren. Fehlentwicklungen fallen dann frühzeitig auf, und ein Teammitglied, das erkennt, wenn es Unterstützung braucht, ermöglicht es mir, ihm beizustehen und Orientierungshilfe zu geben. Das hat nichts mit Intelligenz, Kompetenz oder Begabung zu tun, sondern ausschließlich mit einer vertrauensvollen Beziehung.

Wenn wir in einem urteilsfreien Raum arbeiten, in dem jeder um das bitten kann, was er braucht, können wir darüber sprechen, wie wir uns fühlen, ohne Angst zu haben, dafür abgeurteilt zu werden. Bekomme ich den Eindruck, dass überhebliche Voreingenommenheit aufkommt, denke ich sofort: *Und wo liegt die Unsicherheit, Brené?*

Hilfe zu suchen, ist ein Power-Move. Es ist ein Zeichen für Stärke, darum zu bitten, und ein Zeichen für Stärke, sich gegen die Urteile anderer zu wehren, wenn sich diese zu Wort melden. Daraus spricht ein Selbstbewusstsein, das ein wichtiger Baustein dafür ist, Vertrauen zu wagen.

Ein Beispiel für *Großzügigkeit:* Im vorangegangenen Teil haben wir über Living BIG gesprochen und darüber, warum Großzügigkeit Grenzen braucht:

Welche Grenzen müssen gezogen werden, damit ich integer bleiben und anderen positive Absichten, Äußerungen und Handlungen unterstellen kann?

Um diesem Konzept etwas Farbe zu verleihen, möchte ich Ihnen eine Geschichte von Dara Schmidt erzählen, der Leiterin der Cedar Rapids Library.

Sie schreibt:

> Mutige Führung hat verändert, wie ich mit meinem Team zusammenarbeite. Ich bin dadurch eine bessere Zuhörerin geworden und habe das nötige Instrumentarium, um mich mutig den Angelegenheiten zu stellen, die man gern meidet, weil das einfacher ist. Mich nicht für das Leichte zu entscheiden, sondern für das Richtige, ist mir zum Mantra geworden.
>
> Alle Arbeit geht zurück auf Selbstwahrnehmung und persönliche Verantwortung. Zu wissen, wer ich bin und was mir wichtig ist, gibt mir den Mut, »das Richtige« zu tun. Dazu gehört auch, mich mit unproduktiven Mustern auseinanderzusetzen, die ich als Reaktion auf langfristige institutionelle Probleme entwickelt habe. Was mir letztlich den Mut zur Veränderung gab, war die bereitwillige Übernahme persönlicher Verantwortung.
>
> Mein größtes Problem als Führungskraft bestand darin, dass mich meine Leute mitunter in den Wahnsinn trieben. Es war, als würden Sie mich ganz bewusst ignorieren. Also reagierte ich, indem ich mich aufpumpte und laut wurde, um mir Gehör zu verschaffen. Als ich erfuhr, was es bedeutet, positive Absichten zu unterstellen und Grenzen zu setzen, änderte sich das grundlegend.
>
> Ich musste akzeptieren: Wenn ich eine negative Einstellung hatte, war das mein Fehler, nicht ihrer. Als ich genauer untersuchte, wann ich anderen negative Absichten unterstellte, erkannte ich,

dass mir das immer dann passierte, wenn ich selbst oder meine Organisation keine angemessenen Grenzen oder Leitlinien vorgaben. Ich lernte, zu erkennen: Wenn mich etwas »in den Wahnsinn trieb« oder Frust auslöste, war das ein dringendes Warnsignal, mein eigenes Verhalten zu überdenken. Will mich heute eine negative Einstellung beschleichen, greife ich ein. Ich atme tief durch, denke nach und bleibe integer. Wenn ich so weit bin, dass ich darauf eingehen kann, statt emotional zu reagieren, frage ich mich stets zuerst, ob das Problem bei mir liegt.

Stelle ich klare Erwartungen und setze Grenzen, leisten meine Leute Erstaunliches. Es ist gar nicht so schwer, positive Absichten zu unterstellen, wenn ich meinen Teil dazu beitrage und für meine Leute die Voraussetzungen schaffe, damit sie Erfolg haben können. Mich macht das zu einer besseren Chefin und zu einem besseren Menschen.

DAS BRAVING INVENTORY IN DIE PRAXIS UMSETZEN

Beginnen wir mit einem Beispiel aus dem wirklichen Leben, das sich um einen Chef dreht, der dieses Instrumentarium mit seinem Team einsetzt:

Vor Kurzem setzte ich mich mit einem mir direkt unterstellten Mitarbeiter zusammen, um das BRAVING Inventory durchzugehen und über die Stärken und entwicklungsbedürftigen Bereiche unserer Arbeitsbeziehung zu sprechen. Als wir zu R kamen – also zur Zuverlässigkeit –, wurde thematisiert, dass ich zu unseren Meetings häufig zu spät kam oder diese komplett vertagen musste, weil Sitzungen mit unserer Geschäftsführung länger dauerten als erwartet oder erst in letzter Minute anberaumt wurden. Bei meinem Teammitglied war dadurch der Eindruck entstanden, unsere Meetings hätten für mich keine Priorität. Gemeinsam erarbeiteten wir einen Plan, um dieses Problem zu lösen, indem wir mehr Zeit zwischen den Terminen vorsahen, damit ich es pünktlich schaffen konnte, und indem wir klarer kommunizierten, wie damit umgegangen werden sollte, wenn ich aufgrund von Veränderungen in meinem Tagesplan Meetings verschieben musste. Danach standen wir beide hinter einer neuen Art zusammenzuarbeiten, die mehr Vertrauen begründete. Ich bin mir nicht sicher, ob dieses Thema auch auf den Tisch gekommen wäre, wenn wir nicht das BRAVING Inventory zur Hand gehabt hätten, um diese Punkte durchzugehen, und wenn wir uns nicht die Zeit genommen hätten, uns auf den Prozess einzulassen. Ohne solche Hilfsmittel und wenn man nicht die nötige Zeit investiert, fängt es in einem Team schneller an zu gären, als man sich vorstellen kann, und die Atmosphäre kippt.

Wir fordern Teams auch dazu auf, gemeinsam eine oder zwei beobachtbare Verhaltensweisen für jeden der sieben Bausteine zu entwickeln. Diese Verhaltensweisen können ganz konkret auf Ihren Arbeitsstil und Ihre Kultur zugeschnitten sein. Daraus sollte hervorgehen, wie Ihr Team diesen bestimmten Baustein operationalisieren möchte. Im Einzelnen sollten das Verhaltensweisen sein, zu denen Sie bereit sind und für die Sie sich und andere in die Pflicht nehmen wollen.

Wir erklären den Teams, dass sie das (online verfügbare) Arbeitsblatt zum BRAVING Inventory jeweils jeder für sich ausfüllen und ihre Antworten dann austauschen können, wenn sie das Arbeitsblatt zu den Teamerwartungen erstellen. Das Team kann dieses Arbeitsblatt aber auch sofort in Angriff nehmen. Beides geht. Das ist ein großartiges Beispiel dafür, wie Vertrauen entsteht, wenn man es operationalisiert.

Ebenso gilt, um auf die Geschichte vom Murmelglas zurückzukommen und auf die Ergebnisse von Studien, die besagen, dass man sich Vertrauen im Kleinen verdient: Konkretisieren wir die sieben BRAVING-Bausteine, können wir leichter erkennen, auf welche Weise welche kleinen vertrauensbildenden Momente zu den verschiedenen Elementen des Vertrauens führen.

In Organisationen, in denen der Chef sich an sein Team, seine Investoren oder seinen Verwaltungsrat wendet und sagt: »Ihr müsst mir vertrauen«, liegt ein verheerendes Muster vor. Das passiert in aller Regel in einer Krise, wenn bereits alles zu spät ist. Vertrauen fügt sich mit der Zeit aus kleinen Momenten zusammen und lässt sich nicht herbeizitieren. Entweder es sind Murmeln im Glas, oder eben nicht.

Vertrauen verdient man sich nicht mit der Aufforderung »Vertrau mir!«. Vertrauen verdienen wir uns, wenn wir sagen: »Wie verträgt deine Mutter die Chemotherapie?«, oder: »Ich habe viel über alles nachgedacht, was du mir gesagt hast, und ich möchte darauf eingehen und mit dir zusammen eine Lösung finden.« Selbst wenn Sie die Vorleistungen erbracht haben, um eine solide Vertrauensbasis zu schaffen, und wenn Sie die BRAVING-Instrumente mit Ihren Leuten einsetzen, ist Vertrauen immer ein lebendiger Prozess, dem wir laufend Aufmerksamkeit entgegenbringen müssen. Haben Sie es versäumt, darin zu investieren, und es ist nichts Substanzielles vorhanden, gibt es keine Möglichkeit, Vertrauen auf die Schnelle notdürftig zusammenzuzimmern. Sie können Vertrauen nicht in zwei Tagen herstellen, wenn Sie merken, dass Ihre Organisation in der Krise ist. Es ist entweder schon da oder nicht.

Mir gefällt gut, was Melinda Gates über das Murmelglas und den BRAVING-Prozess schreibt:

> Seit du mir deine Metapher von den Murmeln im Glas vermittelt hast, ziehe ich diese als übergeordnetes Raster für alle meine Überlegungen zum Thema Vertrauen heran. Mit jeder kleinen Geste zur Unterstützung eines Kollegen landet eine Murmel im Glas. Jedes Mal, wenn ich eine Kollegin im Stich lasse – jedes Mal, wenn ich Vertrauen verrate –, wird dem Glas eine Handvoll Murmeln entnommen. So zu denken, lässt mich die scheinbar kleinen Dinge besser wahrnehmen, die zur Vertrauensbildung beitragen, und ebenso die Kleinigkeiten, die das Vertrauen untergraben könnten.
>
> Die sieben BRAVING-Bausteine helfen mir, diese Kleinigkeiten klarer zu erkennen. So fokussiere ich mich beispielsweise auf Integrität, darauf, dass meine Taten und Worte in Einklang

> stehen. Die Grundlage ist eine werteorientierte Organisation. Verhalte ich mich so, dass es dem entspricht, worum es uns nach unserer eigenen Aussage geht – behandele ich alle gleich, bin ich aufgeschlossen für offene Gespräche –, dann lege ich damit Murmeln in das Glas. Verstoße ich aber gegen diese Werte – etwa indem ich innovative Ansätze ablehne, weil mir die Risiken Angst machen –, muss ich gleich mehrere Murmeln herausnehmen. Ich konzentriere mich aber auch auf Rechenschaftspflicht. Als Leiterin der Organisation gibt es nicht so viele Strukturen, die mich in die Verantwortung nehmen könnten. Ich habe keine regelmäßigen Gespräche mit meinem Chef, den ich fragen könnte, wie ich mich mache, und dem gegenüber ich mich verantworten müsste, wenn ich falsch handle.

Noch einmal: Hinter dem BRAVING Inventory steht die Absicht, ein Instrument zu schaffen, das für Zeit, Raum und die Bereitschaft sorgen soll, produktiv und pragmatisch über Vertrauen zu sprechen. Es ist ein Werkzeug zur Auseinandersetzung, Richtschnur und Prüfstein zugleich.

Die Grundlagen des Vertrauens in sich selbst

Vertrauen entsteht von Haus aus in Beziehungen und tritt vor allem dann zutage, wenn es mit anderen praktiziert wird. Doch die Grundlage für das Vertrauen in andere bildet in Wirklichkeit unsere Fähigkeit, uns selbst zu vertrauen. Bedauerlicherweise ist diese Art von Vertrauen in sich selbst das Erste, was verloren geht, wenn wir scheitern, Enttäuschungen oder Rückschläge erleben. Ob bewusst oder unbewusst: Wenn wir uns fragen, wie wir in der Arena auf der Nase gelandet sind, dann kommen wir oft auf die pauschale Feststellung: »Ich habe kein Vertrauen mehr in mich.« Wir gehen davon aus, dass wir eine schlechte Entscheidung getroffen haben müssen, und halten es deshalb für einen Fehler, uns auf unsere eigene Leistung zu verlassen.

Denken Sie an einen Rückschlag oder eine Enttäuschung, die Sie erlebt haben – etwas Kleines, kein eklatanter Misserfolg, bei dem noch andere Faktoren im Spiel waren, die analysiert werden mussten. Fokussieren Sie sich stattdessen auf ein Erlebnis, das Sie straucheln ließ und in Ihnen Zweifel weckte, ob es Ihnen gelingen würde, sich an das zu halten, was Ihnen wichtig war. Solche Momente kennen wir alle. Denken Sie daran, gehen Sie rasch die BRAVING-Liste durch und kontextualisieren Sie die Bausteine für Ihr Vertrauen in sich selbst neu.

Boundaries: Habe ich in dieser Situation meine Grenzen respektiert? Habe ich mir und anderen klar gesagt, was geht und was nicht?

Reliability: Konnte ich mich auf mich selbst verlassen? Oder habe ich mir gesagt: »Brené, du weißt ja, das hast du dir heute früh um sieben Uhr vorgenommen, als du aufgewacht bist. Jetzt muss die erschöpfte Brené nachmittags um vier Uhr das alles mit derselben Leidenschaft erledigen, mit der du heute in den Tag gestartet bist.«

Accountability: Habe ich Verantwortung übernommen oder andere vorgeschoben? Und habe ich andere in die Pflicht genommen, wenn das nötig gewesen wäre?

Vault: Habe ich geschützt, was im Tresor liegt, und Informationen angemessen weitergegeben (oder für mich behalten)? Habe ich andere davon abgehalten, unbefugt Informationen weiterzugeben?

Integrity: War mir Mut wichtiger als meine Komfortzone? Habe ich meine Werte gelebt? Habe ich das Richtige getan – oder mich für den schnellen, einfachen Weg entschieden?

Nonjudgment: Habe ich um Hilfe gebeten, als ich Hilfe brauchte? Habe ich unvoreingenommen festgestellt, dass ich Hilfe brauchte? Bin ich mir selbst dabei wertfrei begegnet?

Generosity: War ich mir selbst gegenüber großzügig? Habe ich Mitgefühl mit mir gehabt? Habe ich mit mir selbst freundlich und respektvoll gesprochen, wie mit einem Menschen, der mir am Herzen liegt? Habe ich etwas vergeigt und mir dann gesagt: »Du hat dein Bestes gegeben. Du hast mit den Informationen, die dir zu diesem Zeitpunkt vorlagen, getan, was du konntest. Bringen wir es in Ordnung, es wird schon gut werden.« Oder habe ich jede Eigenliebe fallen lassen und mich stattdessen selbst zerfleischt?

Ihre Beziehung zu Ihrem Selbstvertrauen liegt ganz in Ihrer Hand. Sie können sich in die Pflicht nehmen, wo Sie Defizite erkennen. Wenn Sie mit dem BRAVING-System an Beziehungen zu anderen arbeiten, ist das nicht immer möglich, denn mangelndes Vertrauen wird dann leicht mit unklaren Absichten verwechselt. Stehen Sie mit sich selbst im Ring, ist es viel einfacher, ein Schlaglicht auf die Bereiche zu werfen, an denen Sie arbeiten müssen.

Doch wenn Sie sich den Bereichen zuwenden, die verbesserungsbedürftig sind, denken Sie bitte an die grundlegenden Konzepte dieses Buchteils: Vertrauen entsteht in kleinen Momenten. Haben Sie Probleme mit Verlässlichkeit, machen Sie sich selbst kleine, realisierbare Versprechen, die Sie leicht halten können, bis das Rad der Verlässlichkeit wieder in Schwung gekommen ist. Sind Grenzen Ihr Problem, ziehen Sie zunächst kleinere Grenzen mit Ihrem Partner – etwa dass Sie nicht für beides zuständig sind, fürs Kochen und fürs Abräumen –, bis es Ihnen gelingt, effektiver Grenzen zu setzen. So befüllen Sie Ihr persönliches Murmelglas. Und vergessen Sie dabei nicht: Wir können anderen nichts geben, was wir nicht haben.

Ich schließe diesen Teil mit einer Geschichte von Brent Ladd ab, dem Ausbildungsleiter eines Projekts der National Science Foundation an der Purdue University. Es ist eine aufschlussreiche Geschichte, die an der Schnittstelle von Mut zum Vertrauen in andere und in uns selbst spielt.

Brent schreibt:

> Ich arbeite als Fachkraft an einer großen Forschungsuniversität. Dabei komme ich mir oft vor wie im »Niemandsland«, da sich meine Arbeit mit vielen Kategorien von Menschen überschneidet,

von Wissenschaftlern über Lehrer bis hin zu Verwaltungskräften. Obwohl ich in meinem Job schon viele Funktionen bekleidete, habe ich in der Regel allein gearbeitet, fast wie ein Soloselbstständiger. Ich bin ein introvertierter Mensch mit einer kräftigen Prise puritanischer Arbeitsmoral und einem ländlich geprägten kulturellen Hintergrund. Mir wurde beigebracht, dass ein erfolgreicher Mensch nicht um Hilfe bittet, sondern seine Aufgaben selbst erledigt.

Das alles trat im Zuge der Arbeit an mutiger Führung sehr deutlich zutage. Mir wurde bewusst, dass ich nicht viel getan hatte, um am Arbeitsplatz positive Beziehungen aufzubauen. Ich erkannte allmählich: Wie ich daranging, Ergebnisse zu erzielen, vermittelte anderen in meiner Gruppe, dass ich ihnen nicht vertraute. Ich habe auch einen perfektionistischen Zug und merkte, dass ich die Arbeit anderer sehr kritisch beurteilte. Und das spürten sie ganz genau, auch wenn ich es meist für mich behielt. Ein paarmal hatte ich sogar meine Kompetenzen überschritten, ohne dass es mir aufgefallen wäre, indem ich anderen »half«, ihren Job besser zu machen – und das geht gar nicht. Für mich war das alles ein lauter Weckruf.

Ich nahm mir fest vor, Vertrauen und Verbundenheit zu den Menschen aufzubauen, mit denen ich täglich zusammenarbeitete, indem ich mir einfach ein paar Minuten Zeit nahm für Persönliches: Ich fragte sie das eine oder andere und zeigte ehrliches Interesse an ihrem Privatleben oder an anderen Dingen, die sie mir mitteilen wollten. Ich bin ein guter Zuhörer und kann gewöhnlich problemlos Einzelgespräche führen. Anfangs fühlte ich mich dabei ein bisschen komisch. Es fiel mir nicht leicht. Ich meide persönliche Begegnungen lieber und habe immer gern eine klare Grenze zwischen meinem Arbeits- und meinem Privatleben gezogen. Doch mit der Zeit gingen mir solche Interaktionen leichter von der Hand. Ich machte es für mich zur Priorität, mich jeden Tag mit einer Person im Büro im angemessenen Rahmen zu unterhalten.

Ich begann, als Kollege »aufzutreten«. Ich sah meine Kollegen nicht mehr als Konkurrenten an oder als unfähig. Ich begann, jeden Einzelnen als einen Menschen zu sehen, der sein Bestes tat, genau wie ich. In den letzten Monaten sind Vertrauen und Verbundenheit entstanden. Ich fühle mich mehr als Teil eines Teams und gehe infolgedessen offener mit beruflichen Dingen um.

Zeitgleich zu diesen Bemühungen um den Aufbau kollegialer Beziehungen wurde mir klar, dass ich schon seit einigen Jahren an Ängsten litt. Ich entdeckte eine »Höhle, die ich nicht so gern betreten wollte«, wusste aber jetzt, dass mir gar nichts anderes übrig blieb. Dazu ein paar Hintergrundinformationen: Vor Jahren hatte ich mein Promotionsstudium aufgenommen. Davon hatte ich immer geträumt, doch leider ging alles schief, was nur schiefgehen konnte. Am Ende brach ich das Studium ab, ließ mich scheiden, nahm mir eine Auszeit, ging nach Hause zurück und heiratete schließlich wieder und gründete eine Familie. Ich versuchte, mein Promotionsstudium wieder aufzunehmen, brach letztlich aber erneut ab, um mich auf meine Kinder, meine Frau und meinen Vollzeitjob zu konzentrieren.

Weil ich meinen Doktor nicht gemacht hatte, lief ich ständig mit dem Gefühl herum, ich sei unzulänglich. Spulen wir vor in die Zeit vor ein paar Monaten, als ich die Daten aus einem auf sieben Jahre angelegten Bildungsprojekt verfolgte und analysierte, das ich konzipiert und umgesetzt hatte. Ich hatte ein paar hochinteressante Muster und Szenarien entdeckt. Manche der Ergebnisse kommen in der Literatur kaum oder gar nicht vor. Ich hatte mehrere Jahre gezögert, solche Arbeiten auf Fachtagungen einzureichen und sie der Welt der Wissenschaft zu präsentieren. Die vertraute Stimme in meinem Kopf sagte: »Du gehörst nicht dazu – du hast keinen Doktortitel. Sie werden dich nicht ernst nehmen.« Das hielt mich zurück. Doch dann entschied ich mich, die Forschungsarbeit einzureichen, die ich so akribisch geleistet hatte. Mein Abstract wurde ausgewählt und ich nahm an einer Tagung teil, auf der ich niemanden kannte. Ich war ein Außenseiter. Dennoch fühlte ich mich zugehörig. Das könnten »meine Leute sein«, »mein Stamm«. Daraus ergab sich, dass meine Arbeit ernst genommen und mir von anderen Wissenschaftlern ehrliches Interesse entgegengebracht wurde.

Ein weiteres positives Ergebnis dieser Entscheidung: Um zu reisen und an wissenschaftlichen Konferenzen teilzunehmen, musste ich etwas aufgeben, das ich in den vergangenen sieben Jahren krampfhaft an mich gerissen hatte: Ich hatte einen erfolgreichen jährlichen Workshop von Grund auf allein organisiert und geleitet. Jeden noch so winzigen Aspekt hatte ich »unter Kontrolle«. Der Workshop war ursprünglich für dieselbe Woche angesetzt worden, in der die Konferenz stattfand, auf der ich meine Forschungsergebnisse präsentieren wollte. Ich wandte mich an meine Kollegen, allen voran an eine bestimmte Kollegin, und fragte sie, ob sie sich vorstellen könnte, sich die Leitung des Workshops mit mir zu teilen. Ich bot ihr an, ihre Ideen in größeren Teilen der Veranstaltung zu berücksichtigen. Wir waren zwar in gewisser Hinsicht Konkurrenten, arbeiteten aber gut zusammen. Ich lernte viel von ihr, und sie lernte viel durch die Leitung des Workshops während meiner Abwesenheit. Wir beide stiegen in der Achtung des anderen und fühlten uns danach als Team. Es war Vertrauen entstanden.

All diese Erlebnisse der letzten sechs Monate haben mir mehrere wichtige Dinge klar werden lassen. Ich hatte mich in die Höhle hineingewagt. Das war mir nur möglich gewesen, weil ich mich stellte und mich verletzlich machte. Als einsamer Wolf hätte ich das nicht gekonnt. Ich gab mich authentisch. Ich wandte mich an andere und nahm Verbindung auf. Ich teilte mich mit. Ich merkte, dass ich Teil einer größeren wissenschaftlichen Gemeinschaft bin und nicht unzulänglich. Ich muss meinen Wert als Mensch nicht an das knüpfen, was ich hervorbringe. Ich bringe einzigartige Erfahrungen und Kenntnisse mit und kann als Teil eines Teams meinen Beitrag leisten.

Die Beziehung zwischen Vertrauen in sich selbst und in andere ist gar nicht hoch genug zu bewerten. Maya Angelou sagte dazu: »Ich vertraue keinem, der mir sagt: ›Ich liebe dich‹, und sich selbst nicht liebt. Es gibt da ein afrikanisches Sprichwort, das lautet: Sei auf der Hut, wenn dir ein Nackter ein Hemd anbietet.«[79]

Vierter Teil:

AUFSTEHEN LERNEN

Erst wenn wir den Mut finden, uns auf unsere Geschichte ein-zulassen und Verantwor-tung dafür zu übernehmen, können wir das Ende neu schreiben.

WENN WIR UNSERE GESCHICHTEN VON MISSERFOLGEN, RÜCKSCHLÄGEN UND VERLETZUNGEN NICHT BESTIMMEN, DANN BESTIMMEN SIE UNS.

Bevor Menschen springen, müssen wir ihnen beibringen, zu landen. Beim Fallschirmspringen springt man vorher unzählige Male von einer Leiter und lernt, wie man auf dem Boden aufkommt, ohne sich zu verletzen. Ich habe das selbst noch nicht ausprobiert, aber zugeschaut. Da Gleiche gilt für Führung – wir können von den Menschen nicht erwarten, mutig zu sein und Fehlschläge zu riskieren, wenn wir sie nicht auf unsanfte Landungen vorbereitet haben.

Eine unerwartete Erkenntnis aus der Führungsforschung betrifft den Zeitpunkt zur Unterweisung im Wiederaufstehen oder in Resilienz. Oftmals versammeln Führungskräfte und Managementtrainer die Leute und versuchen, ihnen Resilienz beizubringen, *nachdem* bereits ein Rück- oder Fehlschlag eingetreten ist. Das wäre, als würde man Anfängern beim Fallschirmspringen erst zeigen, wie sie landen sollen, wenn sie schon am Boden sind. Oder, noch schlimmer, im freien Fall.

Unsere Forschungsergebnisse belegen, dass sich Führungskräfte, die im Rahmen eines Programms zum Aufbau von Mut in Kompetenzen unterwiesen werden, die sie zum Aufstehen brauchen, mit größerer Wahrscheinlichkeit auf mutiges Verhalten einlassen, weil sie wissen, wie sie wieder auf die Füße kommen. Fehlen diese Kompetenzen, schreckt das von mutiger Führung ab. Bringt man den Leuten erst bei, wie sie wieder aufstehen können, wenn sie bereits am Boden liegen, ist das viel schwieriger. Aus diesem Grund lehren wir bereits im Vorfeld, wie man richtig fällt und scheitert. In unserer Organisation unterrichten wir das sogar im Rahmen des Aufbaus von Mut während der Einarbeitung. Das ist unsere Methode, unseren Leuten zu sagen:

»Wir erwarten von euch mutiges Verhalten. Das bedeutet, ihr solltet damit rechnen, dass ihr zu Fall kommt. Und dafür haben wir einen Plan.«

Was es für sich hat, zu scheitern und zu fallen, darüber wurde in den letzten Jahren weltweit viel gesprochen. Ich erlebe allerdings selten, dass Slogans wie »Fall Forward« oder »Fail Fast« in die Praxis umgesetzt werden, und parallel dazu auch echte Neustartkompetenzen und ehrliche Auseinandersetzungen mit der Scham, die fast immer mit einem Misserfolg einhergeht. Doch bloße Slogans ohne den nötigen Unterbau durch die Vermittlung von Kompetenzen und die Einrichtung von Systemen sind nur halbherzige Versuche, solches Verhalten normal erscheinen zu lassen. Am Ende denken sich die Menschen darüber: *Mein Gott, das tut richtig weh. Aber vermutlich soll ich mir dabei innovativ vorkommen. Jetzt schäme ich mich, weil ich Scham empfinde. Aber das behalte ich besser für mich.*

Da in Amerika die Millennials mittlerweile 35 Prozent der Erwerbsbevölkerung stellen (und damit als Generation am stärksten repräsentiert sind),[80] ist es sogar noch wichtiger, den Menschen beizubringen, Fehlschläge als Lernchance zu begrüßen. Ich bin jetzt seit 20 Jahren Dozentin an der Universität und beobachte, dass die Resilienz und der Elan mancher Studierender abgenommen haben, während andere stärker traumatisiert sind. Andererseits haben wir in der Vergangenheit laufend eingegriffen und manchen jungen Leuten ständig geholfen und Dinge für sie geregelt (und tun es noch). Wie sagte der Schulleiter meines Sohnes? »Viele Eltern sind von Helikoptereltern zu Rasenmähereltern geworden. Statt die Kinder auf ihren Lebensweg vorzubereiten, bereiten wir den Lebensweg auf die Kinder vor.« Das trägt definitiv nicht zur Entwicklung von Mut bei.

Andererseits haben wir unsere Kinder in einem steten Strom allgegenwärtiger, systemimmanenter Gewalt gegen Randgruppen in einem ätzenden Sozialmedienumfeld und aktiven monatlichen Schießübungen an der Schule großgezogen. Heute sind manche jungen Erwachsenen überbehütet, andere dagegen eklatant unterbehütet.

Manche werden von Perfektionismus gelähmt und davon, was andere denken, während andere es physisch und emotional als sicherer empfinden, sich abzuschotten und/oder zu panzern. So oder so, es fühlt sich so an, als ließen wir unsere jungen Menschen im Stich. Gut nachvollziehbar, warum so viele ohne geerdetes Selbstvertrauen und Auseinandersetzungskompetenzen ins Arbeitsleben eintreten.

In unserer Belegschaft machen die Millennials 48 Prozent aus. Berücksichtigen wir auch die Praktikantinnen und Praktikanten, sind es 56 Prozent. Das sind ganz unterschiedliche Menschen, doch als Gruppe erlebe ich sie als neugierig, hoffnungsvoll, stetig lernend, mit Antennen für das Leid in der Welt und ängstlich darauf bedacht, etwas dagegen zu unternehmen. Weil der Blickwinkel eine Funktion von Erfahrungen ist, haben sie als Gruppe mitunter zu wenig Geduld und Verständnis dafür, wie lange es dauert, spürbare Veränderungen herbeizuführen. Unsere Aufgabe ist es, ihnen die Erfahrungen zu vermitteln, die ihren Blick weiten.

Schließen sie im Rahmen der Einarbeitung ihr Programm zur mutigen Führung ab, habe ich schon von fast jedem Angehörigen dieser Generation, der bei uns arbeitet, diesen oder einen ähnlichen Satz gehört: »Ich habe nie gelernt, solche Gespräche zu führen. Ich habe nie etwas über Emotionen erfahren oder darüber, wie man so offen über Misserfolge spricht, und das wurde mir auch nie vorgelebt. Ist man daran gewöhnt, für alles und jedes technische Hilfsmittel einzusetzen, sind diese harten Gespräche von Angesicht zu Angesicht unangenehm und unglaublich intensiv.« Die einzige Ausnahme bilden solche Beschäftigte, die bereits Erfahrungen aus der Therapie haben, weshalb es bei uns neben unserer regulären Krankenversicherung auch ein spezielles Erstattungsprogramm für Psychotherapie gibt.

Meiner Erfahrung nach lassen sich Angehörige der Millennials und der Generation Z darauf ein und lernen viel. Sie hungern förmlich nach Möglichkeiten, Mut in die Praxis umzusetzen. Ich bin eine typische Vertreterin der Generation X und verspüre denselben Drang. Ich glaube, das tun wir alle. Doch ich glaube, manche von uns haben davon als Heranwachsende mehr mitbekommen, als wir unseren heutigen jungen Erwachsenen vorgelebt und beigebracht haben.

Das Fazit: Fehlen uns die Kompetenzen, um wieder aufzustehen, riskieren wir es womöglich nicht, hinzufallen. Wenn wir aber oft genug mutig sind, dann fallen wir unweigerlich. Die Probanden mit dem höchsten Resilienzniveau schaffen es, nach einer Enttäuschung oder einem Sturz wieder aufzustehen, und sind infolgedessen mutiger und hartnäckiger. Sie wenden dabei ein Verfahren an, das ich als Aufstehen lernen bezeichne. Es setzt sich aus drei Teilen zusammen: der Bestandsaufnahme, der Neubewertung und der Revolution.

In diesem Teil des Buches ist es mein Ziel, Ihnen die Sprache, die Werkzeuge und die Fertigkeiten zu vermitteln, die für diesen Prozess unbedingt erforderlich sind, damit Sie das alles unverzüglich in die Praxis umsetzen können. Die potenziellen Auswirkungen der Forschungsergebnisse sind weitreichend: Das ist, als würde Ihr Gehirn neurobiologisch gehackt. Ich mache Sie mithilfe einer Geschichte mit diesem Prozess vertraut. Ich glaube, es gibt keinen besseren Weg, Sie in die Bestandsaufnahme, die Neubewertung und die Revolution einzuführen.

Das Schinkenbrot-Debakel

Vor ein paar Jahren, als meine Unternehmen gerade mitten in der Wachstumsphase steckten, hatte ich vor, in einem dreiwöchigen Zeitraum im September ein neues Unternehmen zu gründen, auf Lesereise zu gehen und 1500 Menschen weiterzubilden, die in meiner Arbeit unterwiesen wurden. Im Februar hatte ich das noch für eine großartige Idee gehalten. Wir haben aber schon darüber gesprochen: Der Teil des Gehirns, der für die Zeitplanung zuständig ist, fehlt mir offenbar – eine wissenschaftliche Tatsache, wie es scheint. Als ich mein Team und Steve über meine Pläne informierte, waren alle dagegen. Doch ich hatte eine Geheimwaffe, von der keiner wusste: *Bis*

September würde ich im Pilates Kursleiterniveau erreicht haben und fit genug sein, um Halbmarathons zu laufen. Auf diese Weise würde ich zehnmal so viel Energie haben wie heute, und das alles würde ein Kinderspiel sein.

Es wurde August. Von wegen Kinderspiel.

Bei mir lief alles aus dem Ruder, zu Hause ebenso wie in der Arbeit. Ich hatte tatsächlich einen Pilateskurs belegt, fand ihn aber furchtbar. Meine Lauf-/Walking-Strecke waren immer noch die gleichen drei Meilen wie seit Jahren. Ich hatte das Esszimmer in unserem Haus mit Beschlag belegt, das nun aussah, als würden dort kriminalpolizeiliche Ermittlungen geführt: Bilder und Zettel klebten an der Wand, auf dem Tisch stapelten sich lose Blätter und Kartons. Ich musste Dutzende von Archivbildern und Schriftvorlagen für eine neue Website durchsehen, und überall lagen Schulungsunterlagen herum. Es war das reinste Chaos.

In diesem Esszimmer saß ich, den Tränen nahe, als ich hörte, wie die Hintertür aufging und Steve hereinkam. Er durchquerte die Diele, steuerte die Küche an, legte seine Tasche auf den Frühstückstisch und öffnete den Kühlschrank. Die ersten Worte, die ich von ihm hörte, waren: »In diesem Haus gibt's noch nicht mal ein paar mickrige Scheiben Aufschnitt.«

Früher habe ich diese Geschichte vor Publikum erzählt und die Anwesenden gefragt, wie sie auf diese Bemerkung reagiert hätten. Von den Frauen kamen prompt Kommentare wie »Kauf dir doch deinen Aufschnitt selber!«, »Immer sind wir schuld!« oder »Lass deine Frau damit in Ruhe!«. Eine Dame rief sogar: »Verlassen Sie ihn!« Das fand ich etwas übertrieben.

Tatsächlich war mein erster Gedanke: *Was hat er grade gesagt?* Ich biss die Zähne zusammen und ballte meine Hände zu Fäusten. *Ich hätte nie gedacht, dass er so sein kann.*

Ich ging in die Küche und sagte: »Weißt du was, mein Schatz?« Aber nicht auf die nette Art, sondern in einem Tonfall, der in tausend Küchen auf der ganzen Welt einen Streit vom Zaun gebrochen hätte.

Er antwortete halb misstrauisch, halb hoffnungsvoll: »Nein, was denn?«

»Du fährst doch diesen großen alten Pick-up, oder?«, fragte ich.

»Jaaaa«, entgegnete er gedehnt, inzwischen mehr misstrauisch als hoffnungsvoll.

»Jede Wette: Wenn du den in westliche Richtung steuerst, kommst du nach vier Kilometern zu einem großen HEB-Markt. Und wenn du dort hineingehst und deine Kreditkarte hinhältst, geben sie dir bestimmt eine Tüte gekochten Schinken.«

Ich fand mich richtig gut.

Er wohl nicht – er wirkte eher besorgt. »Hast du wohl wieder mal deine Kreditkarte bei HEB vergessen?«

Das darf doch nicht wahr sein! Jetzt killt er mir die Pointe.

»Nein, ich habe meine Kreditkarte nicht verloren. Ich meine bloß, dass du dir deinen Aufschnitt selber kaufen kannst.«

Jetzt war er ernsthaft in Sorge. »Meine Güte. Geht es dir nicht gut?«

»Doch, doch. Ich weiß, es ist halb sieben, und du bist sauer, weil kein Essen auf dem Tisch steht. Ich hab schon kapiert.«

»Moment mal – wie bitte?«

»Ich weiß, es ist halb sieben. Du hast Hunger. Es steht kein Abendessen auf dem Tisch. Alles klar.«

»Also gut, Brené. Was ist 30 mal 365?«

Meine Güte. Zu allem Überfluss macht er sich jetzt auch noch über meine Rechenkünste lustig! Das geht jetzt wirklich zu weit.

Ich warf ihm einen Blick zu, der signalisierte, dass ich jeden Moment explodieren würde.

Du willst Spielchen spielen? Soll mir recht sein.

So sarkastisch, wie ich konnte, entgegnete ich: »Keinen blassen Schimmer, Steve. Wic viel *ist* 30 mal 365?«

Doch er ging einfach nicht darauf ein. »Weiß ich auch nicht. So viele Tage sind wir jedenfalls jetzt schon zusammen, und in all dieser Zeit stand nicht ein Mal, nicht ein einziges Mal, das Essen auf dem Tisch, wenn ich nach Hause kam.«

Er war noch nicht fertig. »Erstens: Wenn ich heimkäme und das Abendessen stünde auf dem Tisch, würde ich entweder denken, dass du mich verlassen willst oder dass einer aus der Familie sehr krank sein muss. Zweitens: Wenn wir kochen, dann tun wir das gewöhnlich gemeinsam. Drittens: Wer kauft in diesem Haushalt schon mindestens seit fünf Jahren die Lebensmittel ein?«

Verfluchter Mist. Ich kam mir vor wie im falschen Film.

Ich zuckte mit den Achseln und stampfte wie ein Kleinkind mit den Füßen. »Du, glaube ich. Du kaufst ein.«

Noch immer ruhig und eher neugierig als verärgert, meinte Steve da: »Genau. Ich kaufe ein. Worum geht es hier also eigentlich?«

Ein Satz schwebte etwa zehn Jahre lang über meinen Daten, doch ich habe ihn nie näher untersucht, weil er nicht in allen geführten Gesprächen vorkam. Doch als ich für *Laufen lernt man nur durch Hinfallen* mit Probanden sprach und Daten codierte, äußerten die an dem Forschungsprojekt Teilnehmenden mit dem höchsten Resilienzniveau in der einen oder anderen Formulierung:

Was ich mir dazu denke …
Wie mir das vorkommt …
Ich stelle mir das so vor …

Wenn Sie eine Aufstehkompetenz in die Praxis umsetzen möchten, beginnen Sie bitte mit dieser. Sie verändert die Spielregeln. Da bin ich mir so sicher, dass ich das Risiko eingehe, zu viel zu versprechen, wenn ich sage, sie kann Ihr ganzes Leben verändern – als Mensch, als Partner, als Elternteil und als Führungskraft. Wie das geht, erleben Sie gleich.

In meiner Küche in Houston sagte ich zu Steve: »Weißt du, wie mir das vorkommt, bin ich nirgendwo voll da, weder als Chefin noch als Mutter, als Ehefrau oder als Tochter. Im Moment bin ich für alle Menschen in meinem Leben eine einzige Enttäuschung. Nicht, weil ich meine Sache nicht gut mache, sondern weil ich so viel gleichzeitig erledige, dass ich nichts richtig machen kann. Mir kommt es so vor, als wolltest du mir grade unter die Nase reiben, dass du merkst, wie momentan alles im Argen liegt. Als müsstest du laut sagen, wie schlecht es zu Hause grade läuft, für den unwahrscheinlichen Fall, dass ich – die ich für alles verantwortlich bin, was gerade den Bach runtergeht – das nicht wüsste.«

Steve schaute mich an und sagte: »Aha, jetzt weiß ich, was los ist. Ich weiß, warum dir das so vorkommt, weil das die Geschichte ist, die du dir immer einredest, wenn es hart auf hart kommt, und so hart wie jetzt ist es für dich seit Jahren nicht gekommen. Was du dir da vorgenommen hast, kann kein Mensch schaffen. Du bist schon so tief unter Wasser, dass du den Weg nach oben gar nicht mehr findest. Also pass auf, wir machen jetzt Folgendes. Ich gehen auf Tauchgang. Ich werde dich finden und an die Oberfläche bringen, denn wenn mir das so ging, hast du das jedes Mal für mich getan. Und wenn die Kinder vier Tage hintereinander Fast Food kriegen. Vielleicht machen wir eine Portion Spinat dazu, damit wir als Eltern nicht gleich in die Hölle kommen. Und dann kämpfen wir uns da durch. Zusammen.«

Da flossen bei mir schon die Tränen. »Ich danke dir. Ich bin nur grade dermaßen überfordert, dass ich gar nicht weiß, wo mir der Kopf steht. Ich sehe kein Land mehr. Es ist so viel zu tun. Und andere verlassen sich auf mich.«

Steve hielt mich lange im Arm, und als ich mich von ihm löste, um mir den Rotz aus dem Gesicht zu wischen, sagte ich zu ihm: »Kann ich dir trotzdem eine Frage stellen? Und gib mir bitte eine ehrliche Antwort.«

»Ja, sicher«, sagte er und strich mir die Haare aus dem Gesicht.

»Was sollte dieser Spruch am Kühlschrank? Wieso hast du das gesagt: ›In diesem Haus gibt's noch nicht mal ein paar mickrige Scheiben Aufschnitt‹? War das ein Seitenhieb? Schon in Ordnung, wenn es so war. Ich weiß ja, warum. Aber hast du damit mich gemeint oder bloß die Gesamtsituation?«

»Lass mich darüber nachdenken.« Steve ist ein sehr ehrlicher Mensch, und ich dachte, er würde jetzt sagen: »Ja, ich habe den ganzen Stress ziemlich satt. Es war ein bisschen passiv-aggressiv.« Stattdessen sagte er: »Ich hab solchen Hunger.«

»Wie meinst du das?«, fragte ich vollkommen verwirrt zurück.

»Ich habe einfach Hunger. Ich habe das gesagt, weil ich Hunger habe. Ich hatte heute keine Mittagspause, weil ich so lange mit einem Patienten zu tun hatte, und auf dem Heimweg dachte ich mir: *Vermutlich essen wir erst um sieben. Da mache ich mir noch schnell ein Schinkenbrot.*«

»Und …?« Ich hatte immer noch nicht begriffen.

»Und nichts. Das ist alles. Ich hatte Appetit auf ein Schinkenbrot.«

Ah ja, das Schinkenbrot-Debakel. Ich vermute, jede und jeder, der jetzt dieses Buch in der Hand hält oder sich anhört, hat schon sein privates Schinkenbrot-Debakel erlebt. Wir wähnen uns selbst aus Angst oder Minderwertigkeitsgefühlen heraus im Zentrum einer Angelegenheit, die gar nichts mit uns zu tun hat, nur um uns vor Augen führen zu lassen, dass wir nicht der Nabel der Welt sind. Das ist nicht nur eines der ältesten Manöver in der Geschichte, sondern so arbeitet unser Gehirn. Ironischerweise, um uns Sicherheit zu geben.

Mit dieser Geschichte im Hinterkopf wollen wir den dreistufigen Entwicklungsprozess zu innerer Stärke analysieren.

Die Bestandsaufnahme, die Neubewertung und die Revolution

Der Entwicklungsprozess zu innerer Stärke dreht sich darum, dass wir wieder aufstehen müssen, wenn wir hingefallen sind, dass wir unsere Fehler überwinden und so mit Verletzungen umgehen müssen, dass wir danach weiser und mit vollerem Herzen weiterleben können. So schwer das ist, es lohnt sich enorm: **Wenn wir den Mut haben, uns auf unsere Geschichte einzulassen und sie selbst zu bestimmen, dann können wir das Ende neu schreiben. Bestimmen wir**

jedoch unsere Geschichten über Misserfolge, Fehlschläge und Verletzungen nicht selbst, dann bestimmen sie uns.

Die resilientesten unter unseren Probanden, die den Neustart am besten beherrschten, bezeichne ich als die *Riser* – sozusagen die Stehaufmännchen. Das passt nicht nur, sondern ich muss auch immer an »die Arena« denken, wenn ich den Chorus aus dem Song »Riser« von Dierks Bentley höre:[81]

I'm a riser
I'm a get up off the ground, don't run and hider
Pushin' comes to shove
And hey, I'm a fighter*

DIE BESTANDSAUFNAHME

Wir sind emotionale Wesen, und wenn uns etwas Schlimmes zustößt, übernehmen die Emotionen das Steuer. Erkenntnis- oder Denkprozesse sowie unser Verhalten werden in der Fahrerkabine sogar vom Beifahrersitz verdrängt. Denken und Verhalten sind dann auf den Rücksitz verbannt, und die Emotionen haben den Fuß auf dem Gaspedal. *Denken Sie daran, wie ich an meinem Esszimmertisch reagiert habe, als Steve feststellte, dass kein Aufschnitt im Kühlschrank war.*

Stehaufmännchen merken sofort, wenn sich ihre Emotionen verselbstständigen. *Hey, da triggert mich was.* Das weckt ihre Neugier. Dabei müssen wir gar nicht genau bestimmen, was für ein Gefühl da aufkommt – wir müssen lediglich erkennen, dass etwas in uns aufwallt. Was das ist, können wir später noch genauer analysieren.

* Ich bin ein Aufsteiger,
Ich bin ein Aufsteher, renn nicht weg und versteck mich,
Wenn es hart auf hart kommt.
Und hey, ich bin ein Kämpfer!

Wie solche Stehaufmännchen merken, dass Gefühle im Spiel sind, beschreiben sie unter anderem folgendermaßen:

- Ich weiß nicht genau, was da in mir vorgeht, aber ich merke, dass mich etwas aus der Fassung bringt.
- Das Gespräch geht mir immer wieder durch den Kopf.
- Wie bin ich in der Teeküche gelandet?
- Ich fühle mich ________________________ (enttäuscht, reumütig, genervt, verletzt, verärgert, todunglücklich, verwirrt, verängstigt, besorgt und so weiter).
- Ich nehme ________________________ (großen Schmerz, Verletzlichkeit, einen Ansturm der Scham, Peinlichkeit, Überwältigung in einer leidvollen Welt) wahr.
- Mein Magen verkrampft sich.
- Am liebsten würde ich irgendjemandem eine verpassen.

So einfach ist die Bestandsaufnahme: Wir merken, dass wir emotional getriggert werden, und wollen mehr darüber wissen.

Das Problem dabei ist nur, dass die wenigsten von uns dazu erzogen wurden, emotionale Neugier in Bezug auf eigene Gefühle zu entwickeln. Ob es um einen Fehlschlag geht, eine spitze Bemerkung von einem Kollegen, eine von mangelnder Verbundenheit und Frust geprägte Sitzung oder um zunehmende Verärgerung, wenn von uns mehr gefordert wird als von anderen, wir sind emotional getriggert. Und uns wurde nicht beigebracht, was unseren resilientesten Mitmenschen gemein ist: uns zu beruhigen, tief durchzuatmen und uns dafür zu interessieren, was da eigentlich in uns abläuft. Stattdessen reißen wir den Schutzschild hoch.

Während die meisten von uns eifrig damit beschäftigt sind, Gefühle zu verdrängen, zu ignorieren oder andere als Ventil dafür zu missbrauchen (wie ich, als ich seinerzeit so angriffslustig in die Küche marschiert bin), interessieren sich die Stehaufmännchen dafür, was da eigentlich passiert, damit sie der Sache auf den Grund gehen und herausfinden können, was sie empfinden und warum. Im Prinzip ist das nichts anderes als nachzudenken, bevor man den Mund aufmacht, nur dass Sie in diesem Fall fühlen, bevor Sie zum Schlag ausholen oder Deckung suchen.

Woran merken wir, wenn uns ein Gefühl übermannt? Das sagt uns unser Körper – der klügste Teil von uns. Wir bezeichnen Emotionen als *Gefühle*, weil wir sie körperlich fühlen. Wir reagieren physiologisch auf Emotionen.

Stehaufmännchen sind mit ihrem Körper verbunden. Setzt eine Emotion ein, spüren sie das und achten darauf. Seit ich diese Erkenntnisse umsetze, habe ich beispielsweise gemerkt: Werde ich emotional getriggert, komme ich mir vor wie in Zeitlupe, es kribbelt in meinen Achselhöhlen, der Mund wird mir trocken und was auch immer ich gerade erlebt habe, geht mir ab sofort in Endlosschleife durch den Kopf. Nehme ich eines dieser Anzeichen wahr, versuche ich, mich darauf zu konzentrieren und es als Hinweis zu betrachten – als ganz persönliches Signal: *Da passiert etwas. Du kannst jetzt entweder herausfinden, was, oder aus der Haut fahren.* Wenn ich an das Schinkenbrot-Debakel zurückdenke, dann waren die zusammengebissenen Zähne und die geballten Fäuste vermutlich ein eindeutiger Hinweis. *Seufz.*

Die schlechte Nachricht ist, dass diese Bestandsaufnahme nur den wenigsten gelingt und das aus einem einfachen Grund: Statt unseren Emotionen nachzuspüren, laden wir sie bei anderen ab. Wir greifen buchstäblich nach dem Ball emotionaler Energie, der sich da in uns gebildet hat, und werfen ihn anderen zu. Im Folgenden teile ich Ihnen die sechs häufigsten Entladungsstrategien aus *Laufen lernt man nur durch Hinfallen* mit. Stellen Sie sich bei der Lektüre zwei Fragen: *Passiert mir das?* Und: *Wie fühlt sich der andere?*

Entladungsstrategie Nummer 1: An die Decke gehen

Wir glauben, wir haben eine Verletzung so gut verdrängt, dass sie nie wieder zum Vorschein kommt. Doch unvermittelt versetzt uns eine scheinbar harmlose Bemerkung in helle Wut oder lässt uns in Tränen ausbrechen. Oder ein kleiner Fehler am Arbeitsplatz löst eine Schamattacke aus. Vielleicht trifft uns auch das konstruktive Feedback einer Kollegin an einer besonders empfindlichen Stelle, und schon fahren wir aus der Haut.

Den Begriff »an die Decke gehen« habe ich von Steve. Die Mediziner sprechen von explosivem Schmerz, um zu beschreiben, wenn ein Patient so starke Schmerzen hat, dass er auf die Berührung der schmerzempfindlichen Stelle unwillkürlich reagiert. Ganz gleich, wie sehr er versucht, sich zusammenzunehmen, oder wie stark er von anderen Dingen abgelenkt wird, er *geht an die Decke*.

Was ich hier beschreibe, ist das emotionale Gegenstück zu diesem explosiven Schmerz. Besonders häufig kommt es dazu, wenn Personen von höherem Rang oder Status mit geringerer Wahrscheinlichkeit dafür zur Verantwortung gezogen werden, wenn sie ausrasten oder überreagieren. Und das ist besonders gefährlich, denn derartige Volatilität erzeugt Misstrauen und Entfremdung.

Stellen Sie sich beispielsweise vor, jemand wahrt die stoische Haltung, auf die er sich so viel einbildet, solange Kunden oder andere anwesend sind, die er beeindrucken oder beeinflussen möchte. In der Gegenwart von Menschen, über die er emotionale, finanzielle oder physische Macht ausübt, flippt er dagegen aus. Und weil seine Vorgesetzten dieses Verhalten eher selten zu Gesicht bekommen, wird ihm seine Version der Geschichte gewöhnlich abgekauft. Solches Verhalten beobachten wir in Familien, Kirchen, Schulen, Kommunen und Büros. Wird diese Mischung noch durch Aspekte wie Geschlecht, Klasse, Rassismus, sexuelle Orientierung oder Alter ergänzt, kann sie schnell toxisch werden.

Die meisten Menschen haben solche Ausbrüche schon einmal selbst erlebt. Selbst wenn uns bewusst war, dass unsere Chefin, unser Freund, unsere Kollegin oder unser Ehemann explodierte, weil er oder sie an einer empfindlichen Stelle getroffen wurde, und selbst wenn wir eigentlich wissen, dass das nicht gegen uns persönlich gerichtet war, zerstört es dennoch Vertrauen und Respekt. **Wer wie auf rohen Eiern leben, aufwachsen, arbeiten oder seinen Glauben leben muss, dessen Sicherheits- und Selbstwertgefühl bekommt gewöhnlich mehr als nur einen Knacks. Solche Knackse können über längere Zeiträume als Trauma erlebt werden, ob am Arbeitsplatz oder in der Familie.**

Entladungsstrategie Nummer 2: Vermeiden

Schmerz ist unangenehm. Es fällt uns leichter, sauer zu werden, als Schmerz zuzulassen. Also mischt sich unser Ego ein und übernimmt die Drecksarbeit. Das Ego bestimmt nicht unsere Geschichte und will auch keinen anderen Schluss schreiben. Es verleugnet Emotionen und lehnt Neugier ab. Stattdessen verwendet es Geschichten als Panzer und Alibi. Das Ego sagt: »Gefühle sind etwas für Loser und Schwächlinge.«

Wie jede Kiezgröße, die etwas auf sich hält, beschäftigt auch unser Ego Schlägertrupps für den Fall, dass wir nicht parieren. Dazu gehören Wut, Schuldzuweisungen und Vermeidungsstrategien. Laufen wir Gefahr, ein Erlebnis als emotional anzuerkennen, treten diese drei auf den Plan. Es ist eben so viel einfacher, zu sagen: »Ist mir doch egal«, als: »Ich bin verletzt.«

Das Ego ergeht sich häufig in Schuldzuweisungen, Kritik, Ausflüchten und Vergeltungsmaßnahmen, und es schlägt auch gern um sich, doch das sind letztlich alles Formen des Selbstschutzes. Und das Ego ist auch ein großer Fan von Vermeidungsstrategien: uns einzureden, es sei alles in Ordnung, so zu tun, als spiele es keine Rolle oder als seien wir dagegen immun. Wir geben uns gleichgültig oder stoisch oder reagieren humorvoll oder zynisch. *Meinetwegen. Was soll's? Spielt sowieso keine Rolle.*

Haben die Schläger Erfolg – werden echte Verletzungen, Enttäuschungen oder Schmerzen durch Wut, Schuldzuweisungen und Vermeidung verdrängt –, hat unser Ego freie Hand für alle seine Machenschaften. Die erste besteht häufig darin, andere herunterzumachen, weil sie »ihre Gefühle nicht im Griff« haben. Das Ego kann ein hinterhältiger, gefährlicher Lügner sein, wenn es sich bedroht fühlt.

Entladungsstrategie Nummer 3: Betäuben

Von Betäubung war im Abschnitt über den Panzer schon ausführlich die Rede. Zu beachten ist dabei aber auch, dass sie nicht nur eine häufige Form der Panzerung darstellt, sondern sich als Ventil für Emotionen anbietet.

Entladungsstrategie Nummer 4: Ansammeln

Es gibt da eine leise, schleichende Alternative zum An-die-Decke-Gehen, Schlägern oder Betäuben: Wir können Verletzungen auch ansammeln. Dann lassen wir deplatzierte Emotionen nicht aus uns herausbrechen und lenken unsere wahren Gefühle auch nicht durch Schuldzuweisungen um oder betäuben unseren Schmerz. Das Ansammeln von Emotionen beginnt wie das An-die-Decke-Gehen. Wir verdrängen den Schmerz erst energisch, doch statt ihn auf andere loszulassen, stauen wir ihn so lange auf, bis unser Körper nicht mehr kann. Er sagt uns dann ganz klar: Hör damit auf oder ich lege dich lahm. Und dieses Spiel gewinnt der Körper immer. Haben wir schon zu lange Emotionen angesammelt, bemerken wir das oft in der Mitte unseres Lebens und unserer beruflichen Laufbahn. Unser Körper bemüht sich, emotional die Stellung zu halten, was sich in vielen Symptomen niederschlagen kann, unter anderem in Form von Angstzuständen, Depressionen, Burn-out, Schlafstörungen und physischen Schmerzen.

Entladungsstrategie Nummer 5: Die Umbridge-Strategie

Diese Strategie habe ich nach J. K. Rowlings Romanfigur Dolores Umbridge aus *Harry Potter und der Orden des Phönix* benannt.[82] Sie gehört meiner Erfahrung nach zu den heikelsten Entladungsstrategien, die man verfolgen kann. Die in den Filmen von Imelda Staunton ganz hervorragend dargestellte Umbridge trägt stets niedliche rosa Kostüme mit Pillbox-Hütchen, dekoriert ihr ganz in Rosa gehaltenes Büro mit Schleifchen und mit Katzenmotiven verziertem Kitsch und quält gern Kinder, die sich schlecht benommen haben. Rowling schreibt über sie, eine Vorliebe für alles Zuckersüße scheine oft dann vorzuliegen, wenn es an echter Herzenswärme oder Nächstenliebe mangele.[83]

Hinter zu vielen aufmunternden Sprüchen wie »Es ist alles so toll« oder »Ich bin einfach nie richtig wütend oder außer mir« oder »Wenn du nur mit einer positiven Einstellung herangehst, geht es dir gleich viel besser« verbergen sich oft echter Schmerz und tiefe Verletzung. Es widerspricht zwar jeder Intuition, ist aber trotzdem Fakt: Menschen, die nie zu kämpfen haben oder nie schlechte Tage oder schwere Zeiten erleben, vertrauen wir nicht. Wir entwickeln auch keine Verbundenheit zu Menschen, deren Verhalten für uns nicht nachvollziehbar ist. Licht ohne Dunkel – wenn jemand immer übertrieben nett, freundlich und entgegenkommend ist – kann sich bedrohlich anfühlen: als ticke unter all der Nettigkeit eine Zeitbombe.

Entladungsstrategie Nummer 6: Schmerz und die Angst vor dem »High-Centering«/Aufsetzen

Googeln Sie den englischen Begriff »High-Centering« lieber gar nicht erst. Sonst stoßen Sie vermutlich auf Bilder von Kühen, die bäuchlings über einem Zaun hängen, mit zwei Beinen auf der einen und zwei Beinen auf der anderen Seite, und nicht mehr vorwärts- oder zurückkommen. Das ist ziemlich verstörend. Ich weiß, wie das ist, weil die Zufahrt zum Haus meiner Großmutter in San Antonio aus zwei parallelen Zementstreifen bestand, zwischen denen sich Erde und Gras wölbten. Hin und wieder sagte meine Großmutter: »Der Mittelstreifen wird mal wieder zu hoch – irgendwann setze ich da mit meinem Auto auf.« Dann griffen wir zum Spaten und flachten die Wölbung ab. In diesem Fall bedeutete Aufsetzen, dass das Auto mit allen vier Rädern in der Luft hängen würde.

Ein Grund, aus dem wir unsere Gefühle verleugnen, ist die Angst davor, emotional aufzusetzen, also so unglücklich hängen zu bleiben, dass wir weder vor noch zurück können. Erkenne ich an, dass ich verletzt, ängstlich oder wütend bin, bleibe ich stecken. Lasse ich mich auch nur ansatzweise auf diese Gefühle ein, kann ich nicht mehr zurück. Der Weg nach vorne könnte aber ein Schleusentor der Emotionen öffnen, die ich nicht mehr kontrollieren kann. Wer Emotionen anerkennt, der fühlt. Was, wenn ich das tue, und es wird etwas losgetreten, das ich nicht mehr steuern kann? Ich will am Schreibtisch, auf dem Schlachtfeld oder im Hörsaal auf keinen Fall in Tränen ausbrechen. Aufzusetzen kann aber noch schlimmer sein, denn dann empfinden wir einen totalen Kontrollverlust. Wir fühlen uns ohnmächtig.

STRATEGIEN ZUR EMOTIONALEN BESTANDSAUFNAHME

So absurd das klingt, die effektivste Strategie, sich seinen Emotionen zu stellen, statt diese zu entladen, habe ich von einem Yogalehrer. Und von verschiedenen Angehörigen militärischer Spezialeinheiten. Bei dieser Strategie handelt es sich um das Atmen. Der Yogalehrer bezeichnete es als **Boxatmung**, die Soldaten sprachen von **taktischem Atmen.** Wie sich herausstellen sollte, meinen sie dasselbe. Mark Miller, ehemaliger Angehöriger der Eliteeinheit Green Berets, erklärt taktisches Amten so:[84]

1. Atme tief durch die Nase in den Bauch ein und zähle dabei bis vier.
2. Halte den Atem an, bis du bis vier gezählt hast.
3. Atme langsam vollständig durch den Mund aus dem Bauch aus und zähle dabei bis vier.
4. Zähle bis vier, bevor du wieder einatmest.

Bei der Arbeit atmen wir nicht oft genug tief. Wir machen zu wenig Pausen und achten nicht auf unseren Körper. Ich gehöre zu den Menschen, die den Atem sogar anhalten. Geht es im Büro richtig hektisch zu und ich muss ein Feuer nach dem anderen löschen, halte ich ganz bewusst inne und zeichne ein Quadrat auf meinen Schreibtisch: *Einatmen und bis vier zählen, Atem anhalten und bis vier zählen, ausatmen und bis vier zählen, Atem anhalten und bis vier zählen.* Ich versichere Ihnen: Zwei oder drei solche Atempausen machen einen gewaltigen Unterschied. Ich habe diese Technik auch meinen Kindern und meinen Studierenden nahegebracht. Atmen ist auch die Voraussetzung für eine weitere Strategie zur emotionalen Bestandsaufnahme und eine der am stärksten unterschätzten Superkräfte in der Menschenführung: Gelassenheit praktizieren.

Gelassenheit definiere ich als **das Erzeugen von Perspektive und Achtsamkeit bei gleichzeitiger Steuerung emotionaler Reaktionen.** Gelassenheit ist eine Superkraft, weil sie der Balsam ist, der gegen einen der häufigsten Stressoren am Arbeitsplatz hilft: Angst. Zu diesem Thema habe ich am meisten von der Psychologin Harriet Lerner gelernt. In ihrem Buch *Magie der Worte* erklärt Dr. Lerner, dass wir alle Verhaltensmuster entwickeln, um mit Angst umzugehen.[85] Manche von uns reagieren mit *Über*funktionen, andere mit *Unter*funktionen. Vertreter der ersten Gruppe wie ich reagieren gewöhnlich schnell, erteilen Ratschläge, greifen rettend ein, reißen Projekte an sich, gängeln andere und mischen sich ein, statt den Blick nach innen zu richten. Menschen, die zu Unterfunktionen neigen, verlieren unter Stress an Kompetenz. Sie überlassen das Feld bereitwillig anderen und sind diejenigen, über die in der Familie viel gesprochen wird: die Sorgenkinder. Häufig werden sie als »verantwortungslos« oder als »Problemkind« oder als »labil« abgestempelt. Dr. Lerner zufolge kann uns die Erkenntnis, dass solches Verhalten Reaktionsmuster auf Ängste darstellt (nicht etwa Fakten über unsere Persönlichkeit), begreiflich machen, dass wir uns ändern können. Für all jene, die unter Überfunktionen leiden, besteht der Auftrag darin, uns bereitwilliger auf unsere Verletzlichkeit einzulassen, wenn wir mit Ängsten konfrontiert sind. Menschen mit Unterfunktionen müssen daran arbeiten, ihre Stärken und Kompetenzen auszubauen.

Egal, ob wir zur Über- oder Unterfunktion neigen, praktizierte Gelassenheit gibt uns den Freiraum, uns emotional zu erden. Die schlechte Nachricht: Ängste gehören zu den alleransteckendsten Emotionen, die wir erleben. Das erklärt, warum sie so leicht zur Funktion einer Gruppe werden können, nicht nur eines Einzelnen. Sie sind zu ansteckend, als dass sie sich auf einen Menschen beschränken könnten. Wir alle haben schon einmal erlebt, wie ein Einzelner eine ganze Gruppe ins Trudeln bringen kann.

Die gute Nachricht? Gelassenheit ist ebenso ansteckend. In den vergangenen 20 Jahren haben mir Gesprächspartner, die Gelassenheit besonders kompetent praktizierten, ausnahmslos von der ebenso bedeutsamen wie eigenartigen Kombination aus Atmung und Neugier berichtet. Sie erzählten mir, sie würden tief durchatmen, bevor Sie Fragen beantworteten oder stellten. Sie würden ein hitziges Gespräch herunterkühlen, indem sie mit gutem Beispiel vorangingen und langsam sprechen, atmen und sich auf die Fakten konzentrieren würden. Und sie würden ganz bewusst ein paar tiefe Atemzüge nehmen, bevor sie sich selbst die eine oder andere Abwandlung der beiden folgenden Fragen stellten:

1. Liegen mir genügend Informationen vor, um mich darüber aufzuregen?
2. Wenn mir genügend Daten vorliegen, nützt es mir dann etwas, mich aufzuregen?

Vergessen Sie über aller Neugier und Atmung nicht die Persilscheine. Manchmal müssen wir uns selbst die Erlaubnis erteilten, zu fühlen, vor allem wenn wir aus Familien kommen, in denen es entweder ausdrücklich untersagt war, Gefühlen nachzuspüren und darüber zu sprechen, oder lediglich nicht vorgelebt wurde.

Stellen Sie sich vor, wie anders mein Gespräch mit Steve wohl verlaufen wäre, wenn ich meine Wut und Verletzung bewusst wahrgenommen, ein paarmal tief durchgeatmet und dann Neugier an den Tag gelegt hätte.

Die Neubewertung: Verschwörungstheorien, Konfabulationen und lausige Erstfassungen

Wenn es bei der Bestandsaufnahme darum geht, wie wir an eine heikle Geschichte herangehen, dann besteht die Neubewertung darin, wie wir uns damit auseinandersetzen und die Verantwortung dafür übernehmen.

Diese Auseinandersetzung beginnt mit folgender universeller Wahrheit: **In Ermangelung von Daten erfinden wir Geschichten.** So sind wir gestrickt. Will heißen, das Schöpferische ist biologisch in uns angelegt, und wenn wir zu kämpfen haben, erfinden wir automatisch eine Geschichte, die sinnvoll erscheinen lässt, was vor sich geht, und aus der unser Gehirn Informationen darüber ziehen kann, wie es sich am besten selbst schützt. Das passiert am Arbeitsplatz täglich hundertfach. In unseren Organisationen kursieren zahllose Geschichten, die sich Menschen ausgedacht haben, weil sie keinen Zugriff auf Informationen hatten. Wer schon einmal ein Team durch größere Veränderungen begleitet hat, der weiß, wie viel Zeit, Geld, Kraft und Energie schlechte Geschichten kosten können.

Der Neurologe und Romancier Robert Burton erklärt, dass uns unser Gehirn mit Dopamin belohnt (dem Aha-Moment), wenn wir Muster erkennen und vervollständigen. Geschichten sind auch nichts anderes als Muster.[86] Das Gehirn erkennt die vertraute Gliederung einer Geschichte in einen Anfang, einen Mittelteil und ein Ende und belohnt uns, wenn Zweideutigkeiten beseitigt werden. Nur leider belohnt uns das Gehirn für eine gute Geschichte – also eine, in der die Guten und die Bösen eindeutig erkennbar sind – auch dann, wenn sie gar nicht zutrifft.

Die Aussicht auf dieses *»Aha! Ich hab die Lösung gefunden!«*-Gefühl kann uns dazu verleiten, die Unsicherheit und Verletzlichkeit auszuklammern, die häufig nötig sind, um der Wahrheit auf den Grund zu gehen. Das Gehirn mag keine zweideutigen Geschichten, die Fragen unbeantwortet lassen und viele Möglichkeiten bieten.

Das Gehirn interessiert sich nicht für Fragen wie *Vielleicht bin ich ja selbst daran beteiligt?* oder *Übertreibe ich da nicht ein bisschen?* Das Gehirnareal, das in den Beschützermodus übergeht, bevorzugt binäre Strukturen: gut oder böse? Gefährlich oder sicher? Verbündeter oder Feind?

Burton schreibt: »Weil wir unter dem Zwang stehen, Geschichten zu erfinden, sehen wir uns oft gezwungen, unvollständige Geschichten herzunehmen und damit zu arbeiten.« Weiter sagt er, selbst wenn wir eine Geschichte nur zur Hälfte im Kopf haben, »gibt es für uns jedes Mal eine Dopamin-›Belohnung‹, wenn sie uns hilft, unsere Welt besser zu verstehen – selbst wenn die gelieferte Erklärung unvollständig oder falsch ist.«[87]

Die erste Geschichte, die wir uns ausdenken, bezeichnen wir als lausige Erstfassung – »shitty first draft« oder kurz SFD. (Ist Ihnen das im Englischen zu deftig, können Sie auch die Formulierung »stormy first draft« nehmen, die ich bei Kindern verwende. Kinder begreifen das Konzept sofort und sprechen gern über ihre SFDs, weil sie ihnen nach einer schwierigen Erfahrung Gelegenheit geben, sich rückzuversichern, dass wir sie noch lieben und sie noch dazugehören.)

Das Konzept von der lausigen Erstfassung stammt aus Anne Lamotts hervorragendem Buch *Bird by Bird – Wort für Wort* über kreatives Schreiben. Sie beschreibt darin, dass für sie die einzige Methode, überhaupt etwas zu Papier zu bringen, darin bestünde, wirklich lausige Erstfassungen zu schreiben. Die Erstfassung sei die kindliche Fassung, in der man einfach alles herausließe in dem Bewusstsein, dass sie niemand zu sehen bekäme und dass man sie später noch in Form bringen könne.[88]

In Bezug auf unsere Emotionen sind die ersten Geschichten, die wir uns ausdenken – unsere SFDs – auf jeden Fall unsere Ängste und Unsicherheiten, die sich nach Strich und Faden austoben und Worst-Case-Szenarien an die Wand malen. Ein Beispiel: *Steve ist so ein Idiot. Er traut mir nicht zu, mein Unternehmen zu leiten und gleich-*

zeitig eine gute Ehefrau und Mutter zu sein. Er hat genug von mir und von dem ganzen Stress. Die letzten 30 Jahre waren eine einzige große Lüge.

Ich wünschte, statt in die Küche zu trampeln wie der Elefant im Porzellanladen der Emotionen, hätte ich meine Reaktion auf seine Bemerkung über den Aufschnitt bewusst wahrgenommen und mich gefragt, welche Emotionen mich da reiten. Hätte ich mir die Zeit genommen, einen Blick auf meine lausige Erstfassung zu werfen, hätte ich hinübergehen und sagen können: »Ich habe gehört, was du gesagt hast. Ich deute das so, dass du genug von mir und meinem ganzen beruflichen Stress hast.«

Ich kenne Steve jetzt über 30 Jahre und ich bin mir zu 99 Prozent sicher, er hätte mich in den Arm genommen und gesagt: »Ich weiß, im Moment ist alles ein bisschen viel für dich. Was können wir tun?«

Sicher, der Konflikt ließ sich in diesem Fall auch anders beilegen, doch eine Beziehung verkraftet nicht zu viele Auftritte von der Sorte, wie ich ihn in meiner Küche hingelegt hatte. Früher oder später leidet sie darunter.

In unseren SFDs füllt Angst die Datenlücken. Das ist so bedenklich, weil **Geschichten, die auf begrenzten realen Daten und vielen erdachten Daten beruhen, die zu einer kohärenten, emotional befriedigenden Version der Realität zusammenfließen, auch als Verschwörungstheorien bezeichnet werden.** Ganz genau – mit unseren selbst erfundenen Geschichten werden wir alle zu Verschwörungstheoretikern und füllen Datenlücken fortlaufend mit unseren Ängsten und Unsicherheiten.

Sind in einer Arbeitskultur viele Veränderungen und verwirrende Entwicklungen im Gange, drehen Teams mit ihren SFDs förmlich durch. In einer mutgeprägten Kultur liefern Sie Ihren Leuten dagegen so viele Fakten wie möglich und halten sie auf dem Laufenden, sobald Sie Zugang zu neuen Informationen haben, die Sie weitergeben dürfen. Klarheit ist fair. Und Klarheit wirkt dem Erfinden von Geschichten und Verschwörungstheorien auf jeden Fall entgegen.

Mutige Führungspersönlichkeiten bitten um SFDs. Sie geben ihren Leuten genügend Zeit, Raum und die nötige Sicherheit, um ihre Geschichten mit der Realität abzugleichen. Mussten wir früher Leute entlassen, haben wir uns im kleinen Kreis mit dem unmittelbar betroffenen Team zusammengesetzt, es der ganzen Gruppe mitgeteilt und die einzelnen Mitglieder dann aufgefordert, uns in einem eigens geblockten Zeitfenster aufzusuchen, um »darüber zu sprechen, Fragen zu stellen und ihre SFDs zu überprüfen.« Sie wissen ja: Entweder wenden Sie verhältnismäßig viel Zeit auf, um auf Gefühle und Ängste (und Verschwörungstheorien) einzugehen, oder Sie müssen unverhältnismäßig viel Zeit darauf verschwenden, unproduktives Verhalten einzufangen.

Wir müssen aber nicht nur auf Verschwörungstheorien eingehen, sondern auch nach Konfabulationen Ausschau halten.

Dafür gibt es eine wirklich großartige, subtile Definition: *Eine Konfabulation ist eine ehrlich erzählte Lüge*. Beim *Konfabulieren* werden fehlende Informationen durch falsche ersetzt, die wir für zutreffend halten.

In seinem Buch *The Storytelling Animal* erklärt Jonathan Gottschall, es gebe zunehmende Belege dafür, dass »normale, geistig gesunde Menschen im Alltag auffallend zum Konfabulieren neigen«.[89] In einer in diesem Buch erwähnten Studie, die ich besonders interessant finde, bat ein Psychologenteam Einkäufer, sich aus sieben Paar Socken ein Paar auszusuchen und anzugeben, warum sie sich ausgerechnet für dieses Paar entschieden hatten. Jeder Käufer erklärte seine Wahl mit leichten Unterschieden in Farbe, Beschaffenheit und Verarbeitung. Kein Einziger sagte: »Keine Ahnung, warum ich dieses Paar genommen habe«, oder: »Ich kann meine Wahl nicht begründen.« Sie alle erklärten ihre Entscheidung mit einer vollständigen Geschichte. Der Clou: Die Socken waren alle gleich. Gottschall erläutert, dass die Käufer allesamt Geschichten erzählten, die ihre Entscheidungen rational wirken ließen, obwohl sie das in Wirklichkeit nicht waren. Er schreibt weiter: **»Die Geschichten waren Konfabulationen – ehrlich erzählte Lügen.«**[90]

Konfabulationen kommen auch am Arbeitsplatz vor, wenn wir Informationen weitergeben, die wir für Fakten halten, obwohl sie in Wirklichkeit nur Meinungen sind. Das passiert zum Beispiel, wenn ich meiner Kollegin erzähle: »Im September stehen wir alle auf der Straße. Die ganze Abteilung wird dichtgemacht und alle Leute entlassen.« Alle schieben Panik und fragen mich, woher ich das weiß. »Ich weiß es eben. Ich habe es gehört. Ich weiß, dass es stimmt.«

Die Information könnte absolut unwahr sein. Es ist eine Konfabulation. Ich glaube, dass es stimmt, doch in Wirklichkeit äußert sich darin nur meine Angst, gemischt mit den wenigen Daten, über die ich verfüge. Und das ist brandgefährlich.

Wir müssen schon bei der SFD innehalten und diese Erstfassung der Geschichte, der Verschwörungstheorie, der Konfabulation einfangen, dieses unausgegorene Chaos in unseren Köpfen. »Oh mein Gott, sie hat mir in dem Meeting so einen gewissen Blick zugeworfen. Bestimmt traut sie mir nicht. Sie hält meine Vorschläge für dumm und intrigiert vermutlich gegen mich, um mich aus diesem Projekt zu kegeln.«

Es ist unglaublich wichtig, solchen Konstrukten Einhalt zu gebieten, bevor der Mythos ein Eigenleben entwickelt und außer Kontrolle gerät. Inzwischen versuche ich, meine SFDs mit dem Handy einzufangen, bevor ich reagiere. Ich tippe sie ein, sobald ich Gelegenheit finde, einfach deshalb, weil mir 70 Prozent der Stehaufmännchen aus unseren Studien erzählt haben, dass sie ihre SFDs niederschreiben. Gar nicht besonders ausführlich, etwa so in der Art:

Meine Gedanken:
Meine Gefühle:
Mein Körper:
Meine Überlegungen:
Meine Überzeugungen:
Meine Handlungen:

James Pennebaker, Forscher an der University of Texas in Austin, hat Folgendes festgestellt: Weil unser Verstand so gestrickt ist, dass er versucht zu verstehen, was uns passiert, werden chaotische, schwierige Erfahrungen »begreiflich«, wenn sie in Sprache übersetzt werden. Geschichten zu erzählen, ist ein anderes Vehikel, um Erdachtes mitzuteilen.[91] Haben Sie einen Freund oder Kollegen, dem Sie vertrauen und der gut und geduldig zuhören kann, können Sie Ihre SFD auch durchsprechen.

Doch indem wir sie verschriftlichen, verleihen wir ihnen keinesfalls mehr Macht. Ganz im Gegenteil. Das verleiht *uns* Macht. Wir haben die Möglichkeit, zu sagen: »Ergibt das denn überhaupt einen Sinn? Klingt das plausibel?« Schreiben wirkt beruhigend. Und wenn Sie den Gedanken unerträglich finden, dass jemand Ihre SFD lesen könnte, weil sie Schuldzuweisungen enthält, kleinlich, unreif und rotzig ist, dann haben Sie alles richtig gemacht. Bei einer SFD gilt: ungefiltert ist gleich effektiv.

Die Schriftstellerin Margaret Atwood schreibt:[92]

> Wenn man sich mitten in einer Geschichte befindet, ist es keine Geschichte, sondern nur eine große Verwirrung; ein dunkles Brüllen, eine Blindheit, ein Durcheinander aus zerbrochenem Glas und zersplittertem Holz, wie ein Haus in einem Wirbelsturm oder wie ein Schiff, das von Eisbergen zerdrückt oder von Stromschnellen mitgerissen wird, und alle an Bord sind machtlos, etwas dagegen zu tun. Erst hinterher wird daraus so etwas wie eine Geschichte. Wenn man sie erzählt – sich selbst oder jemand anderem.

Um von dem, was Atwood als »Durcheinander aus zerbrochenem Glas und zersplittertem Holz« bezeichnet, zu einer echten Geschichte zu gelangen, mit der Sie etwas anfangen können, müssen sich Stehaufmännchen mit folgenden Fragen auseinandersetzen:

1. **Was muss ich über die Situation noch in Erfahrung bringen und wissen?**
   Was weiß ich objektiv?
   Welche Annahmen treffe ich?
2. **Was muss ich über die anderen Menschen, die in der Geschichte vorkommen, noch in Erfahrung bringen und wissen?**
   Welche Informationen brauche ich noch?
   Welche Fragen oder Klarstellungen könnten hilfreich sein?

Nun kommen wir zu den schwierigeren Fragen, für deren Beantwortung es Mut und Übung braucht.

3. **Was muss ich über mich selbst noch in Erfahrung bringen und wissen?**
   Was verbirgt sich hinter meiner Reaktion?
   Was fühle ich wirklich?
   Welche Rolle habe ich dabei gespielt?

Wer die Fragen 1 und 2 beantwortet, zeigt, dass er den Mut hat, die Verschwörungstheorien und Konfabulationen aufzuklären. Die Antwort auf die dritte Frage verlangt emotionale Kompetenz – die Fähigkeit, Emotionen zu erkennen und zu benennen –, also dasselbe Kompetenzspektrum, das für Empathie und Selbstmitgefühl erforderlich ist.

Stellen Sie sich vor, wie effektiv es wäre, sich selbst bei einer SFD zu ertappen, sich ein paar Minuten damit auseinanderzusetzen und dann mit einer Kollegin darüber zu sprechen: »Also, das war vielleicht ein heftiges Meeting heute. Du hast nicht viel gesagt, und ich denke mir jetzt, dass du sauer warst, weil dein Team die ganze Arbeit für den nächsten Testlauf machen soll. Können wir darüber reden?«

Nur damit Sie Bescheid wissen: Würden Sie damit zu mir kommen, würden mein Vertrauen in Sie und meine Achtung vor Ihnen in den Himmel steigen.

Nehmen wir an, ich kriege zur Antwort: »Aber nein, ich bin überhaupt nicht sauer. Ich bin nur fix und fertig. Charlie ist krank und hat die ganze Nacht gebrochen. Aber lieb, dass du nachfragst.« Das eröffnet Möglichkeiten, Empathie zu praktizieren: »Oh, das tut mir leid. Wie furchtbar. Soll ich dir einen Kaffee holen?«

Spielen wir das Ganze noch einmal durch, aber mit folgender Antwort: »Ja, stimmt. Ich bin total frustriert! Das ist gar nicht unser Projekt und wir haben nicht die Ressourcen, um das zu stemmen. Das ist eine absolute Schnapsidee.« Dann können Sie sagen: »Also gut. Setzen wir uns zusammen und reden darüber.«

Win-win. So oder so entstehen Verbundenheit und Vertrauen. Das klingt nach einem probaten Mittel gegen den Irrsinn, aber dennoch erfinden wir alle Geschichten und entwickeln Verschwörungstheorien. Wie Gottschall schreibt: »Verschwörungstheorien beschränken sich nicht auf Dumme, Ignorante oder Verrückte. Sie sind ein Reflex des krampfhaften Bedürfnisses des Geschichten erzählenden Verstandes nach bedeutungsvollen Erfahrungen.«[93] Das Problem: Statt uns mit Verletzlichkeit auseinanderzusetzen und in Ungewissheit zu verharren, füllen wir die Lücken mit unseren Ängsten und Worst-Case-Szenarien. Folgende Zeile von Gottschall spricht mich ganz besonders an: »Für Verschwörungstheoretiker passiert das Leben *nie* einfach so.«[94]

»Die Geschichte, die ich mir zusammenspinne«, hat deshalb so viel Einfluss, weil daraus ein sehr realer Bestandteil dessen spricht, was es bedeutet, ein Mensch zu sein, der Bedeutung entstehen lässt. Es ist entwaffnend, weil es ehrlich ist. Wir alle tun es. Deshalb funktioniert es auch in ganz verschiedenen Umgebungen und bei allen Menschen.

Wir führten beispielsweise unlängst ein Programm zu mutiger Führung bei Shell durch, mit einem elitären Team von Tiefseetechnikern namens SURF (Subsea Umbilicals Risers and Flowlines).

Gwo-Tarng Ju, kurz GT, wie er von allen genannt wird, führte sein Managementteam mutig durch das Training. Wie GT, der einen Doktor in Luft- und Raumfahrttechnik hat, waren die meisten beteiligten Führungskräfte Ingenieure oder Projektmanager. Der Fokus unserer gemeinsamen Arbeit lag unter anderem darauf zu analysieren, wie ihre Vorgesetzten Feedback zur Leistung oder Informationen über Rückschläge eher als Direktiven vermittelten und nicht in Form von Gesprächen, die genauer erkennen ließen, welche Kompetenzdefizite, Kommunikationsprobleme oder strukturellen Hindernisse vorlagen.

Nachdem wir Zeit damit zugebracht hatten, genauer auf die Unterschiede zwischen systembezogener Verletzlichkeit (die nicht gut ist) und beziehungsbezogener Verletzlichkeit (die Voraussetzung ist für mutige Führung) einzugehen, begann das Team, an den Kompetenzen zu arbeiten, die es in die Lage versetzen sollten, untereinander und mit direkten Untergebenen heikle Gespräche zu führen. Über dieses neue Kompetenzspektrum schreibt GT:

> Wir waren in der Lage, konstruktivere Feedback-Sitzungen zur Leistung durchzuführen, nachdem wir die Aufstehkompetenzen durch Realitätschecks der Geschichten erworben hatten, die wir uns alle bei Konflikten oder Rückschlägen zusammenreimten. Indem wir zurückgehen, können wir mehr Klarheit gewinnen und die negativen Emotionen minimieren, die den Feedback-Prozess gewöhnlich begleiten. Indem Dilemmas schnell und konstruktiv zutage gefördert werden, können Führungskräfte dazu beitragen, Konflikte zeitnah zu lösen. Das ist angesichts des komplexen Hochrisikoumfelds, in dem wir arbeiten, von ganz entscheidender Bedeutung.

Finden keine echten Gespräche zum Feedback statt, ist der Lerneffekt geringer und die Defensivität nimmt zu. Weil es in der Natur des Menschen liegt, sich selbst zu schützen, wenn er sich mit Rückschlägen konfrontiert sieht und Feedback bekommt, ist es wichtig, mit Mitarbeitenden noch einmal darüber zu reden, um sicherzustellen, dass die Botschaft auch angekommen ist, und um SFDs einem Realitätscheck zu unterziehen.

In Organisationen, die bei der Bewertung von Beschäftigten mit einem vorgegebenen Rankingsystem arbeiten, muss unbedingt eine Kultur geschaffen werden, in der es sicher ist, noch einmal über alles zu sprechen und Geschichten auf ihren Wahrheitsgehalt zu prüfen, und in der das Teil des Bewertungsprozesses ist. Das können Sie erreichen, indem Sie zwei Termine ansetzen – einen für das ursprüngliche Gespräch und einen zur Überprüfung der Geschichte.

Ein weiteres Beispiel stammt von Melinda Gates, die Sie ja schon kennengelernt haben. Melinda ist ein Mensch, der Neugier und das Stellen der richtigen Fragen für die Superkraft einer Führungspersönlichkeit hält. Von Ihrer Geschichte habe ich mich absolut angesprochen gefühlt. Sie schreibt:

> Die längste Zeit habe ich mir folgende Geschichte zurechtgelegt: Dieser Experte ignoriert mich oder behandelt mich herablassend, weil ich nicht Bill bin. Nachdem ich jahrelang mit diesem Stachel im Fleisch gelebt hatte, merkte ich, dass dem etwas ganz anderes zugrunde lag. Ich befürchtete, dass meine wissenschaftlichen Kenntnisse nicht reichten, um weltweit führende Fachleute im globalen Gesundheitswesen zu führen. Und das hielt mich davon ab, Fragen zu stellen und mich richtig auf das Gespräch einzulassen. Ich fühlte mich wie eine Hochstaplerin auf einem Fachgebiet, das für mich neu ist und das ich nicht studiert habe.
>
> Sobald ich in der Lage war, der Tatsache ins Auge zu sehen, dass ich schlicht unsicher war, konnte ich daran arbeiten. Inzwischen glaube ich, ich weiß genug, um gute Fragen zu stellen, aber nicht so viel, dass ich mich von Nebensächlichkeiten ablenken lasse. Diese Geschichte umzuschreiben, bedeutet, dass ich mich jetzt traue, scheinbar »dumme« Fragen zu stellen, weil ich weiß, dass sie meist gar nicht so dumm sind und oft sogar unbedingt gestellt werden sollten.

Beide Beispiele demonstrieren mustergültig, wie Menschen den Mut aufbringen, die Verantwortung für schwierige Geschichten zu übernehmen, um ihnen selbst ein neues Ende zu schreiben.

Die Geschichten, die wir uns zusammenspinnen, wirken sich nicht nur auf Vertrauen und Verbundenheit in Beziehungen und Teams aus, sondern können auch unser Selbstwertgefühl torpedieren. **Die drei gefährlichsten Geschichten, die wir uns zurechtlegen, sind Narrative, die herabsetzen, wie liebenswert, göttlich und kreativ wir sind.**

Der Realitätscheck dafür, wie liebenswert wir sind: Dass ein bestimmter Mensch nicht bereit oder fähig ist, uns zu lieben, heißt nicht, dass wir nicht liebenswert wären.

Der Realitätscheck für das Göttliche in uns: Niemand hat das Recht, darüber zu urteilen, wie viel Göttliches in uns steckt, oder unseren spirituellen Wert zu bestimmen.

Der Realitätscheck für unsere Kreativität: Dass wir einem bestimmten Leistungsstandard nicht entsprochen haben, bedeutet nicht, dass wir keine einzigartigen Begabungen oder Talente hätten. Und nur, weil jemand den Wert nicht erkennen kann, der darstellt, was wir geschaffen oder geleistet haben, ändert das nichts an diesem oder an unserem Wert.

DAS DELTA

In der Differenz – dem **Delta** – zwischen dem, was wir uns zu unseren Erfahrungen ausdenken, und der Wahrheit, die wir durch den Prozess der Auseinandersetzung aufdecken, liegt die Bedeutung und Weisheit dieser Erfahrungen. Das Delta steht für unsere wichtigsten Erkenntnisse – wir müssen lediglich bereit sein, uns auf unsere Geschichten einzulassen und uns damit auseinanderzusetzen.

In dem Schinkenbrot-Debakel musste ich mich mit Scham, Verletzlichkeit und Vertrauen auseinandersetzen. Meine wichtigsten Erkenntnisse: Erstens: Habe ich Probleme und sehe kein Land mehr, neige ich viel stärker dazu, mich zu schämen und mir Vorwürfe zu machen. Ich kann mich nicht an eine Situation erinnern, in der Steve so mit mir umgegangen wäre. Zweitens: Ich muss lernen, eher um Hilfe zu bitten. Drittens: Manchmal suche ich Ventile für meine Emotionen. Insbesondere reagiere ich aggressiv, wenn ich verletzt bin.

Weil ich das »Ich denke mir das aus«-Werkzeug zur Hand hatte und in die Praxis umsetzte, was ich aus den Recherchen zu *Laufen lernt man nur durch Hinfallen* gelernt hatte, konnten Steve und ich einen aggressiven Beinahekrach in einer äußerst stressigen Zeit in einen Moment der Verbundenheit und des Vertrauens verwandeln.

Wenn wir anfangen, in unseren Alltag einzubeziehen, was wir aus dem Prozess zum Aufstehenlernen lernen, können wir Auseinandersetzungen besser bewältigen. Bei uns im Büro überprüfen wir die Geschichten, die wir uns zusammenreimen, vermutlich zehnmal am Tag, indem wir miteinander darüber sprechen. Inzwischen verkürzt sich das auf Bemerkungen wie »Ich denke mir, du hältst die korrigierte Fassung noch zurück, weil sie erst juristisch überprüft werden muss«, oder: »Ich denke mir, dass keiner Lust hat, sich am Freitag durch diese Präsentation zu quälen.« Das ist so viel ehrlicher, verletzlicher und entwaffnender, als Dinge zu sagen, die letztlich reine Erfindung sind.

Meiner persönlichen Erfahrung nach dauert es beim Aufstehenlernen manchmal nur fünf Minuten, bis man von »bäuchlings in der Arena« über Delta zu wesentlichen Erkenntnissen gelangt – manchmal aber auch fünf Tage. Und bei den wichtigen Dingen des Lebens kann es auch mal Monate in Anspruch nehmen. Je öfter Sie üben, sich mit Verletzlichkeit auseinanderzusetzen, desto besser und schneller werden Sie.

Lassen wir uns auf eine Geschichte ein und auf die Emotionen, die dahinterstecken, erkennen wir damit gleichzeitig an, dass eine Situation nicht ganz einfach ist, und nehmen Einfluss auf ihren Ausgang. Wir ändern das Narrativ. Wenn wir eine Geschichte wegdrücken und so tun, als würden wir uns nie etwas zusammenreimen, ergreift diese Geschichte von uns Besitz. Sie nimmt Einfluss auf unser Verhalten und unsere kognitiven Prozesse und löst im Anschluss noch so lange mehr Gefühle aus, bis sie uns vollständig beherrscht.

AUSEINANDERSETZUNG MITHILFE VON GESCHICHTEN

Besonders nützlich ist der Prozess zum Aufstehenlernen dadurch, wie wir diesen einsetzen können, wenn es in einer Organisation oder einer Gruppe innerhalb einer Organisation einen Konflikt, einen Misserfolg oder einen Fehlschlag gibt. Wir bezeichnen das als **Auseinandersetzung mithilfe von Geschichten.**

Wer dieses Buch liest und umsetzt, verfügt über beste Voraussetzungen dafür. Wenn nötig, kann man sogar Kräfte schulen, um diesen Prozess gezielt zu fördern, oder sich die Unterstützung eines unserer zertifizierten Moderatoren holen. Wir haben diesen Prozess im Nachgang zu Misserfolgen schon eingesetzt, um den wachsenden Frust und die Ablehnung im Team und auf übergeordneter Ebene zu analysieren und zu bekämpfen, und zuletzt sogar, um herauszufinden, warum ein großes Projekt ins Stocken kam.

Und so funktioniert der Prozess zur Auseinandersetzung mithilfe von Geschichten: Rüsten Sie sich dafür mit allen Werkzeugen, Kompetenzen und Verfahrensweisen zum Aufbau von Mut, die wir angesprochen haben – vor allem anderen mit einer gemeinsamen Sprache, Neugier, geerdetem Selbstvertrauen, Ihrer Integrität, Ihren Werte und dem aufgebauten Vertrauen. Das alles werden Sie brauchen, und Sie werden sich wundern, wie viel das bringt.

1. Zunächst müssen wir festlegen, was wir mit der Auseinandersetzung bezwecken, und unbedingt Klarheit darüber schaffen, warum wir uns auseinandersetzen.
2. Was brauchen alle Beteiligten, um sich mit offenem Herzen und Verstand auf diesen Prozess einzulassen? *Es ist wichtig, einen sicheren Rahmen zu schaffen, auch wenn in der Gruppe bereits Vertrauen herrscht.*

3. Was steht Ihrem Auftritt im Weg?
4. So verpflichten wir uns dazu, anzutreten: *von 2 bis 3.*
5. Legen wir jeder einen unserer Persilscheine vor. *Aufbau eines sicheren Rahmens und Vertrauensbildung.*
6. Welche Gefühle haben die Leute? *Raus damit – nennt die Emotionen beim Namen.*
7. Was sollte unsere Neugier wecken? *Noch mehr Vertrauen und geerdetes Selbstvertrauen dadurch aufbauen, dass wir neugierig bleiben.*
8. Wie sehen Ihre SFDs aus? *Hier ist das Turn & Learn sehr hilfreich. Bei diesen Auseinandersetzung ist Verletzlichkeit im Spiel. Legt ein Beteiligter vor, der besonders einflussreich ist, statt dass jeder seine Gedanken schriftlich niederlegt und dann alle gleichzeitig an die Wand gepinnt werden, so kann sich das negativ auf das Ergebnis auswirken.*
9. Was verraten uns unsere SFDs über unsere Beziehungen? Über unsere Kommunikation? Über Führung? Über die Kultur? Und darüber, was funktioniert, und was nicht? *Neugierig bleiben und lernen, dem Impuls zu widerstehen, nur nach dem Notwendigkeitsprinzip Kenntnis zu nehmen.*
10. Wann müssen wir uns auseinandersetzen? Welche Erkundigungen müssen wir einziehen, um besser zu verstehen, was wirklich vor sich geht, und um unsere Verschwörungstheorien und Konfabulationen mit der Realität abzugleichen?
11. Wie stellt sich das Delta zwischen diesen ersten SFDs und den neuen Informationen dar, die wir in der Auseinandersetzung gewinnen?
12. Was sind die wichtigsten Erkenntnisse?
13. Was fangen wir mit den wichtigsten Erkenntnissen an?
14. *Wie beziehen wir diese wichtigsten Erkenntnisse in die Kultur ein und nutzen sie bei der Arbeit an neuen Strategien? Wer von uns übernimmt jeweils die Verankerung welches konkreten Aspekts?*

15. *Wann sprechen wir noch einmal darüber? Treffen wir uns noch einmal, um nachzuhaken und untereinander Rechenschaft dafür abzulegen, was wir gelernt und verankert haben.*

Lassen Sie sich auf die Geschichte ein, dann können Sie das Ende selber schreiben. Drücken Sie die Geschichte weg, dann holt sie Sie früher oder später wieder ein.

Die Revolution

Revolution ist ein großes Wort, doch ich habe keine Angst davor. Was mir aber Angst macht, ist eine Welt, die immer weniger mutig und authentisch ist. Ich bin schon immer überzeugt: Revolution bedeutet, in einer Welt voller Kritiker, Zyniker und Panikmacher den Panzer abzulegen, uns mit Verletzlichkeit auseinanderzusetzen, unsere Werte zu leben, mit offenem Herzen Vertrauen zu wagen und aufstehen zu lernen, um uns wieder selbst das Urheberrecht an unseren Geschichten zu sichern. Mut ist Rebellion.

2010 habe ich sogar geschrieben:[95]

> Revolution mag ein wenig dramatisch klingen, aber in dieser Welt ist die Entscheidung für Authentizität und Selbstwert ein absoluter Akt des Widerstandes. Sich zu entscheiden, aus tiefstem Herzen zu leben und zu lieben, ist ein Akt des offenen Ungehorsams gegen Konventionen und gesellschaftliche Spielregeln. Du wirst viele Menschen verwirren, verärgern und verängstigen – dich selbst eingeschlossen. In der einen Minute wirst du beten, die Transformation möge aufhören, in der nächsten, dass sie nie enden möge. Du wirst dich auch fragen, wie man sich gleichzeitig so tapfer und so klein fühlen kann. Zumindest fühle ich mich die meiste Zeit über so ...
> **... mutig, verängstigt und sehr, sehr lebendig.**

Wenn ich alles, was ich aus diesen Forschungsergebnissen gelernt habe, auf drei Punkte herunterbrechen soll, wären das die folgenden:

1. Wie ausgeprägt der kollektive Mut in einer Organisation ist, sagt mehr als alles andere über die Fähigkeit dieser Organisation aus, mit ihrer Kultur, bei der Entwicklung von Führungskräften und bei der Erfüllung ihres Auftrags Erfolge zu erzielen.
2. Die größte Herausforderung bei der Entwicklung mutiger Führungspersönlichkeiten besteht darin, ihnen zu helfen, ihren persönlichen Aufruf zum Mut bewusst wahrzunehmen und darauf einzugehen. Mut ist erlernbar, wenn wir bereit sind, unseren Panzer abzulegen und uns die gemeinsame Sprache, die Werkzeuge und Kompetenzen anzueignen, die wir brauchen, um uns mit Verletzlichkeit auseinanderzusetzen, unsere Wert zu leben, Vertrauen zu wagen und aufstehen zu lernen.
3. Versagt haben wir in dem Moment, in dem wir andere für uns bestimmen lassen, wie Erfolg aussieht. Wie viele von Ihnen habe auch ich viele Jahre lang Projekte und sogar Positionen übernommen, nur um mir zu beweisen, dass ich es schaffen kann. Ich wurde von einer Definition für Erfolg geleitet, aus der nicht sprach, was ich für ein Mensch bin, was ich persönlich erreichen möchte oder was mir Freude macht. Es war nichts anderes als eine wiederkehrende Abfolge aus etwas Leistung, Aneignung und Zusammenbruch. Freude und Sinnhaftigkeit waren dabei kaum im Spiel, dafür aber jede Menge Erschöpfung und Verbitterung.

In *Die Gaben der Unvollkommenheit* habe ich darüber geschrieben, wie wichtig es ist, eine Liste über Freude und Sinn zu führen, und wie viel es bewirken kann, wenn wir ernsthaft über die folgenden Fragen nachdenken: Wie sieht das aus, wenn es in unserer Familie richtig gut läuft? Was macht uns am meisten Freude? Wann sind wir ganz in unserem Element? Für meine Familie zählten dazu Aspekte wie Schlaf, Sport, gesunde Ernährung, Kochen, Auszeiten, Wochenendausflüge, Gottesdienste, bewusst Zeit mit den Kindern zu verbringen, das Gefühl, finanziell alles im Griff zu haben, romantische Abende, sinnvolle Arbeit, die uns nicht auffrisst, Zeit zum Vertrödeln, Zeit für die Familie, für gute Freunde, um etwas zurückzugeben und um einfach mal abzuhängen – also echte Leerräume.

Regelrecht schockiert waren Steve und ich, als wir diese Liste mit unserer Definition von Erfolg abglichen: Da blieb keine Zeit für Freude und Sinn, weil wir zu viel damit zu tun hatten, Leistung zu bringen. Und Leistung brachten wir, um uns Freude und Sinn zu erkaufen. Nur dass man dafür Zeit braucht, und Zeit – diese kostbare, nicht erneuerbare Ressource – kann man nicht kaufen.

Stellen Sie Ihre persönliche Liste für Freude und Sinn zusammen und achten Sie unbedingt darauf, diese zugrunde zu legen, wenn Sie für sich definieren, was Erfolg ist. Ich weiche viel zu oft von meiner Liste ab, und ich füge immer noch Punkte hinzu – das ist eine Lebensaufgabe. Diese Liste ist aber der beste Filter, um Entscheidungen zu treffen, wenn sich mir tolle, verlockende Chancen bieten. Denn heute kann ich mich fragen, ob es mich dem näher bringt, was mir Freude macht und mich erfüllt, wenn ich eine Aufgabe übernehmen. Das allein ist schon ein Akt der Revolution.

Wenn Sie darüber nachdenken, wie Sie eine mutige Führungskraft werden können, denken Sie an folgende Weisheit von Joseph Campbell: »Die Höhle, vor der du dich fürchtest, birgt den Schatz, den du suchst.« Stellen Sie sich Ihrer Angst, finden Sie die Höhle und schreiben Sie das Ende Ihrer Geschichte für sich selbst, für die Menschen, denen Sie dienen und die Sie unterstützen sollen, und für Ihre Kultur. Entscheiden Sie sich im Zweifel für den Mut und gegen den Komfort. Für das volle Herz und gegen den Panzer. Und für das großartige Abenteuer, mutig und ängstlich zu sein. Und zwar immer zur selben Zeit.

Danksagung

Mehr als jedes andere meiner Bücher war dieses ein echter Bruch und ein gewaltiges Gemeinschaftswerk. Jeder, der darin erwähnt wird, hat dieses Buch maßgeblich beeinflusst. Dafür bin ich zutiefst dankbar.

Das BBEARG-Team

An Ellen Alley, Suzanne Barrall, Cookie Boeker, Ronda Dearing, Linda Duraj, Lauren Emmerson, Margarita Flores, Cydney Ghani, Barrett Guillen, Sarah-Margaret Hamman, Zehra Javed, Jessica Kent, Charles Kiley, Hannah Kimbrough, Bryan Longoria, Murdoch Mackinnon, Madeline Obernesser, Julia Pollack, Tati Reznick, Deanne Rogers, Ashley Brown Ruiz, Teresa Sample, Kathryn Schultz, Anne Stoeber, Tyler Sweeten, Meredith Tompkins und Genia Williams: Bleibt mutig, engagiert und achtsam. Ihr macht einen mutigeren Menschen aus mir, und ich lerne jeden Tag von euch. Danke. #theworkwedo

An Murdoch: Packen wir's an!

Das Team von Random House

An meinen Redakteur Ben Greenberg: Danke, dass du mich zum Lachen bringst und mir hilfst, mir auf meine Gedanken und Worte einen Reim zu machen. Charlie mag es gewöhnlich nicht, wenn ich im Buch-schreibe-Modus bin, aber jetzt wünscht er sich bloß, dass du nach Houston zurückkommst, damit ihr bei Torchy's essen und Fortnite spielen konnt.

An das Random-House-Team, zu dem Gina Centrello, Susan Kamil, Andy Ward, Molly Turpin, Theresa Zoro, Maria Braeckel, Melissa Sanford, Erin Richards, Leigh Marchant, Jessica Bonet, Benjamin Dreyer, Loren Noveck, Susan Turner, Joe Perez, Sandra Sjursen, Emily DeHuff, Lisa Feuer und Karen Dziekonski gehören: Es ist ein großes Privileg, mit einem solchen Team zusammenzuarbeiten, das aus vollem Herzen bei der Sache ist. Herzlichen Dank dafür.

An Elise Loehnen: Ich bin sehr dankbar für deine Gaben. Ich weiß, das ist alles Gehirnschmalz, harte Arbeit und Übung, aber bei dir wirkt es wie Magie.

Dem Team von William Morris Endeavor

An meine Agentin und Freundin Jennifer Rudolph Walsh: Danke, dass du immer an mich glaubst. #pickles

An Tracy Fisher und das gesamte Team von William Morris Endeavor: Vielen Dank für Führung und Feinschliff.

Dem Team von DesignHaus

An Wendy Hauser, Mike Hauser, Jason Courtney, Daniel Stewart, Kristen Harrelson, Julie Severns, Annica Anderson und Kyle Kennedy: Danke für die Auseinandersetzungen und für den künstlerischen Beitrag. Ich bin stolz auf unsere Partnerschaft und unsere gemeinsame Arbeit.

An Kristin Enyart: Danke, dass du es gerockt hast! Du bist bei uns immer willkommen.

Der Mannschaft von Newman and Newman

Herzlichen Dank an Kelli Newman, Linda Tobar, Kurt Lang, Raul Casares, Boyderick Mays, Van Williams, Mitchell Earley, John Lance, Tom Francis und Dorothy Strouhal.

Der heimischen Mannschaft

Nur das Beste und ganz herzlichen Dank an Deanne Rogers und David Robinson, Molly May und Chuck Brown, Jacobina Alley, Corky und Jack Crisci, Ashley und Amaya Ruiz, Barrett, Frankie und Gabi Guillen, Jason und Layla Brown, Jen, David, Larkin und Pierce Alley, Shif Berhanu, Negash Berhanu, Margarita Flores und Sarah-Margaret Hamman. An Polly Koch: Du fehlst mir.

An Ashley und Barrett: Für mich ist es nie selbstverständlich, dass wir jeden Tag zusammenarbeiten dürfen. Vielen Dank, dass ihr mit mir lacht und mir die unbequeme Wahrheit vor Augen haltet.

An Steve, Ellen und Charlie: Mein Herz gehört euch. An Lucy: Du bist mein verrückter Hund. Und mein Herz gehört auch dir.

Über die Autorin

Dr. Brené Brown, LMSW, ist forschende Professorin an der University of Houston, wo sie einen Lehrstuhl (den Huffington Foundation–Brené Brown Endowed Chair) am Graduate College of Social Work innehat. Sie setzt sich seit 20 Jahren wissenschaftlich mit Mut, Verletzlichkeit, Scham und Empathie auseinander und hat fünf Bücher geschrieben, die es auf Platz 1 der *New York Times*-Bestseller schafften: *Dare to Lead, Braving the Wilderness* (*Entdecke deine innere Stärke*), *Rising Strong* (*Laufen lernt man nur durch Hinfallen*), *Daring Greatly* (*Verletzlichkeit macht stark*) und *The Gifts of Imperfection* (*Die Gaben der Unvollkommenheit*). Ihr TED-Talk – »The Power of Vulnerability« – gehört mit über 35 Millionen Aufrufen zu den fünf meistgesehenen TED-Talks weltweit. Brené Brown lebt mit ihrem Mann Steve und ihren Kindern Ellen und Charlie in Houston, Texas.

brenebrown.com
Facebook.com/brenebrown
Twitter: @brenebrown

Anmerkungen

1 Stan und Jan Berenstain, Old Hat, New Hat (New York: Random House/Bright and Early Books, 1970).

2 Brené Brown, Die Gaben der Unvollkommenheit: Lass los, was du glaubst, sein zu müssen und umarme, was du bist (Bielefeld: Kamphausen, 2018).

3 Brené Brown, Verletzlichkeit macht stark: Wie wir unsere Schutzmechanismen aufgeben und innerlich reich werden (München: Goldmann Verlag, 2017), S. 11.

4 Brené Brown, »The Power of Vulnerability«, aufgenommen im Juni 2010 in Houston, TX, TEDxHouston Video, 20:13, ted.com/talks/brene_brown_on_vulnerability.

5 Brené Brown, Laufen lernt man nur durch Hinfallen: Wie wir zu echter innerer Stärke finden (München: Kailash, 2016).

6 Brené Brown, Entdecke deine innere Stärke: Wahre Heimat in dir selbst und Verbundenheit mit anderen finden (München: Kailash, 2018).

7 Die ursprüngliche Quelle dieses Zitats ist unbekannt, allgemein wird es aber Mark Aurel zugeschrieben.

8 Harriet Lerner, Versuch's mal mit Entschuldigung: Wie Versöhnung kleine und große Herzschmerzen heilt (München: Knaur Balance, 2017.

9 C. S. Lewis, Was man Liebe nennt: Zuneigung, Freundschaft, Eros, Agape, (Gießen: Brunnen, 1979, S. 125).

10 C. S. Lewis, Was man Liebe nennt: Zuneigung, Freundschaft, Eros, Agape, Brunnen, 1979, S. 125.

11 Madeleine L'Engle, Walking on Water: Reflections on Faith and Art (Colorado Springs: WaterBrook Press, 2001).

12 John T. Cacioppo, »The Lethality of Loneliness (TEDxDesMoines Transcript)«, elektronisch veröffentlicht, 9. September 2013, singjupost.com/john-cacioppo-on-the-lethality-of-loneliness-full-transcript/.

13 John Gottman, »John Gottman on Trust and Betrayal«, elektronisch veröffentlicht, 29. Oktober 2011, greatergood.berkeley.edu/article/item/john_gottman_on_trust_and_betrayal.

14 Charles Duhigg, »What Google Learned from Its Quest to Build the Perfect Team: New Research Reveals Surprising Truths About Why Some Work Groups Thrive and Others Falter«, elektronisch veröffentlicht, 25. Februar 2016, nytimes.com/2016/02/28/magazine/what-google-learned-from-its-quest-to-build-the-perfect-team.html.

15 Amy C. Edmondson, Teaming: How Organizations Learn, Innovate, and Compete in the Knowledge Economy (San Francisco: Jossey-Bass, 2012).

16 Kelly Rae Roberts, »What Is and Is Not Okay«, elektronisch veröffentlicht, 22. März 2009, kellyraeroberts.com/what-is-and-is-not-okay/.

17 Stephen Covey, Die sieben Wege zur Effektivität: Ein Konzept zur Meisterung Ihres beruflichen und privaten Lebens, (München: Heyne, 2018, S. 223).

18 Amy Poehler, »Ask Amy: Negativity«, Amy Poehler's Smart Girls, 2:54, 13. Januar 2013, amysmartgirls.com/ask-amy-negativity-cec8eb81e742.

19 António Damásio, »Self Comes to Mind«, YouTube-Video, 5:49, 10. November 2010, youtube.com/watch?v=Aw2yaozi0Gg.

20 Gary Kurtz (Produktion) und Irvin Kershner (Regie), Star Wars, Episode V: The Empire Strikes Back, Film auf DVD (San Francisco: Lucasfilm, Ltd./Century City, CA: 20th Century-Fox Home Entertainment, 1980/2004).

21 A Joseph Campbell Companion: Reflections on the Art of Living, herausgegeben von John Walter (San Anselmo, CA: Joseph Campbell Foundation, 1991), enthält einen Absatz, der ein Campbell-Zitat wiedergeben soll, wie es seine Mitarbeiterin Diane K. Osbon in ihrem Tagebuch festgehalten hat. Dieses formuliert die Konzepte, die seither in seinen häufiger zitierten Maximen verdichtet worden sind, in einer poetischeren Form (wenn die Quelle auch nicht gesichert ist).

22 Jim Collins, Der Weg zu den Besten: Die sieben Management-Prinzipien für dauerhaften Unternehmenserfolg (München: dtv, 2005).

23 Jim Collins, Der Weg zu den Besten, 5. Auflage, dtv, 2005, S. 116.

24 Alain Elkann, »Interview with Minouche Shafik«, elektronisch veröffentlicht, 1. April 2018, alainelkanninterviews.com/minouche-shafik/.

25 Kevin Feige (Produktion) und Ryan Coogler (Regie), Black Panther (Marvel Studios/Walt Disney Studios, 2018); James Gunn (Regie), Guardians of the Galaxy (Marvel Studios/Walt Disney Studios, 2014).

26 Brené Brown, Die Gaben der Unvollkommenheit: Lass los, was du glaubst, sein zu müssen und umarme, was du bist (Bielefeld: Kamphausen, 2018).

27 James Hollis, Finding Meaning in the Second Half of Life: How to Finally, Really Grow Up (New York: Gotham Books, 2005), S. 11.

28 James Hollis, What Matters Most: Living a More Considered Life (New York: Gotham Books, 2008), S. xiii.

29 Brené Brown, Verletzlichkeit macht stark: Wie wir unsere Schutzmechanismen aufgeben und innerlich reich werden (München: Goldmann Verlag, 2017), S. 137.

30 Paul L. Hewitt, Gordon L. Flett und Samuel F. Mikail, Perfectionism: A Relational Approach to Conceptualization, Assessment, and Treatment (New York: Guilford Press, 2017).

31 Globoforce, »Bringing Smiles to Hershey«, elektronisch veröffentlicht, August 2016, globoforce.com/wp-content/uploads/2016/08/Hershey-Case-Study_final_8_16.pdf; »Connecting People: How Cisco Used Social Recognition to Transform Its Culture«, elektronisch veröffentlicht, Juli 2017, globoforce.com/wp-content/uploads/2017/07/Case-Study_Cisco.pdf; »The Secret to Double Digit Increases in Employee Engagement«, elektronisch veröffentlicht, 2012, go.globoforce.com/rs/globoforce/images/exec-brief-double-digit-engagement-increase_na.pdf; »Linking Social Recognition to Retention and Performance at LinkedIn«, elektronisch veröffentlicht, 2018, resources.globoforce.com/case-studies/case-study-linkedin.

32 Sandy Smith, »Drug Abuse Costs Employers $81 Billion per Year«, EHS Today, elektronisch veröffentlicht, 11. März 2014, ehstoday.com/health/drug-abuse-costs-employers-81-billion-year; National Council on Alcoholism and Drug Dependence, »Drugs and Alcohol in the Workplace«, elektronisch veröffentlicht, 26. April 2015, ncadd.org/about-addiction/addiction-update/drugs-and-alcohol-in-the-workplace.

33 Jennifer Louden, The Life Organizer: A Woman's Guide to a Mindful Year (Novato, CA: New World Library, 2007), S. 43.

34 ebenda, S. 42.

35 Joan Halifax, Being with Dying: Cultivating Compassion and Fearlessness in the Presence of Death (Boston: Shambhala Publications, Inc., 2008), S. 17, deutsch zitiert aus Brené Brown, Entdecke deine innere Stärke, S. 163 f., laut Fußnote aus Joan Halifax, Im Sterben dem Leben begegnen. Mut und Mitgefühl im Angesicht des Todes, Bielefeld 2011.

36 Zitiert aus *Entdecke deine innere Stärke*, S. 163 f., laut Fußnote aus Joan Halifax, *Im Sterben dem Leben begegnen. Mut und Mitgefühl im Angesicht des Todes*, Bielefeld 2011.

37 C. R. Snyder, Handbook of Hope: Theory, Measures, and Applications (San Diego: Academic Press, 2000).

38 Rob Bell, »Despair Is a Spiritual Condition«, Vortrag bei Oprah Winfreys »The Life You Want« Weekend Tour, verschiedene US-Städte, 2014.

39 Just Associates, Making Change Happen: Power; Concepts for Revisioning Power for Justice, Equality and Peace. Just Associates, 2006, justassociates.org/sites/justassociates.org/files/mch3_2011_final_0.pdf.

40 ebenda, S. 6.

41 Ken Blanchard, »Catch People Doing Something Right«, elektronisch veröffentlicht, 24. Dezember 2014, howwelead.org/2014/12/24/catch-people-doing-something-right/.

42 Stuart Brown und Christopher Vaughan, Play: How It Shapes the Brain, Opens the Imagination, and Invigorates the Soul (New York: Avery/Penguin Group USA, 2009).

43 ebenda, S. 126.

44 Brené Brown, Entdecke deine innere Stärke: Wahre Heimat in dir selbst und Verbundenheit mit anderen finden (München: Kailash, 2018), S. 50.

45 William Gentry und Center for Creative Leadership, Be the Boss Everyone Wants to Work For: A Guide for New Leaders (Oakland: Berrett-Koehler, 2016).

46 Karma Allen, »#MeToo Founder Tells Trevor Noah: Harvey Weinstein Indictment Isn't ›Moment to Celebrate‹«, elektronische veröffentlicht, 31. Mai 2018, abcnews.go.com/US/metoo-founder-tells-trevor-noah-harvey-weinstein-indictment/story?id=55552211.

47 Tamara J. Ferguson, Heidi L. Eyre und Michael Ashbaker, »Unwanted Identities: A Key Variable in Shame — Anger Links and Gender Differences in Shame«, Sex Roles 42, Nr. 3–4 (2000): S. 133–157.

48 Naomi I. Eisenberger, Matthew D. Lieberman und Kipling D. Williams, »Does Rejection Hurt? An fMRI Study of Social Exclusion«, Science 302, Nr. 5643 (2003): S. 290–292.

49 Den umfassendsten Überblick über die Literatur zu Scham und Schuld finden Sie bei June Price Tangney und Ronda L. Dearing, Shame and Guilt: Emotions and Social Behavior (New York: Guilford Press, 2002). Außerdem empfehle ich Dearing und Tangney, Hrsg., Shame in the Therapy Hour (Washington, D.C.: American Psychological Association, 2011).

50 Ronda L. Dearing, Jeffrey Stuewig und June P. Tangney, »On the Importance of Distinguishing Shame from Guilt: Relations to Problematic Alcohol and Drug Use«, Addictive Behaviors 30, Nr. 7 (2005): S. 1392–1404; Dearing und Tangney, Hrsg., Shame in the Therapy Hour; Jeffrey Stuewig, June P. Tangney, Stephanie Kendall, Johanna B. Folk, Candace Reinsmith Meyer und Ronda L. Dearing, »Children's Proneness to Shame and Guilt Predict Risky and Illegal Behaviors in Young Adulthood«, Child Psychiatry and Human Development 46 (2014): S. 217–227; Tangney und Dearing, Shame and Guilt.

51 D. C. Klein, »The Humiliation Dynamic: An Overview«, Journal of Primary Prevention 12 (1991): S. 93–122.

52 Theresa Wiseman, »Toward a Holistic Conceptualization of Empathy for Nursing Practice«, Advances in Nursing Science 30, Nr. 3 (2007): E61–72; Theresa Wiseman, »A Concept Analysis of Empathy«, Journal of Advanced Nursing 23, Nr. 6 (1996): S. 1162–1167.

[53] Kristin D. Neff, »Self-Compassion: An Alternative Conceptualization of a Healthy Attitude toward Oneself«, Self & Identity 2, Nr. 2 (2003): S. 85–101.

[54] Beyoncé Knowles, »Beyoncé in Her Own Words: Her Life, Her Body, Her Heritage«, Vogue, August 2018.

[55] Kristin Neff, »Self-Compassion«, self-compassion.org/the-three-elements-of-self-compassion-2/.

[56] Brené Brown, »Brené Brown on Empathy«, Royal Society for the Encouragement of Arts, Manufactures and Commerce Shorts, 2:53, 10. Dezember 2013, brenebrown.com/videos/.

[57] Kristin Neff, Selbstmitgefühl: Wie wir uns mit unseren Schwächen versöhnen und uns selbst der beste Freund werden (München: Kailash, 2012).

[58] Kristin Neff, »Self-Compassion«, self-compassion.org/the-three-elements-of-self-compassion-2/.

[59] ebenda.

[60] Linda M. Hartling, Wendy Rosen, Maureen Walker und Judith V. Jordan, »Shame and Humiliation: From Isolation to Relational Transformation (Work in Progress No. 88)«, Wellesley, MA: Stone Center Working Paper Series, 2000.

[61] June Jordan, »Poem for South African Women«, gelesen von der Autorin vor der Generalversammlung der Vereinten Nationen am 9. August 1978.

[62] Mary Slaughter und David Rock, »No Pain, No Brain Gain: Why Learning Demands (a Little) Discomfort«, Fast Company, elektronisch veröffentlicht am 30. April 2018, fastcompany.com/40560075/no-pain-no-brain-gain-why-learning-demands-a-little-discomfort.

[63] Matthias J. Gruber, Bernard D. Gelman und Charan Ranganath, »States of Curiosity Modulate Hippocampus-Dependent Learning Via the Dopaminergic Circuit«, Neuron 84, Nr. 2 (2014): S. 486–496.

[64] Ian Leslie, Curious: The Desire to Know and Why Your Future Depends on It (New York: Basic Books, 2014), S. xiv.

[65] Die ursprüngliche Quelle dieses Zitats ist unbekannt, es wird aber gemeinhin Albert Einstein zugeschrieben.

[66] Die ursprüngliche Quelle dieses Zitats ist unbekannt, es wird aber gemeinhin Albert Einstein zugeschrieben.

[67] George Loewenstein, »The Psychology of Curiosity: A Review and Reinterpretation«, Psychological Bulletin 116, Nr. 1 (1994): S. 75–98.

[68] Loewenstein, ebenda, S. 94.

[69] Kimberly Weisul, »Jim Collins: Good to Great in 10 Steps«, Inc., elektronisch veröffentlicht, 7. Mai 2012, inc.com/kimberly-weisul/jim-collins-good-to-great-in-ten-steps.html.

70 Terry Stafford und Paul Fraser, »Amarillo by Morning« (1973), Aufnahme von George Strait aus dem Album Strait from the Heart (Los Angeles: MCA Records, 1983).

71 Pittman McGehee, »Interview with Dr. J. Pittman McGehee«, Consciousness NOW TV, 44:30, 6. April 2016, https://www.youtube.com/watch?v=4-2pnDpBOT8.

72 Leonard Cohen, »Hallelujah« (1984), Aufnahme von Leonard Cohen aus dem Album Various Positions (New York: Columbia Records, 1984).

73 Brené Brown, Verletzlichkeit macht stark: Wie wir unsere Schutzmechanismen aufgeben und innerlich reich werden (München: Goldmann Verlag, 2017).

74 Charles Feltman, The Thin Book of Trust: An Essential Primer for Building Trust at Work (Bend, OR: Thin Book Publishing, 2008), S. 7.

75 ebenda, S. 8.

76 Stephen M. R. Covey und Douglas R. Conant, »The Connection between Employee Trust and Financial Performance«, Harvard Business Review, elektronisch veröffentlicht, 18. Juli 2016, hbr.org/2016/07/the-connection-between-employee-trust-and-financial-performance.

77 ebenda.

78 Ursprüngliche Quelle des Zitats unbekannt.

79 Maya Angelou, Distinguished Annie Clark Lecture, 16th Annual Families Alive Conference, Weber State University, Ogden, Utah, 8. Mai 1997.

80 Richard Fry, »Millennials Are the Largest Generation in the U.S. Labor Force«, FactTank: News in the Numbers, elektronisch veröffentlicht, 11. April 2018, pewresearch.org/fact-tank/2018/04/11/millennials-largest-generation-us-labor-force/.

81 Travis Meadows und Steve Moakler, »Riser« (2014), Aufnahme von Dierks Bentley aus dem Album Riser (Nashville: Capital Records Nashville, 2014).

82 J. K. Rowling, Harry Potter und der Orden des Phönix (Hamburg: Carlsen Verlag, 2018).

83 J. K. Rowling, »Dolores Umbridge«, pottermore.com/writing-by-jk-rowling/dolores-umbridge.

84 Mark Miller, »Tactical Breathing: Control Your Breathing, Control Your Mind«, elektronisch veröffentlicht, 14. April 2018, loadoutroom.com/2778/tactical-breathing/.

85 Harriet Lerner, Magie der Worte: Vom gegeneinander Schweigen zum miteinander Reden (Berlin: Fischer, 2002).

86 Robert A. Burton, On Being Certain: Believing You Are Right Even When You're Not (New York: St. Martin's Press, 2008).

87 Robert Burton, »Where Science and Story Meet: We Make Sense of the World through Stories – a Deep Need Rooted in Our Brains«, elektronisch veröffentlicht, 22. April 2013, https://nautil.us/where-science-and-story-meet-234302/.

88 Anne Lamott, Bird by Bird: Some Instructions on Writing and Life (New York: Anchor Books, 1995), S. 22.

89 Jonathan Gottschall, The Storytelling Animal: How Stories Make Us Human (New York: Houghton Mifflin, 2012), S. 109.

90 ebenda, S. 110.

91 James W. Pennebaker, Heilung durch Schreiben. Ein Arbeitsbuch zur Selbsthilfe (Bern: Hogrefe, 2019).

92 Margaret Atwood alias Grace (München: Piper, 1996), S. 402.

93 Gottschall, Storytelling Animal, S. 116.

94 ebenda.

95 Brené Brown, Die Gaben der Unvollkommenheit: Lass los, was du glaubst, sein zu müssen und umarme, was du bist (Bielefeld: Kamphausen, 2018), S. 199.

Stichwortregister